国家林业和草原局职业教育"十三五"规划教材

花卉生产技术

李　军　主编

中国林业出版社
China Forestry Publishing House

内 容 简 介

本教材依据岗位群的职业能力要求，按照从简单到复杂、从低级到高级的职业成长规律构建框架。主要内容包括：课程导入、认知花卉生产基础、露地花卉生产、盆花生产、鲜切花生产，下设15个工作任务。每个工作任务按照任务目标、任务描述、知识准备、任务实施、考核评价的体例编写，基本涵盖了花卉生产、研发、管理等岗位所需的知识与技能。

本教材可供高等职业院校花卉生产与花艺、园林技术、园艺技术、生物技术等专业教学使用，同时也适合职业培训及相关技术人员、社会人员参考使用。

图书在版编目(CIP)数据

花卉生产技术 / 李军主编. —北京：中国林业出版社，2022.6(2025.2重印)
国家林业和草原局职业教育“十三五”规划教材
ISBN 978-7-5219-1730-7

Ⅰ.①花… Ⅱ.①李… Ⅲ.①花卉-观赏园艺-高等职业教育-教材 Ⅳ.①S68

中国版本图书馆CIP数据核字(2022)第104532号

中国林业出版社·教育分社

策划编辑：田 苗　　**责任编辑**：曾琬淋
电话：(010)83143630　　**传真**：(010)83143516

出版发行 中国林业出版社(100009 北京市西城区刘海胡同7号)
电子邮箱 jiaocaipublic@163.com
网　　站 https://www.cfph.net
印　　刷 北京中科印刷有限公司
版　　次 2022年6月第1版
印　　次 2025年2月第2次印刷
开　　本 787mm×1092mm 1/16
印　　张 17.5
字　　数 520千字(含数字资源115千字)
定　　价 58.00元

数字资源

编写人员名单

主　编

李　军（云南林业职业技术学院）

副主编

陶　涛（安徽林业职业技术学院）
王朝霞（河南林业职业学院）
宋雪丽（黑龙江林业职业技术学院）

参　编（按姓名拼音排序）

黄　可（江西环境工程职业学院）
梁　勇（山西康培现代农业科技园）
刘　玮（山西林业职业技术学院）
刘维敏（安徽美迪园艺集团）
袁玉虹（福建林业职业技术学院）
张　影（辽宁生态工程职业学院）

前言

2019年国务院印发了《国家职业教育改革实施方案》，这是中国职业教育发展史上的一个里程碑，第一次在国家层面将职业教育与普通高等教育做了类型区别，教材建设也相应提到了前所未有的高度。由此，作者在多年花卉生产的研究、教学实践和课程开发建设基础上，组建了一支校企合作的教材编写团队。团队成员由学校“双师型”骨干教师和生产第一线的专家、技术能手组成，基于工作过程，共同完成校企“双元”合作教材开发和编写工作。

本教材突出职业教育教材的职业性、实践性、开放性、共享性，引入国家职业标准和企业生产标准，重视课程思政教育，以学生职业能力培养为主要目标，融“教、学、做”为一体。依据岗位群的职业能力要求，参照花卉园艺师职业资格标准，按照从简单到复杂，从低级到高级的职业成长规律构建内容，具体为：课程导入、项目1 认知花卉生产基础、项目2 露地花卉生产、项目3 盆花生产、项目4 鲜切花生产。下设15个工作任务，每个工作任务按照任务目标、任务描述、知识准备、任务实施、考核评价的体例编写，基本涵盖了花卉生产、研发、管理等岗位所需的知识与技能。

在编写过程中，力求融知识性、先进性、实用性于一体，体例新颖，言简意赅，图文并茂，直观易学，可操作性强。

本教材可供高等职业院校花卉生产与花艺、园林技术、园艺技术、生物技术等专业教学使用，同时也适合职业培训及相关技术人员、社会人员参考使用。

本教材由李军担任主编，陶涛、王朝霞、宋雪丽担任副主编。具体分工如下：李军起草编写提纲，设计内容体系和知识技能点，负责全书统稿，编写课程导入、任务4-1、任务4-2并进行图片整理；陶涛负责编写任务3-1、任务3-2、任务3-3、数字资源中的附录2；王朝霞负责编写任务2-1、任务4-3、数字资源中的附录1；宋雪丽负责编写任务2-4、任务2-5；刘玮负责编写任务1-1、任务2-2；张影负责编写任务1-3、任务1-4；黄可负责编写任务2-3；袁玉虹负责编写任务1-2；梁勇参与编写任务1-1、任务

2-2；刘维敏参与编写任务3-3。

在教材编写过程中，得到参编学校、合作科研单位和企业及同事、同行的大力支持和帮助，教材中引用了部分国内外同行的有关研究结果和图表，谨在此一并表示衷心的感谢！

由于编者水平有限，疏漏和不当之处在所难免，敬请广大读者批评指正。

编　者

2022年3月

目 录

课程导入

0-1 花卉生产概述

一、花卉的作用

花是被子植物特有的生殖器官，卉是草的总称。狭义的花卉是指具有观赏价值的草本植物，如一串红、百日草、三色堇、芍药等。广义的花卉是指凡具有一定观赏价值，并能美化环境，丰富人们文化生活的植物，包括草本植物、木本植物等。

1. 花卉在生态环境改善和监测中的作用

花卉是绿化、美化和香化人们生活环境和工作环境的良好材料，是用来装点城市园林、工矿企业、学校、会场及居室内外等的重要素材，用来构成各式美景，创造怡人、舒适的生活、休憩和工作环境。

花卉可以提升环境质量，促进身心健康。主要体现在花卉可以改善环境，能吸收 CO_2 和有害气体，放出 O_2，并通过滞尘、分泌杀菌素等净化空气，使空气变得清新怡人，减少病菌。

某些花卉对有害气体(如 SO_2、Cl_2、O_2、HF 等)特别敏感，在低浓度下即可产生受害症状，可用来监测环境污染。

2. 花卉在经济建设中的作用

花卉的商业化生产，可获取较高的经济效益。花卉栽培是一项重要的园艺生产，可增加经济收入，改善人们的生活条件；花卉产业大发展带动了其他相关产业的发展，如化肥、花药、机具、容器、基质等有关产业及鲜花保鲜、包装储运业等；花卉在国际交往中，可增进国际友谊，促进国际贸易，增加外汇；花卉除供观赏外，还具有多种用途，如食用、药用、制茶、提取香精等。

3. 花卉在文化生活中的作用

通过养花、赏花，可丰富人们的业余生活，增加生活情趣，消除工作带来的疲劳，增进身心健康，提高工作效率。

花卉具有文化内涵，给予人们精神激励和享受。人们还常将花卉人格化，并寄予深刻寓意，使人产生某种联想和情绪，如梅、兰、竹、菊被誉为花中“四君子”，除常用于作画之外，还常将其拟人化，比喻不同的品性和境界。

二、花卉生产特点与方式

花卉生产是以花卉为主要生产对象，研究花卉规模化生产技术具体方法的一门实用型技术，其专业性、实践性、职业性强。

(一)花卉生产特点

1. 花卉种类繁多

花卉既有草本，又有木本；既有热带和亚热带类型，也有温带和寒带类型。花卉种类、品种丰富，生态要求和栽培技术特点各不相同。这就需要因地制宜，依据自然生态条件、社会经济条件及栽培水平来发展适宜的花卉品种，并确立合适的发展规模。

2. 产品鲜活

花卉的产品有观花、观叶、观茎、观果等类型，大多是鲜活产品，外形、色泽等易受损伤而发生改变。因此，要加强采收、分级、包装、贮运、销售等采后各个环节的工作，特别注意保鲜和包装，并发展其相应配套技术与设备。

3. 生长周期长短不一

一些花卉如木本花卉生产周期较长。而另一些花卉，如盆栽草花生长周期相对较短，甚至一年可多季生产。因此，要依据市场需求、生产水平和能力进行轮作、换茬、间作和套作，合理安排茬口和产品上市时间，提高经济效益。

4. 集约化水平高，栽培方式多样

花卉单位面积的投入与产出比大多高于大田作物。人力、物力、财力投入较大，对劳动力的素质要求高，生产与管理需要专门的知识及熟练的技术。同时，花卉栽培方式多样，有促成栽培、抑制栽培，保护地栽培、露地栽培等，它们之间的栽培作业差异较大，各有其要求和特点。采用何种生产方式要依据生产的植物种类、经济效益和具备的栽培管理水平等因素而定。

5. 产品质量规格化、标准化

花卉质量直接影响价格，尤其鲜切花的质量、新鲜程度对产品价格影响更大。花卉生产者、经销者要十分重视产品质量和自身的市场形象及信誉，严格执行市场的标准(多数产品是通过拍卖方式出售，更需统一规格、标准)。

6. 生产区域化、专业化

花卉生产区域化、专业化是指根据各地的自然条件、农业传统和经济特点，确定其生产花卉的主要类型和发展方向，专门生产一种或几种花卉产品，形成主导产业和拳头产品，以形成地区花卉业的比较优势。目前，我国花卉生产已初步形成了切花、切叶、观赏苗木、盆花等区域化布局。

7. 新技术、新设备、新品种的开发和应用速度加快

①现代化大型温室的开发和应用　温室为花卉生产提供最有利的生产环境。随着技术的发展，温室向大型化、结构标准化、环境调控自动化、节省能源、降低成本的方向发展(图 0-1-1)。

②组培技术的应用和推广　这使许多花卉种苗繁育实现了工厂化生产，既可连续、大规模生产，也提高了产品质量，节省了土地，产值远远超过常规生产(图 0-1-2)。素

图 0-1-1　现代化温室花卉生产

图 0-1-2　大花蕙兰组培苗生产

有“兰花王国”之称的泰国是亚洲第一大花卉出口国，花卉生产技术先进，主要通过组培法繁育热带兰，已实现了工厂化育苗，其产量占热带兰试管苗市场的 80%，年产洋兰切花 7.8 亿枝，50%销往国外。

③无土栽培应用广泛　为了减少病菌传播，提高产品品质以及便于运输，欧美等许多国家限制带土植物入境，使传统的土壤栽培受到很大冲击。近年来，许多国家依靠无土或半无土栽培花卉产品占领市场。美国西雅图一个大型花卉公司全部采用栽培基质代替土壤，产品质量、市场效益很可观。

(二)花卉生产方式

1. 切花生产

切花生产多数采用保护地栽培，也有部分露地栽培，运用现代化栽培技术，具有单位面积产量高、生长周期短、能实现规模生产并能周年生产供应鲜花的特点。

2. 盆花生产

盆花包括观花盆花、观叶盆花、观果盆花等，是我国目前生产量最大、应用范围最广的花卉，也是目前花卉产品的主要形式。

3. 花坛花卉生产

花坛花卉主要用于公园、广场和街道的花坛以及花境的装饰。其生产与市场需要联系紧密，一般都根据市政建设计划进行生产。一般来说，经济越发达，城市绿化水平越高，对此类花卉的需求量也就越大。

4. 种球生产

种球生产主要是以培养高质量球根花卉的地下营养器官为目的的生产方式，它是培育优良球根花卉的前提条件。

5. 种苗生产

种苗生产是专门提供优质种苗的生产方式。所生产的种苗要求质量高、规格齐备、品种纯正。

6. 种子生产

种子生产主要包括新品种选育，引进优良新品种，替换原有老品种，为花卉生产提供足够数量的优质种子。

三、国内外花卉产业现状及展望

(一)世界花卉产业现状及发展趋势

花卉产业是世界各国农业中唯一不受农产品配额限制和21世纪最有希望的农业产业之一，被誉为朝阳产业。近年来，世界花卉产业的增长速度更是前所未有，远远超过了世界经济发展的速度，并成为很多国家和地区农业创汇的支柱。花卉产品逐渐成为国际贸易的大宗商品。随着品种的改进，包装、保鲜技术的应用和交通运输条件的改善，花卉市场日趋国际化。目前，花卉产量和产值居前5位的是荷兰、美国、日本、德国、法国，其次是韩国、丹麦、比利时、意大利、哥伦比亚、以色列等，占世界花卉产品贸易的80%以上；泰国等正在努力巩固与扩大国际市场；中国、墨西哥、肯尼亚、印度、津巴布韦等国，也在重视并积极争取国际市场。就个别产品而言，美国是最大的鲜切叶出口国，荷兰是最大的鲜切花出口国。荷兰是世界花卉贸易的中心，从荷兰拍卖市场出口的鲜切花，占世界出口量的70%，其世界市场占有率为63%。另外，荷兰也是世界上最大的盆景与盆花出口国。

世界花卉产业发展趋势：

①花卉生产温室化、工厂化、专业化、现代化　花卉产品的市场竞争力主要取决于产品的质量和成本，而质量又与生产设施、生产技术密切相关。先进的花卉生产国，花卉生产已经温室化、工厂化、专业化和现代化。

②花卉生产温室化，能够使花卉栽培管理定量化　不同的花卉种类，在不同的生长发育时期所需营养元素种类和浓度、光照强度、二氧化碳浓度、栽培基质酸碱度等都不同。现代化温室能够进行计算机控制，自动调节各种营养元素浓度、pH、光照强度、二氧化碳浓度、温度和湿度等。先进的花卉生产国都拥有大面积的花卉生产温室。

③花卉产业服务体系社会化　先进的花卉生产国，花卉产业不但具有完善的服务体系，而且与其他行业如生产资料、贮藏、运输、广告、咨询等行业联系密切。荷兰在花卉生产过程中，其产前、产中、产后各个环节都有专门的服务公司，彼此相互衔接，密切配合。如温室花卉生产中，生产者首先从园艺设施公司购买保护地设施，从专业基质公司购买栽培基质，再由种苗生产公司提供所需种苗，待一切准备就绪后，生产者即可进行种植。在生产中，如果遇到问题，可随时向各服务公司寻求解决方案。收获的产品，可交给专业销售公司进行销售。

④科研与生产相互结合，新技术广泛应用于生产　高新技术的应用，是高质量、高效益的保证。科研与生产相配套，科研围绕生产与市场进行，是一些先进花卉生产国的特点。

⑤生产及市场越来越国际化　日益完善的供销网络，发达的空运业务，促进了花卉的外销，形成了国际化的花卉市场。

(二)我国花卉产业现状、存在的问题及发展趋势

1. 我国花卉产业现状

花卉产业作为我国农业的重要组成部分，近年来得到了飞速的发展。2019年，全国花卉种植面积1.66×10^{6}hm^{2}，较2018年增加5.81%。从销售额来看，近年来我国花卉生产稳中有升，内销增长强劲。2019年全国花卉生产总销售额1473.65亿元，同比增长

6.04%，2020年呈现持续增长趋势。中国花卉市场初步形成了“西南有鲜切花、东南有苗木和盆花、西北冷凉地区有种球、东北有加工花卉”的生产布局。数据显示，近年来我国花卉产业产值稳步提升，2019年花卉及观赏苗木产业产值达到2614亿元，同比增长4.59%，2020年我国花卉产值进一步扩大，我国已成为世界最大的花卉生产中心、重要的花卉消费国和进出口贸易国。

从产业布局来看，我国花卉产业在地区、规模和技术水平方面分化严重。江苏、浙江、广东、云南等地整体产业规模和技术水平发展较好，东北、西北相对滞后，并形成了鲜切花产区、盆栽植物产区、观赏苗木产区三大产区(表0-1-1)。

表0-1-1　我国花卉产业三大产区主要分布地区

产　区	主要分布地区
鲜切花产区	云南、辽宁、广东
盆栽植物产区	云南、福建、广东
观赏苗木产区	江苏、浙江、河南、山东、四川、湖南、安徽

从花卉各种类交易额来看，鲜切花、小盆栽市场销量持续增长，大型绿植及盆花销量下滑，多肉植物风头渐落。数据显示，2019年，观花及小型盆栽交易量总计为4288万盆，同比增长20.1%；大型观叶植物交易量为497万盆，与2018年基本持平；鲜切花交易量为11 227t(约1.8亿枝)，同比增长14.6%。

经过近30年的发展，花卉销售渠道逐渐畅通，花卉市场不断完善。随着花卉消费水平的提高，除了花店数量迅速增加外，大型花卉交易市场也越来越多。互联网以及配送体系的快速发展，致使中国花卉电商市场规模也不断扩大，未来中国电商市场规模将进一步上升。传统花卉市场已经逐渐由白热化的同业竞争和跨界竞争阶段进入了衰退期。目前，全国各地的花卉市场都在探索新的业态组合发展模式，未来它将是一个融入顾客的环境要求、场景要求、娱乐要求、服务要求、产品要求等的体验式市场。随着城市的发展以及新业态模式的出现，来自线上和线下、同行业、跨行业的竞争会更大，墨守成规的传统市场会逐步萎缩甚至被取代。

2. 我国花卉产业存在的问题

多年来，花卉产业取得了很大成绩。然而也要清醒认识到，花卉产业仍处于转型升级阶段，发展瓶颈亟待突破。我国花卉产业发展存在的问题主要有三个方面：

一是花卉品种创新不够，自主知识产权品种少，这是制约花卉产业发展的首要问题。我国是世界上植物资源最为丰富的国家之一，原产中国的观赏植物种类达7000余种，牡丹、蔷薇、杜鹃花等多种特有花卉对世界花卉产业发展起到了重要作用。然而，我国花卉种质资源潜力仍远未挖掘出来，自主知识产权品种少。目前，我国主要商品花卉品种基本依赖进口，严重制约了花卉产业发展。

二是花卉产品质量不高，产业扶持政策不足，这是亟待突破的另一瓶颈。我国花卉生产技术和经营管理还不够完备，花卉产品质量不高，产业链拓展不够，使得花卉产品国际市场竞争力较弱。同时，国家对花卉产业的政策支持力度不够，花卉社会化服务体系有待进一步健全。

三是花文化宣传力度不够，消费潜力未能充分挖掘。我国拥有历史悠久的花文化，

拥有14亿人口的庞大市场，消费市场潜力巨大。目前，我国花卉人均消费量不高，花卉还未能成为人民群众的日常消费品。此外，我国花卉特色品种的科学文化研究薄弱，技能培训不到位，需要加大花卉特色品种文化科学研究，加强花卉知识科普与推广。

3. 我国花卉产业发展趋势

经过近年来的调整转型，我国花卉消费正由过去的集团消费向大众消费转变，由节庆消费、阶段性消费向日常消费、周年消费转变。花卉消费模式由单一化、大众化向多样化、个性化转变。花卉消费渠道更多、更通畅、更便捷，花店、超市正逐渐成为主流渠道。花卉消费场景更丰富，家居生活消费比例不断增加。花卉消费区域不断扩大，花卉消费范围由一、二线城市向三、四线城市乃至乡村发展，“花卉走进千家万户”正逐步变为现实。

随着物流业和互联网的快速发展，花卉产品交易模式也发生了巨变。目前我国花卉市场的交易方式主要有对手交易、拍卖交易、电商平台、期货交易4种。随着互联网的广泛应用，电商平台的交易模式越来越多地被大众接受，互联网渠道必然成为发展的主要方向。当前，互联网团购模式在火热进行中。同时，花卉园艺超市异军突起，实体花店与网络花店的融合，成为新零售模式。新的销售方式不仅使选花、购花更为直观便捷，而且大大缩短了订购花卉所需的时间，从而拓展了新的消费群体，为花卉产业升级注入了新活力。

0-2 课程对接的岗位

一、对应的职业岗位

本课程对应的顶岗岗位是花卉园艺工，主要工作内容是在生产技术员指导下做好土壤耕作和改良、花卉育苗、栽培管理、采收及采后处理等。初次就业岗位是花卉生产技术员，主要工作内容是负责花卉种苗繁育、基质准备、栽培管理、采收及采后处理等工作。发展岗位是花卉生产部经理，主要工作内容是全面负责花卉生产的技术、质量安全、目标管理，制订分项花卉生产方案，并组织实施。目标岗位是生产副总经理，主要工作内容是全面负责花卉生产项目的招投标，主持制订花卉生产项目的技术方案，编制年、季、月生产进度计划，组织花卉生产项目的安全生产，负责项目的生产质量，负责组织部门员工进行业务培训等(图0-2-1)。

二、岗位工作职责

1. 花卉园艺工岗位工作职责

服从领导安排，遵守劳动纪律，积极完成本职工作任务；在花卉生产技术员指导下熟悉花卉生产技术规程，负责责任区内生产项目的种苗繁育、栽植地准备、栽植管理、采收及采后处理等工作；熟练操作各种设备、工具，严格遵守安全操作规程；按时、按质地完成责任区内生产的各项任务，发现问题及时处理、上报；完成领导交办的其他工作。

2. 生产技术员岗位工作职责

在生产副总经理和生产部经理领导下，负责生产的组织安排和管理工作；负责种苗

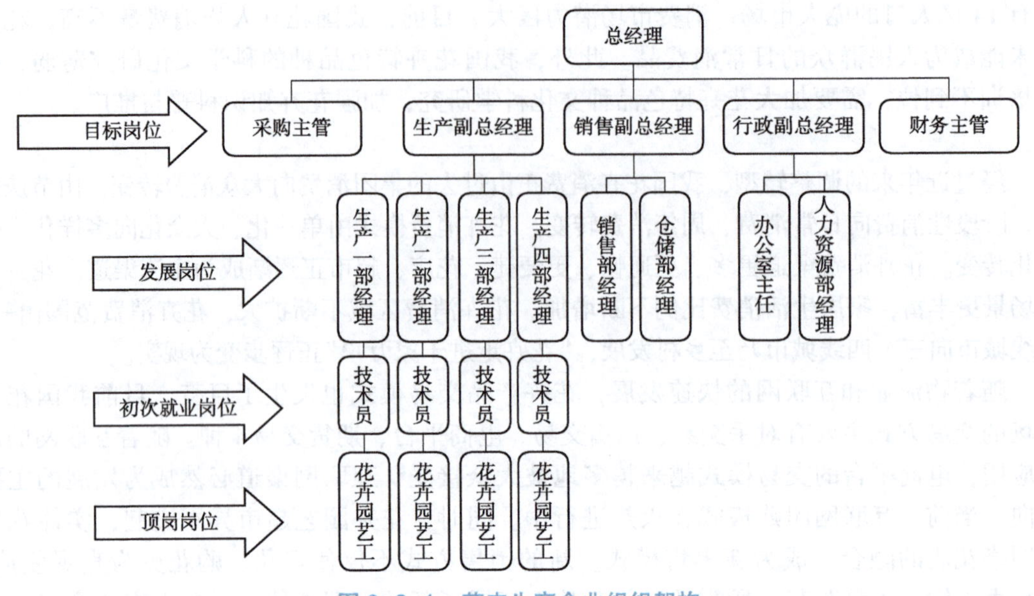

图 0-2-1　花卉生产企业组织架构

繁育、基质准备、栽培管理、采收及采后处理等工作；做好对花卉园艺工的技术指导；严格过程控制；检查产品质量，发现不合格产品及时纠正或向生产部经理汇报；按时填写各种有关生产原始记录，并做到准确无误。

3. 生产部经理岗位工作职责

全面负责花卉生产的技术、质量安全、目标管理等工作；负责生产操作现场工作安排；及时反映生产项目存在的问题，并协助解决；配合其他人员完成公司交办的其他任务。

0–3 课程概述

一、课程性质和地位

本课程是园艺技术、园林技术等专业的核心课程，其目的在于让学生了解花卉园艺师等职业岗位的全面工作流程和工作内容，培养学生进行露地花卉、盆花、鲜切花规模化生产的能力，同时注重培养学生的职业素养和学习能力。本课程需要以花卉识别、花卉生长与环境、种苗生产技术等内容的学习为基础。

二、课程目标

1. 专业能力目标

- ➢ 能制订花卉生产技术方案；
- ➢ 能组织实施露地花卉、盆花、鲜切花生产；
- ➢ 能独立分析与解决生产实际问题；
- ➢ 能自主学习花卉生产新知识、新技术；
- ➢ 能通过互联网及其他各种媒体查阅各类资料，获取所需信息；

- 能独立制订工作计划并实施。

2. 社会能力目标

- 具有较强的口头语言和书面表达能力、沟通协调能力；
- 具有较强的组织协调和团队协作能力；
- 具有良好的心理素质和克服困难的能力；
- 具有行业法律观念和安全生产意识；
- 具有创新精神和创业能力；
- 具有良好的职业道德和职业素养；
- 具备花卉园艺师上岗就业的能力。

项目1

认知花卉生产基础

任务 1–1 认识花卉分类及室内外应用类型

任务目标

1. 认识常见花卉 100~150 种或以上，可识别重点花卉的鉴别特征。
2. 能正确进行花卉分类。
3. 能根据花卉的特征、特性进行实际应用。

任务描述

花卉分类是花卉生产的重要知识前提。本任务以学校、花卉市场或公园配置的花卉为支撑，以学习小组或个人为单位，通过调查室内外常见花卉种类和应用类型，完成花卉的分类。

知识准备

一、花卉分类

花卉可以依生物学特性、观赏特性或应用类型分类：把习性相同或对某一生态环境因子要求一致的花卉归为一类；或把具有相同观赏特点的花卉归为一类；或把栽培方式和应用方式相似的花卉归为一类。这些分类方法虽不系统，但便于栽培、应用和交流。

(一) 按照生物学特性分类

这种分类方法应用最为广泛，常把花卉分为草本花卉、木本花卉。

1. 草本花卉

草本花卉是茎部为草质或肉质的花卉，依其生长发育周期和生长特性又分为：

(1) 一年生草花

在一个生长季内完成生活史的草本花卉。当年播种、开花结实，当年秋冬死亡。也叫春播花卉，如波斯菊、鸡冠花、百日草等。

(2) 二年生草花

在两个生长季内完成生活史的草本花卉。多为秋季播种，第二年春夏开花、结实而死。也叫秋播花卉，如金鱼草、三色堇、羽叶甘蓝等。

(3) 宿根花卉

地下器官形态正常、未发生变态的多年生草本花卉，如菊花、萱草等。

(4) 球根花卉

地下的根或茎发生变态、肥大呈球状或块状的多年生草本花卉，如水仙、郁金香、美人蕉等。按形态特征，其又分为 5 类。

球茎类　地下茎膨大呈球形或扁球形，内部实质，质地坚硬，表面有环状节痕，顶端有肥大的顶芽，侧芽不发达，如唐菖蒲、香雪兰、番红花等。

鳞茎类　地下茎极度短缩，形成扁平的鳞茎盘，在鳞茎盘上有许多肥厚鳞片相互抱合而成，如水仙、朱顶红、郁金香、百合等。

块茎类　地下茎膨大呈块状或条状，外形不规则，表面无环状节痕，新芽着生在块茎的芽眼上，如马蹄莲、彩叶芋、大岩桐等。

根茎类　地下茎膨大呈根状，茎肉质有分支，有明显的节间，每节有侧芽和根，如美人蕉、鸢尾等。

块根类　地下根膨大呈块状，芽着生在根颈处，根系从块根的末端生出，如大丽花、花毛茛等。

(5) 多年生常绿草花

枝叶四季常绿，无落叶现象，地下根系发达。这类花卉在南方露地栽培，在北方温室栽培，如绿萝、吊兰、文竹等。

2. 木本花卉

木本花卉的茎部为木质，茎、干坚硬。按其树干高低和树冠大小可分为：

(1) 乔木花卉

植株高大，主干明显，长势强健，如玉兰、樱花等。

(2) 灌木花卉

较低矮，无明显主干，枝条呈丛生状态，如牡丹、扶桑等。

(3) 藤本花卉

茎干细长，不能直立，常攀缘他物向上生长，如常春藤、紫藤等。

(二) 按照观赏部位分类

1. 观花花卉

观花花卉以观花为主，主要欣赏其色、香、姿、韵，如白玉兰、紫薇、荷花、鹤望兰等。

2. 观叶花卉

观叶花卉以观叶为主。其叶形奇特，或带彩色条斑，富于变化，具有很高的观赏价值，如龟背竹、金边吊兰、旱伞草、蕨类等。

3. 观茎花卉

观茎花卉以观茎为主。这类花卉的茎形态奇特、独具风姿，如佛肚竹、光棍树等。

4. 观果花卉

观果花卉观赏果实为主。这类花卉的果实形态奇特或色彩艳丽，挂果时间长，如乳茄、佛手、冬珊瑚等。

5. 观芽花卉

观芽花卉以观赏嫩芽为主，如银芽柳、富贵竹等。

6. 其他

其他的多以观赏某一变态器官为主，如一品红、马蹄莲等。

(三) 按照栽培方式分类

1. 露地花卉

能在露地完成全部生长过程，不需保护地(如温床、温室)栽培的花卉，称为露地花卉。为了提前开花，早春利用温床或冷床育苗的仍属此类。如鸡冠花、百日草、羽衣甘蓝、美人蕉、牡丹等。

2. 温室花卉

原产于热带、亚热带地区的花卉，在我国北方必须在温室内栽培或冬季在温室保护越冬，这类花卉称为温室花卉。如瓜叶菊、一品红、仙客来、变叶木等。

二、花卉的室内应用类型

花卉的室内装饰应用形式已发展为单株盆栽、组合盆栽、插花等形式。

1. 单株盆栽

树冠轮廓清晰或具有特殊株形的室内花卉，可以单株盆栽的方式布置美化环境，成为室内局部空间的焦点或分隔空间的主要方式。单株盆栽植物不仅应具有较高的观赏价值，布置时还需考虑植物的体量、色彩和造型，使其与所装饰的环境空间相适宜。

2. 组合盆栽

单一品种的盆栽往往单调，满足不了室内花卉设计的需求，因此一种富于变化的盆栽方式——组合盆栽应运而生。组合栽培是指将一种或多种花卉根据其色彩、株形等特点，经过一定的构图设计，将数株集中栽植于容器中的花卉装饰技艺。可以说，组合栽培时特定空间和尺度内的植物配置，也是对传统艺栽的进一步发展。

各种时令花卉以及用于室内观赏的各种多年生草本或木本花卉都可以用于组合栽培的设计，应根据作品的用途、装饰环境的特点等选择合适的植物种类。

3. 插花

插花指将剪切下来的植物的枝、叶、花、果作为素材，经过一定的技术(修剪、整枝、弯曲等)和艺术(构思、造型设色等)加工，重新配置成一件精致美丽、富有诗情画意、能再现大自然美和生活美的花卉艺术品，故称其为插花艺术。插花主要有东方式插花、西方式插花和现代自由式插花3种风格。

插花的室内应用形式主要有展览馆插花布置，宾馆大堂及房间的插花布置，会议室插花布置，居家的客厅、书房、卧室、厨房、餐桌及墙体的装饰。

三、花卉的室外应用类型

花卉的室外应用类型主要有花坛、花丛、花境、垂直绿化、吊篮与壁篮、花钵、组合立体装饰体等，其植物选材及空间形式各具特色。

1. 花坛

花坛是在具有一定几何轮廓的种植床内种植各种色彩艳丽或纹样美丽的花卉，构成一幅显示群体美的平面图案画，以体现其色彩美或图案美的园林应用形式。花坛具有规则的外部轮廓，内部植物配置也是规则式的，属于完全规则式的园林应用形式。花坛具有极强的装饰性和观赏性，常布置在广场和道路的中央、两侧或周围等规则式的园林空间中。

花坛依其平面位置不同，可分为平面花坛、斜坡花坛、高设花坛(花台)及俯视花坛等；因功能不同，又可分为观赏花坛(包括纹样花坛、饰物花坛及水景花坛等)、主题花坛、标记花坛(包括标志、标牌及标语等)及基础装饰花坛(包括雕塑、建筑及墙基装饰)等;根据所使用的植物材料不同,可将其分为一、二年生花卉花坛,球根花卉花坛,宿根花卉花坛,常绿灌木花坛及混合式花坛等;根据所用植物观赏期的长短不同,还可将其分为永久性花坛、半永久性花坛及季节性花坛。最常采用的,是根据表现主题形式不同,分为花丛花坛(盛花花坛)、模纹花坛、标题式花坛、立体造型花坛、混合花坛和花台。

(1)花丛式花坛(盛花花坛)

花丛式花坛表现观花的草本花卉盛开时群体的色彩美及其组成的优美图案。根据其平面长和宽的比例不同,又分为花丛花坛(花坛平面长为宽的1~3倍)和带状花丛花坛(或称花带,花坛的宽度超过1m,且长为宽的3~4倍甚至更多)。

花丛式花坛主要由观花的一、二年生花卉和球根花卉组成,开花繁茂的宿根花卉也可以使用。要求花卉的株丛紧密,植株整齐;开花繁茂,花色鲜明艳丽,花序呈平面开展,开花时见花不见叶,高矮一致;花期长而一致。如一、二年生花卉中的三色堇、万寿菊、雏菊、百日草、金盏菊、翠菊、金鱼草、紫罗兰、一串红、鸡冠花等,多年生宿根花卉中的小菊类、荷兰菊、鸢尾类等,球根花卉中的郁金香、风信子、美人蕉、大丽花小花品种等,都可以用于花丛花坛的布置。

(2)模纹花坛

模纹花坛一般选择观叶或花叶兼美的植物组成精致的图案纹样。其因纹样及植物材料不同而获得不同的景观效果。毛毡花坛(用低矮的观叶植物组成装饰图案)的花坛表面修剪平整如地毯;浮雕花坛则通过修剪或配置高度不同的植物材料,形成表面凸凹分明的浮雕纹样效果。

由于模纹花坛需长期维持图案纹样的清晰和稳定,因此应选择生长缓慢的多年生植物(草本、木本均可),且以植株低矮、分枝密、发枝力强、耐修剪、枝叶细小的种类为宜,植株高度最好低于10cm。尤其是毛毡花坛,以观赏期长的五色苋类等观叶植物最为理想,花期长的四季海棠、凤仙类等也是很好的选材,也可以选用株型紧凑低矮的景天类、孔雀草、细叶百日草等。

(3)标题式花坛

标题式花坛是用植物组成具有明确主题思想的图案,分为文字花坛、肖像花坛、象征性图案花坛等。一般将其设置为适宜角度的斜面以便于观赏。

(4)立体造型花坛

立体造型花坛是将枝叶细密的植物材料种植于立体造型骨架上的一种花卉立体装饰形式,常表现为花篮、花瓶、动物造型、几何造型、建筑或抽象式的立体造型等。常用五色苋、石莲花等耐旱、多肉花卉以及四季海棠等枝叶细密且耐修剪的植物种类。

(5)混合花坛

混合花坛指将不同类型的花坛组合(如平面花坛与立体造型花坛结合),以及花坛与水景、雕塑结合而形成的综合花坛景观形式。

(6)花台

花台也称为高设花坛,是将花卉种植在高出地面的台座上形成的花卉景观形式。花台一般面积较小,台座的高度多在40~60cm,多设于广场、庭院、阶旁、出入口两边、墙下、窗户下等处。

花台按形式可分为自然式与规则式：规则式花台有圆形、椭圆形、正方形、长方形等几何形状，结合布置各种雕塑以强调花台的主题；自然式花台结合环境与地形，常布置于中国传统的自然园林中，形式较为灵活。

2. 花丛

花丛是指将数目不等、高矮及冠幅不同的花卉植株组合成丛，种植在适宜的园林空间的一种花卉应用形式。花丛属自然式花卉配置形式，注重表现植物开花时的色彩或彩叶植物美丽的叶色，是花卉应用最广泛的形式。花丛可大可小，适宜布置于自然式园林环境，也可点缀于建筑周围或广场一角。

花丛的植物材料选择应以适应性强、栽培管理简单且能露地越冬的宿根和球根花卉为主，既可观花，也可观叶，或花叶兼备，如芍药、玉簪、萱草、鸢尾、百合等。栽培管理简单的一、二年生花卉或多年生野生花卉也可以用作花丛材料。

3. 花境

花境是模拟自然界中林地边缘地带多种野生花卉交错生长的状态，运用艺术手法设计的一种带状自然式的花卉布置形式，以树丛、林带、绿篱或建筑物作背景，常由几种花卉自然块状混合配置而成，表现花卉自然散布生长的景观。花境的边缘常依环境的变化而变化，可以是自然曲线，也可以是直线。在园林中，其不仅可以增加自然景观，还有分隔空间和组织游览路线的作用。混合花境与宿根花卉花境是园林中最常见的花境类型。

4. 垂直绿化

垂直绿化又称为立体绿化，是为了充分利用空间，在墙壁、屋顶、棚架等处栽种植物，以增加绿化覆盖率，改善居住环境。垂直绿化在克服城市绿化面积不足、改善不良环境等方面有独特的作用。

垂直绿化不仅占地少、见效快、绿化率高，而且能增加建筑物的艺术效果，使环境更加整洁美观、生动活泼。在城市绿化建设中，精心设计各种垂直绿化小品，如藤廊、拱门、篱笆、棚架等，可使整个城市更有立体感，既增强了绿化美化的效果，又增加了人们的活动和休憩空间。

5. 吊篮与壁篮

吊篮与壁篮是将花卉栽培于容器中悬吊于空中或挂置于墙壁上的花卉应用方式，不仅节省地面空间，形式灵活，还可形成优美的立体植物景观。其因花卉鲜艳的色彩或观叶植物奇特的悬垂效果成为点缀环境的重要手法。最初流行于北欧，形式多为半球形或球形，是从各个角度展现花材立体美的一种花卉装饰形式，多用金属、塑料或木材等制成网篮，或以玻璃钢、陶土制成花盆式吊篮，广泛应用于门厅、墙壁、街头、广场以及其他空间狭小的地方。

6. 花钵

花钵是传统盆栽花卉的改良形式，花卉与容器融为一体，具有艺术性与空间雕塑感，是近年来普遍使用的一种花卉装饰手法。花钵可分为固定式和移动式两大类，主要用于公园、广场、街道的美化装饰，以及丰富常规花坛的造型等。

花钵中栽植颜色鲜艳的直立植物，如直立矮牵牛、百日草、长寿花、凤仙花、丽格海棠、彩叶草等种类，以突出色彩主题。靠外侧宜栽植下垂式植物，使枝条垂蔓而形成立体的效果，也可栽植银叶菊等浅色植物，以衬托中部的色彩。

7. 组合立体装饰体

这种形式包括花球、花柱、花树、花船、花塔等造型组合体。这些组合体属于立体花坛，是近年发展起来的一种集材料、工艺与环境艺术为一体的先进装饰手段，故单独列出介绍。组合立体装饰体多以钵床、卡盆等为基本组合单位，结合先进的灌溉系统，进行造型外观效果的设计与栽植组合，装饰手法灵活方便，具有新颖别致的观赏效果，是最能体现设计者的创造力与想象力的一种花卉设计形式。可栽植的植物种类十分广泛，一、二年生花卉，宿根花卉及各种观花、观叶的灌木或垂蔓性植物材料均可栽植。

考核评价

查找资料、实地调查后，小组讨论，制订并实施花卉分类和应用类型调查方案，完成工作单 1–1–1 和工作单 1–1–2。

工作单 1–1–1 花卉分类

花卉分类方法			常见花卉种类
按生物学性状分类	草本花卉	一、二年生草花	
		宿根花卉	
		球根花卉	
		多年生常绿草花	
	木本花卉	乔木花卉	
		灌木花卉	
		藤本花卉	
按观赏部位分类	观花花卉		
	观叶花卉		
	观茎花卉		
	观果花卉		
	其他观赏花卉		
按栽培方式分类	露地花卉		
	温室花卉		

工作单 1–1–2 花卉应用类型调查

花卉应用类型		常见花卉种类
花卉室内应用类型	单株盆栽	
	组合盆栽	
	插花	

（续）

花卉应用类型		常见花卉种类
花卉室外应用类型	花坛	
	花丛	
	花境	
	垂直绿化	
	吊篮与壁篮	
	花钵	
	组合立体装饰体	

任务1–2 认识环境对花卉生长发育的影响

任务目标

1. 能根据温度对花卉生长发育的影响，提出花卉不同生长发育期对温度的要求。
2. 理解光照、水分和土壤对花卉生长发育的影响。
3. 能判断花卉栽培过程中营养缺乏的症状。
4. 了解常见有害气体对花卉生长发育的影响。

任务描述

通过对校内外实训基地、温室花房、植物园等地的花卉生长环境的调查，并借助网络资源等，了解花卉生长发育所需要的环境条件，能够依据不同种类花卉生长发育对环境条件的特殊要求，为花卉生产提供良好的环境条件。

知识准备

一、温度

花卉的任何生长发育过程都要求在一定温度下进行。温度可影响一、二年生花卉的种子萌发，影响多年生花卉种子的休眠与芽萌动，影响花卉的营养生长，影响花卉开花、结实。在花卉栽培过程中，为了利于花卉的生长，应尽量使其处于最适温度的环境条件下，必要时需对环境温度进行调节，如防寒、保温、加温、降温等，以创造适宜花卉生长的环境。

1. “三基点”温度的概念

花卉与其他植物一样，在其生长发育过程中对温度表现出3个最基本的要求，即生物学最低温度、生物学最适温度和生物学最高温度，称为“三基点”温度。由最低温度至最适温度，随着温度的升高，花卉生长速度加快，到达最适温度范围时生长最快、最健壮且不徒长；超过最适温度，随着温度的升高，生长反而逐渐减慢；超过最低温度和最高

温度界限，植株受害甚至死亡，“南花北养”或“北花南养”时最易出现此类现象。

花卉正常生长的温度范围一般为0~35℃。花卉茎、叶开始生长的温度通常是10~15℃（根系开始生长的温度要比地上部分低3~6℃），最适温度是18~28℃，最高温度则为28~35℃。由于花卉原产地不同，其“三基点”温度也有较大差异。原产热带和亚热带的花卉“三基点”温度偏高，温带和寒带的花卉“三基点”温度则偏低(表1-2-1)。

表1-2-1 不同原产地花卉生长最低温度和最适温度比较

生长温度	热带花卉	亚热带花卉	温带花卉	寒带花卉
最低温度(℃)	18	15~18	10	5
最高温度(℃)	30	25	15~20	10~15

2. 花卉对温度适应性的类型

依据不同原产地花卉耐寒力的大小，可将其分为以下3类。

(1)耐寒性花卉

此类花卉抗寒力强，在北方寒冷地区能露地栽培。此类花卉原产于寒带或温带地区，包括露地二年生草本花卉、部分宿根及球根花卉等。这些花卉一般能耐0℃以下的低温，如玉簪、萱草、蜀葵、玫瑰、丁香、迎春花、紫藤、海棠、榆叶梅、金银花等。

(2)不耐寒性花卉

此类花卉不能忍受0℃以下低温，甚至在5℃或10℃以下即停止生长或死亡。此类花卉原产于热带及亚热带地区，包括露地一年生草本花卉和温室花卉，如一串红、鸡冠花、百日草、文竹、扶桑、变叶木、仙人掌类及其他多浆植物等。有的在5~10℃的条件下才能正常越冬，如秋海棠类、彩叶草、吊兰、大岩桐、茉莉等。

(3)半耐寒性花卉

此类花卉耐寒力介于耐寒性花卉与不耐寒性花卉之间，生长期间能短期忍受0℃左右的低温，通常要求越冬温度在0℃以上。此类花卉原产于温带和较暖和地区，通常要求冬季温度在0℃以上，如金鱼草、金盏菊、牡丹、芍药、石竹、郁金香、月季、梅花、夹竹桃、桂花等。其在我国长江流域能露地安全越冬，北方冬季需加防寒设施才能安全越冬。

3. 花卉不同生育期对温度的要求

同一种花卉，从种子萌发到种子成熟，对温度的要求随着生长发育阶段的不同而有所变化。

(1)种子萌发期

花卉种子经过一段时间的休眠后，遇到适宜的环境条件(如温度、氧气及水分等)即能吸水发芽。一年生花卉种子萌发在较高温度下进行，一般为20~25℃；喜温花卉的种子，发芽温度以25~30℃为宜；二年生花卉播种时要求的温度较低，一般在16~20℃；耐寒花卉的种子，可以在10~15℃或更低时就开始发芽。

(2)幼苗期

与播种期相比，幼苗期要求温度较低，一般为13~20℃。其作用是防止幼苗徒长及顺利通过春化阶段，完成花芽分化。一年生花卉如凤仙花、百日草、万寿菊等的幼苗期，要求温度在5~12℃；多数二年生花卉，要求温度在0~10℃，如月见草、毛地黄、虞美人等。

(3)营养生长期

营养生长期的花卉枝叶及根系生长旺盛，白天需要较高的温度，以增强光合作用强度，为开花结实积累更多的营养物质。

(4)生殖生长期

此期包括花芽分化期、开花期和结实期。开花结实期一般要求相对较低的温度，有利于延长花期和籽实成熟。温度过高或过低，会影响授粉及受精，引起落蕾、落花。

4. 大气温度对花卉生长发育的影响

温度影响花卉生长发育的每一时期及过程，如种子或球根的休眠、茎的伸长、花芽的分化和发育等都与温度有密切关系。

(1)影响花芽分化

花芽分化是指植物生长点由叶芽转变为花芽的生理和形态过程。植物进行一定的营养生长(经过成熟期)，并通过春化阶段及一定光照时间后，即进入生殖生长阶段。花卉种类不同，花芽分化和发育所要求的适宜温度也不同，大体上分为以下两种类型。

①在低温下分化　某些花卉必须经过一个低温时期才能形成花芽，否则不能正常开花，这种低温促进花芽形成并开花的作用，称为春化作用，这个过程称为春化阶段。

根据春化阶段所要求的低温值和持续时间的不同，可将植物分为3种类型(表1-2-2)。

表1-2-2　花卉对春化低温适应性

类　型	温度范围	花卉种类
冬性植物	0~10℃持续30~70d	多数二年生花卉如月见草、毛地黄、虞美人等，以及部分宿根花卉如芍药、鸢尾等
春性植物	5~12℃持续5~15d	一年生花卉，为春性花卉，如凤仙花、百日草、万寿菊等
半冬性植物	介于前两者之间	原产温带中北部及各地的高山花卉

②在高温下分化　有些花卉在20℃或更高的温度下进行花芽分化，这已超出了春化作用的最初含义。许多花木类，如杜鹃花、山茶、梅花、桃花、樱花和紫藤等，均在6~8月气温高至25℃以上时进行花芽分化，入秋后进入休眠，经过一定时期低温后，结束或打破休眠而开花；许多春植球根类花卉(如唐菖蒲、美人蕉、晚香玉等)的花芽，于夏季生长期分化，而郁金香、风信子等秋植球根类花卉的花芽是在夏季休眠期分化；一年生花卉如一串红、鸡冠花、醉蝶花、凤仙花、矮牵牛、百日草、波斯菊、长春花等的花芽，也是在高温下进行分化。

(2)影响花色、花香与开花持续时间

影响花色　温度是影响花色的主要环境因子之一。如矮牵牛的蓝白复色品种，在30~35℃高温条件下，花色完全呈蓝或紫色；在15℃条件下，花色呈白色；介于两温度之间，花色呈蓝白复色，温度近于30℃时，蓝色部分增多，温度变低时，白色部分增多。喜高温的花卉，如荷花、大花马齿苋、矮牵牛等，在高温下花朵色彩艳丽；而喜冷凉的花卉，如大丽花、月季、虞美人、三色堇、金鱼草、翠菊等，在冷凉季节或地区栽培时，花色鲜艳，若遇30℃以上的高温，则花朵变小、花色黯淡。

影响花香与开花持续时间　多数花卉开花时如果遇气温较高、阳光充足的条件，则花香浓郁；不耐高温的花卉遇高温时香味变淡。这是由于参与各种芳香油形成的酶类其活性与温度有关。花期遇气温高于适温时，花朵提早脱落；同时，高温干旱条件下，花朵香味持续时间也缩短。

5. 地温对花卉生长发育的影响

除了气温外，花卉的生长还受地温的影响。大多数花卉适宜15~18℃的地温。因此，在给地栽花卉灌溉和盆花浇水时，要使水的温度尽量与地面相近，若二者温差过大，会造成花卉根部萎蔫，严重的甚至造成死亡。

二、光照

光照是花卉植株制造营养物质的能量来源。没有光的存在，光合作用就不能进行，花卉植株也就不复存在。

1. 花卉对光照适应性的类型

不同种类的花卉，对光照强度的要求不同，这主要与原产地的光照条件有关。原产高海拔地带的花卉要求较强的光照条件；原产阴雨天较多的热带和亚热带花卉，对光照强度的要求较低。一般而言，多数花卉在光照充足的条件下，植株生长健壮，着花多而大；部分花卉在光照充足的条件下反而生长不良，需要半阴条件才能健康生长。花卉对光照强度的适应性见表1-2-3所列。

表1-2-3　花卉对光照强度的适应性

类　型	光照条件	花卉种类
喜光花卉	喜强光，不耐庇荫，全光照条件下生长发育正常	大部分观花花卉、观果花卉和少数观叶花卉，如仙人掌类、一品红、大花马齿苋、荷花等
阴生花卉	适于生长在光照不足或散射光条件下，不能忍受强光照，尤其在高温季节需要给予不同程度的遮阴	蕨类、兰科、苦苣苔科、姜科、秋海棠科、天南星科花卉，以及文竹、玉簪、欧洲百合、八仙花、大岩桐等
耐阴花卉	阳光充足条件下生长良好，但夏季需要适当遮阴	萱草、耧斗菜、扶桑、天竺葵、茉莉、桔梗、白兰花、南天竹等

一般花卉的最适需光量为全日照的50%~70%，多数花卉在全日照50%以下的光照强度时生长不良。过强的光照，会使植物同化作用减缓，枝叶枯黄，生长停滞，严重的甚至整株死亡。当光照不足时，同化作用及蒸发作用减弱，植株分蘖力减小，节间延长，叶色变淡发黄，不易开花或开花不良，且易感染病虫害。光照不足的情况常发生于冬季天气不良的温室内。

2. 花卉不同生育期对光照的要求

一般花卉的幼苗繁殖期需光量较少，某些花卉种子发芽时甚至需要遮光；成苗期至旺盛生长期，花卉的需光量逐渐增加；生殖生长期则不同花卉对长、短日照要求不同；开花期对喜光花卉适当减弱光照，可以延长花期，并使花色保持鲜艳；对于绿色花卉如绿牡丹、绿菊花等，适当遮光可使花色纯正、不易褪色。

另外，某些花卉对光照的要求还因季节而异，如君子兰、仙客来、大岩桐、天竺葵、倒挂金钟等，夏季需要适当遮阴，在冬季则需要阳光充足。

3. 光照对花卉生长发育的影响

光照对花卉生长发育的影响主要体现在3个方面，即光照强度、光照时间和光质。

(1)光照强度

影响花蕾开放　光照强弱对花蕾开放时间有很大的影响。如大花马齿苋、酢浆草在中午前后的强光下盛开，日落后即闭合；紫茉莉、晚香玉、月见草在傍晚光弱时开放香气更浓，第二天日出后闭合；牵牛花在光线由弱到强的晨曦中开放；昙花只在21:00以后的黑暗中才能开花。

影响花色浓淡　花青素必须在强光下才能形成，而低温(春季或秋季夜间温度较低)能抑制糖类的转移，可为花青素的形成积累物质基础，因此强光和低温条件下，呈红、蓝、紫色的花卉，颜色都会变得更浓。此外，花青素的形成还与光的波长有关。

(2)光照时间

光照时间(光周期)是指一日中日出到日落的时数或一日中明暗交替的时数，亦称日照长度。它不仅影响植物的节间伸长、叶片发育以及花青素的形成等，还影响开花、营养繁殖及冬季休眠。

影响花芽分化　观花花卉的花芽分化，除受遗传特性的影响外，还受光照时间即光照长度的影响。根据花芽分化对日照长度的要求，可将花卉分为长日照花卉、短日照花卉和日中性花卉(表1-2-4)。

表1-2-4　花芽分化对日照长度的要求

类　型	日照长度(h)	花卉种类
长日照花卉	12~16	令箭荷花、唐菖蒲、风铃草类、紫罗兰、蒲包花、满天星、金盏菊、白兰等
短日照花卉	8~12	菊花、长寿花、蟹爪兰、一品红、三角梅等
日中性花卉	对光照时间长短不敏感	月季、马蹄莲、天竺葵、香石竹、矮牵牛、大丽花、非洲菊、美人蕉等

影响营养繁殖　光照时间还影响花卉植株的营养繁殖。例如，短日照可诱导和促进某些块根、块茎的形成与生长，如大丽花、秋海棠、菊芋等；长日照可促进某些花卉的营养生长及营养繁殖，如虎耳草匍匐茎的生成、落地生根属某些种类叶缘幼小植物体的产生等。

影响冬季休眠　在温带，长日照通常促进花卉营养生长，短日照经常促进花卉冬季休眠。

(3)光质

太阳光由不同波长的可见光谱与不可见光谱组成，其波长范围主要在150~4000nm。其中可见光(即红光、橙光、黄光、绿光、蓝光、紫光)波长在400~760nm，占全部太阳光辐射的52%；不可见光，红外线(波长760nm到1mm)占43%，紫外线(波长小于400nm)占5%。

不同光谱成分对花卉生长发育的作用不同。在可见光范围内，花卉只以可见光为其光合作用的能量来源。其中，吸收利用最多的是红光和橙光，其次是蓝、紫光。绿光大

部分被叶片所透射或反射，很少被吸收利用，因而使叶色呈绿色。红光和橙光有利于糖类的合成，且其在散射光中所占比例较大，因此散射光对耐阴花卉及弱光下生长的花卉效用大于直射光；蓝光有利于蛋白质的合成，短波长的蓝、紫光能抑制茎的伸长，使株体矮小，并能促进花青素的形成。

在自然界中，高山花卉因受蓝、紫光及紫外线辐射较多，加上高山低温的影响，一般都具有节间缩短、植株矮小、花色艳丽等特点。此外，紫外线还可促进维生素 C 的合成。红外线主要是被花卉吸收转化为热能，影响花卉体温和蒸腾作用。

三、水分

花卉的生长发育离不开水。首先，水是植物细胞的重要组成成分，植物体重的 70%~90%是水。其次，水是植物生命活动的必要条件。如果没有水，植物的光合作用就不能进行；矿质营养也只有溶于水中，才能运转并被吸收利用；同时，植物还依靠叶面水分蒸腾来调节体温，使自身免受高温危害。此外，水还能维持细胞膨压，使枝条挺立、叶片开展、花朵丰满。环境中影响花卉生长发育的水分包括两种：土壤水分和空气湿度。

1. 花卉对水分适应性的类型

花卉生长发育所需要的水分，大部分来源于土壤。多数花卉栽培中土壤水分以田间最大持水量的 60%~70%为宜。土壤干旱会使花卉缺水而生长不良；水分过多，特别是排水不良的土壤，会使根系因缺氧而腐烂，严重时导致叶片失绿甚至植株死亡。但不同原产地的花卉和同一花卉的不同生育期，对水分的要求和适应性均有一定差异。

花卉种类不同，需水量也不同，这与原产地的降水量及其分布状况有关。依此可把陆地花卉分为 5 种类型：旱生花卉、半旱生花卉、中生花卉、湿生花卉和水生花卉(表 1-2-5)。

表 1-2-5 花卉对水分的适应性

类 型	需水情况	浇水原则	花卉种类
旱生花卉	能忍受长期干旱的环境而正常生长发育	宁干勿湿	仙人掌科、景天科、番杏科、大戟科和龙舌兰等
半旱生花卉	能短期忍受干旱	干透浇透	山茶、杜鹃花、白兰、橡皮树、梅花、天竺葵等
中生花卉	适于生长在干湿适中的环境中，对水分的要求介于旱生花卉与湿生花卉之间	见干见湿	广玉兰、夹竹桃、金丝桃、迎春花、白玉兰、紫玉兰、海棠、蜡梅等
湿生花卉	需要生长在潮湿的环境中，在干旱或比较干旱的情况下会生长不良或者枯死	宁湿勿干	热带兰类、蕨类、凤梨类、天南星科、秋海棠类、湿生鸢尾类等
水生花卉	常年生活在水中或其生命周期内某段时间生活在水中	水环境	荷花、睡莲、水葱、雨久花、王莲等

花卉尽管有旱生和湿生之别，但不管哪类花卉，若长期水分供应不足，或土壤中水分过多，都会受到危害。特别是一些盆栽花卉，盆土过干或过湿都会影响根系的生长，造成枝叶凋萎脱落甚至死亡。

2. 花卉不同生育期对水分的要求

种子发芽期　需水较多，以使种皮软化，有利于胚根的抽出和胚芽的萌发。

幼苗期　因幼苗根系弱小，在土壤中分布较浅，所以抗旱力极弱。虽然每次需水量不多，但必须经常保持土壤湿润。

成苗期　为保证植株营养生长旺盛，促进细胞的分裂、伸长及各组织器官的形成，需要给予适量的水分，并保持适宜的空气湿度。但要注意水分不能过多，否则易发生枝叶徒长，影响开花。

花芽分化期　此期花卉植株由营养生长转入生殖生长，多数花卉应适当控制水分，以抑制枝叶生长，促进花芽分化。梅花的"扣水"，就是控制水分供给，致使新梢顶端自然干梢，叶面卷曲，停止生长而转向花芽分化。球根花卉凡球根含水量少的，则花芽分化也早，球根鸢尾、水仙、风信子、百合等用30~35℃的高温处理，其目的就是促其脱水而使花芽提早分化。

开花期　开花后，要求空气湿度较小，否则会影响正常授粉。过大的土壤湿度，会使花朵早落，花期缩短。

结实期　观果花卉在坐果期，应供应充足的水分，以满足果实发育的需要。但在种子成熟期，空气干燥可促进种子成熟。

3. 空气湿度对花卉生长发育的影响

空气湿度主要影响花卉的蒸腾作用，进而影响花卉对土壤中水分的吸收，从而影响植物的含水量。不同的花卉对空气湿度的要求不同，花卉的不同生长发育阶段对空气湿度的要求也不相同。一般来说，在营养生长阶段对空气湿度要求大，开花期要求小，结实的种子发育期要求更小。一般中生花卉要求65%~70%的空气相对湿度。若空气湿度过大，易使枝叶徒长、滋生病虫害，并常有落蕾、落花、落果、授粉不良或花而不实的现象；而空气湿度不足，易导致叶色变黄、叶缘干枯、花期缩短、花色变淡等。

在实际栽培中，南花北养和北方冬季室内养花时，容易出现空气干燥的情况。根据不同花卉对空气湿度的不同要求，可采取喷淋枝叶、地面喷水或空气喷雾等方法增加空气湿度。

4. 浇灌用水的含盐量和酸碱度对花卉生长发育的影响

水中可溶性总盐度和主要成分决定了水质。长期使用高盐度水浇花，会造成一些盐离子在土壤中积累，影响土壤酸碱度，进而影响土壤养分的有效性。水的酸碱度用pH表示，大多数花卉使用pH为6.0~7.0的水作为浇灌用水为好。

四、土壤

花卉根系从土壤中吸收生长发育所需的营养和水分。只有当土壤理化性质能满足花卉生长发育对水、肥、气、热的要求时，才能获得最佳质量。

1. 土壤物理性状对花卉生长发育的影响

土壤物理性状是指土壤质地与结构决定的土壤通气性、透水性、保水性及保肥性。

(1) 土壤质地

通常将土壤质地分为砂土、壤土和黏土3类。

砂土类　土壤含砂粒较多，土粒间隙大，土质疏松，通透性强，排水良好，但保水性差，易干旱；土温受环境影响较大，昼夜温差大；有机质含量少，分解快，肥效强，肥力短。其常用作培养土的成分、改良黏土的成分，用于扦插和播种基质或栽培耐旱花卉。

黏土类　土壤含黏粒较多，土粒间隙小，通透性差，排水不良，但保水、保肥能力强；土温昼夜温差较小；有机质含量多，分解慢，肥效长。除少数喜黏土的花卉外，绝大部分花卉不适应此类土壤，常需与其他土壤或基质配合使用。

壤土类　土粒大小适中，性状介于砂土与黏土之间。有机质含量较多，土温比较稳定，既有较好的通气排水能力，又能保水保肥，对植物生长有利，能满足大多数花卉的要求。其常用作栽培花卉的基质。

(2) 土壤结构

土壤结构是成土过程或利用过程中由物理的、化学的和生物的多种因素综合作用而形成。不同的土壤结构中，团粒结构因其疏松、肥沃、保水、保温且酸碱度适中，最适宜花卉的生长。

(3) 土壤空气

土壤内空气的多少主要与土壤质地和结构有关。一般土壤中含氧量为10%～20%。当含氧量为12%以上时，大部分花卉根系能正常生长和更新；当含氧量降至10%时，多数花卉根系的正常机能开始衰退；当含氧量下降到2%时，花卉根系只能够维持生存。

(4) 土壤水分

土壤中水分的多少与花卉的生长发育密切相关。含水量过高时，土壤空隙全被水分占据，根系因缺氧而腐烂，严重时会导致叶片失绿甚至植株死亡；一定限度的水分亏缺，迫使根系向深层土壤发展，同时又有充足的氧气供应，故常使根系发达。在黏重土壤生长的花卉，夏季常因水分过多，根系供氧不足而造成生理干旱。

(5) 土壤温度

土壤温度会影响种子发芽、根系发育和幼苗生长。一般地温比气温高3～6℃时，扦插苗成活率高。故大部分繁殖床都安装有提高地温的装置。

2. 土壤化学性状对花卉生长发育的影响

土壤化学性状主要是指土壤酸碱度、土壤有机质和土壤矿物质元素等。其中，土壤酸碱度对花卉生长影响尤为明显。

(1) 土壤酸碱度

土壤酸碱度用pH表示。土壤酸碱度与土壤微生物活动有关，影响着土壤有机质与矿物质的分解和利用。过强的酸性或碱性对花卉生长不利，甚至会造成植株死亡。不同花卉对土壤酸碱度适应性有较大差异，大多数花卉要求中性或弱酸性土壤，只有少数能适应强酸和碱性土壤（表1-2-6）。

表1-2-6　花卉对土壤酸碱度的适应性

类别	土壤pH	花卉种类
酸性花卉	<6.5	兰科花卉、杜鹃花、山茶、八仙花、栀子花、彩叶草、蕨类等
碱性花卉	>7.5	石竹、香豌豆、非洲菊、天竺葵、南天竹等
中性花卉	6.6~7.5	金鱼草、金盏菊、水仙、风信子、美人蕉等

(2) 土壤有机质

土壤有机质是土壤养分的主要来源，在土壤微生物的作用下，分解释放出花卉生长所需的营养元素。有机质含量高的土壤，不仅肥力充分，而且理化性质好，有利于花卉生长。

(3) 土壤矿质元素

花卉生长所需矿质元素包括磷(P)、钾(K)、硫(S)、钙(Ca)、镁(Mg)、铁(Fe)、铜(Cu)、锰(Mn)、锌(Zn)、硼(B)、钼(Mo)、氯(Cl)等。氮(N)不是矿质元素，但因为它与其他矿质元素一样是植物从土壤中吸收获取的，故通常把氮素列入植物的矿质养分中。在这些元素中，花卉需要最多的元素为N、P、K。氮(N)肥称“叶肥”，施足氮肥能使花卉植株生长良好而健壮；若过多，会阻碍花芽的形成，使枝叶徒长；过少则枝弱叶小，叶色变浅发黄，开花不良。磷(P)肥称“花肥”，缺磷影响开花，会出现花小、色淡等现象，也会抑制花卉植株(尤其根部)生长。钾(K)肥称“茎肥”，可促进叶绿素的形成和光合作用的进行，使花卉枝干坚韧、生长强健，不易倒伏。

当缺少某一种元素时，在花卉形态上呈现出一定的症状，为缺素症。N、P、K、Mg、Zn进入植株体内可以移动，因此缺素症首先出现在老的叶片上；Ca、B、Cu、Mn、Fe、S进入植株体内不能移动，故缺素症首先出现在嫩叶上；N、Mg、Mn、Fe、S直接或间接参与叶绿素的生物合成代谢，缺乏这些元素，叶绿素的生物合成就会受阻，引起缺绿症。缺素症常发生的部位如图1-2-1所示。

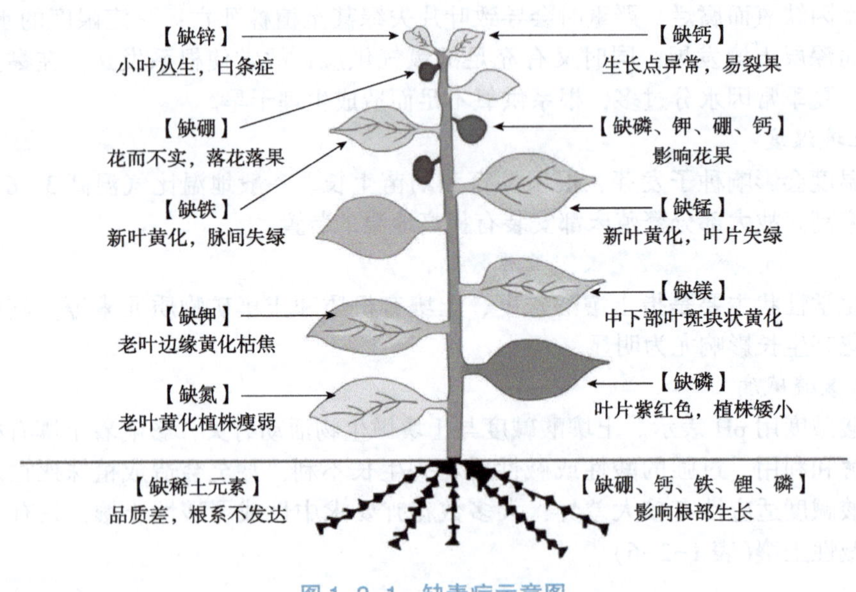

图1-2-1　缺素症示意图

五、空气

1. 花卉生长发育必需气体

氧气是花卉植株呼吸作用的重要原料。花卉植株进行呼吸作用时，吸入氧气、放出二氧化碳的同时产生能量，以维持花卉的各种生命活动。二氧化碳是花卉植株光合作用

的主要原料之一，对光合作用强度有直接的影响。

2. 花卉生长发育有害气体

(1)二氧化硫(SO_2)

SO_2 是工厂燃料燃烧产生的有害气体，浓度为0.001%~0.002%(即10~20mg/L)时可使花卉植株受害。SO_2 从气孔、皮孔、水孔进入叶部组织，破坏叶绿体，使组织脱水并坏死，表现症状是叶脉间出现许多褪绿斑点，严重时叶片变成黄褐色或白色甚至脱落。

各种花卉对 SO_2 的抗性不同，抗性较强的花卉有紫茉莉、鸡冠花、凤仙花、地肤、石竹、金鱼草、金盏菊、蜀葵、玉簪、菊花、酢浆草、龟背竹、美人蕉、大丽花、唐菖蒲、山茶花、扶桑、月季、石榴、鱼尾葵等；对 SO_2 敏感、可起指示作用的花卉有矮牵牛、波斯菊、向日葵、紫花苜蓿、蛇目菊等。

(2)氟化氢(HF)

HF主要来源于炼铝厂、磷肥厂、搪瓷厂等，是氟化物中毒性最强、排放量最大的一种。HF从气孔或表皮入侵细胞，转化为有机氟化物后影响酶的合成。它首先危害植株幼芽或幼叶，使叶尖和叶缘出现环带状褐色病斑，然后向内扩展，使植株逐渐出现萎蔫现象。HF还能导致植株矮化，早期落叶、落花和不结实。

对HF抗性较强的花卉主要有一串红、紫茉莉、万寿菊、大花马齿苋、矮牵牛、牵牛、菊花、秋海棠、葱兰、美人蕉、大丽花、倒挂金钟、一品红、凤尾兰等；抗性中等的有桂花、水仙、杂种香水月季、天竺葵、山茶花、醉蝶花等；对HF敏感、可起指示作用的花卉有郁金香、唐菖蒲、万年青、杜鹃花等。

(3)氨气(NH_3)

在保护地栽培花卉时，大量施用含氨有机肥或无机肥，就会导致空气中 NH_3 含量过多。当含量达到0.1%~0.6%时，叶缘会发生烧伤现象；含量达到4%时，经过24h，大部分植株即会中毒死亡。

(4)其他有害气体

在污染较重的城市，空气中常含有其他有害气体，如乙烯、丙烯、硫化氢、氯化氢、氧化硫、一氧化碳、氯气等，它们多从工厂的烟囱或排放的废水中散发出来，即使含量极为稀薄，也可使花卉受到严重危害。

考核评价

查找资料、实地调查后，小组讨论，完成工作单1-2-1。

工作单1-2-1 花卉生长发育所需的环境条件

花卉种类	温度	水分	光照		土壤	养分	空气
			光照强度	光照时间			

任务 1-3 认识花卉生产设施

任务目标

1. 能根据花卉生产的需要，合理选择花卉生产设施与设备。
2. 熟悉温室构造及其设施与设备。
3. 能根据不同花卉所需环境条件合理调控设施环境。

任务描述

花卉生产设施与设备是花卉商业化生产的重要基础，本任务以学校教学基地、或花卉生产企业为支撑，以学习小组或个人为单位，通过调查花卉生产常用的设施与设备，熟悉其使用，并依据不同种类的花卉对环境条件的要求，对设施环境进行合理地调控。

知识准备

一、温室

温室是花卉生产的重要设施，广泛应用于集约化花卉生产。

(一)温室类型

温室有多种分类方法，如按照屋面性状，可将温室分为单屋面温室、双屋面温室等；按建筑材料，分为土木结构温室、钢材结构温室、铝合金结构温室以及混合结构温室等；按覆盖材料，分为玻璃温室、塑料薄膜温室、塑料中空板(PC 板)温室等。

目前国内花卉生产常用温室主要有：

1. 单屋面玻璃温室

该种温室过去曾是花卉生产应用的主要类型。它仅有一个向南倾斜的透光屋面，构造简单，建筑造价低(图 1-3-1)。通常跨度为3~6m，北墙高 2.0~3.5m，前墙高 0.6~0.9m，白天可充分利用冬季和早春的太阳辐射，温室北墙可阻挡冬季西北风，温度容易保持。夜晚多用烟道加热，并加盖草苫保温。其缺点是温室南部高度较低，不能栽植较高花卉；温室空间较小，保温能力差，也不便于机械化作业。小面积温室多采用此种形式，适宜在北方严寒地区采用。

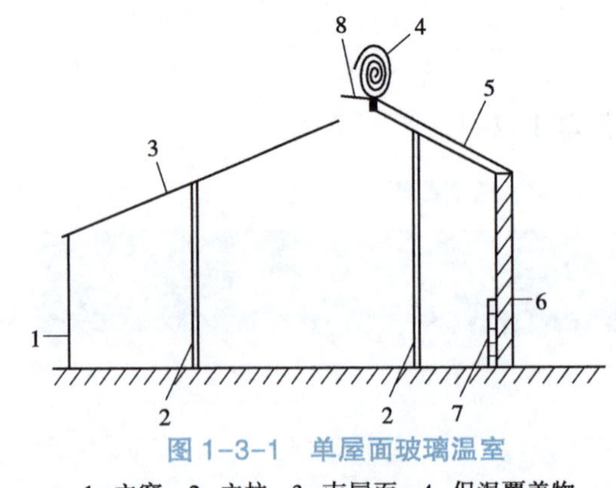

图 1-3-1 单屋面玻璃温室

1. 立窗；2. 立柱；3. 南屋面；4. 保温覆盖物；5. 后坡；6. 后墙；7. 加温设备；8. 天窗

2. 双屋面玻璃温室

该种温室有两个等长的采光屋面，骨架结

构多由钢材构成，屋顶和四周都以玻璃覆盖，并设有多个通风窗(图1-3-2)。采光屋面倾斜角度较单屋面玻璃温室小，一般为28°~35°，跨度在6~10m，室内受光均匀，温度较稳定，适于修建大面积温室，栽培各类花卉。其缺点是通风不良，保温较差，需要有完善的通风和加温设备。为利于采光，在高纬度地区宜采用东西延长方向，低纬度地区宜采用南北延长方向。

3. 圆拱双层充气膜温室

该种温室屋面为圆拱形，顶部覆盖采用无滴双层充气膜(配专用充气泵)，四周围护采用中空塑料PC板。通过用充气泵给两层薄膜之间充入一定量的空气，使温室内外形成一层空气隔热层，从而使其保温性得以提高。双层充气膜能有效防止热量散失和冷空气侵入，冬季运行成本低，建造费用较为低廉，经济实用，适用范围广，在我国大部分地区都可使用。

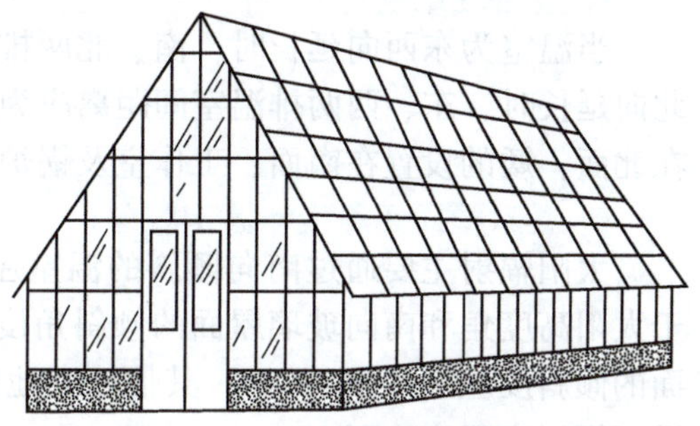

图1-3-2 双屋面玻璃温室

4. 日光温室

该种温室为单屋面半圆拱形覆盖塑料薄膜的温室，白天充分利用南向采光面收集阳光，夜间利用保温被覆盖保温，主要依靠太阳辐射进行加温。日光温室东、西、北三面为厚0.8~1.0m、带有隔热夹心层的墙体，四周挖有防寒沟(图1-3-3)，在华北地区冬季不加温的情况下，最低温度可保持在8℃以上。日光温室造价低廉，跨度大，保温效果明显，适合32°N以北、冬季和春季光照充足的北方地区的花卉生产。

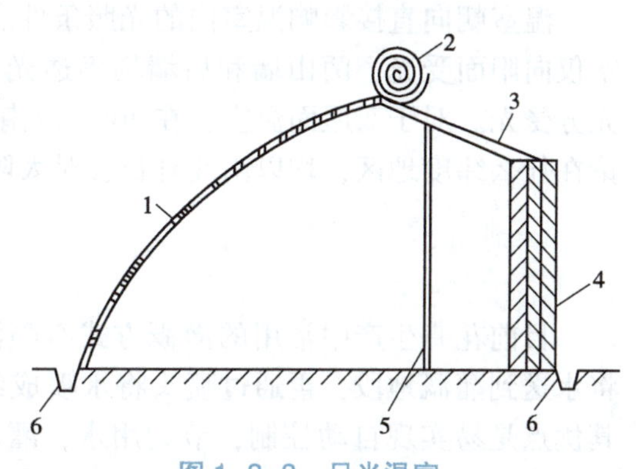

图1-3-3 日光温室

1. 南屋面；2. 覆盖物；3. 后坡；4. 后山墙；5. 立柱；6. 防寒沟

5. 连栋式温室

该种温室是多栋温室连接而成的大型钢架温室，屋面形状常见的有双屋面屋脊形和圆拱形两种，其上安装玻璃或覆盖1~1.2mm厚的塑料膜，四周采用透明中空塑料板材围护(图1-3-4)。若采用双屋面，应按东西向排列成行；若采用3/4屋面，应按南北向排列成行。这种温室占地面积少，建筑费用省，采暖集中，尤其便于经营管理和机械化生产，国际上大型、超大型温室花卉生产皆采用这种形式。其缺点是光照和通风不如单栋温室好，在多雪地区必须安装除雪装置。

图1-3-4 连栋式温室

(二)温室建造与设计

1. 温室类型选择

温室类型要依据当地自然气候条件、种植花卉种类、生产方式(切花、盆栽、育苗等)、生产规模及资金等选择。如北方地区宜选用南向单屋面或日光中小型温室，其保温性能好，能充分利用太阳的辐射热，且跨度小，抗压能力强。南方地区一般不用温室，使用塑料大棚即可。若进行大规模花卉生产，宜选用南北延伸的双屋面或连栋中大型温室，并且应具备良好的降温、通风和遮阴等设施。

2. 温室设置地点选择

温室设置的地点必须避风向阳，日照充足，不可有其他建筑物及树木遮光。温室南面、西面、东面的建筑物或其他遮挡物到温室的距离必须大于建筑物或遮挡物高度的 2.5 倍。选择地势高，排水良好，水源便利，水质优良，供电正常，交通、管理、运输方便，以及无污染的地方。

3. 温室场地规划

当温室为东西向延长时，南、北两排温室的距离通常为温室高度的 2 倍；当温室为南北向延长时，东、西两排温室间距离应为温室高度的 2/3；当温室高度不等时，高的应设在北面，矮的设置在南面，工作室及锅炉房设置在温室北面或东、西两侧。

4. 温室屋面倾斜度和温室朝向

太阳辐射主要通过南向倾斜的温室屋面获得。温室吸收太阳辐射能力的多少，取决于太阳高度角和南向玻璃屋面的倾斜角度。以北京地区为例，其地处 40°N，南向玻璃屋面的倾斜度应不小于 33.4°，其他纬度地区可据此做相应处理；南北走向的双屋面温室，屋面倾斜度不宜小于 30°。

温室朝向直接影响温室内的光照条件。对于单屋面温室，在 40°N 以北地区，这类温室仅向阳面受光，两山墙和后墙均不透光，故这类温室应东西延长，坐北朝南，以达到充分受光。对于双屋面温室，在 40°N 以南地区，以南北延长为优；对于连栋式温室，不论在什么纬度地区，均以南北延长者对太阳辐射的利用效率高。

（三）温室内设施

1. 灌溉设备

目前花卉生产中常用的灌溉方式有喷灌、滴灌等。喷灌是采用水泵或水塔通过管道将水送到灌溉地段，再通过喷头将水喷成细小水滴或雾状进行灌溉的方式（图 1-3-5）。其优点是易实现自动控制，节约用水，灌水均匀，土壤不易板结。滴灌是从一个主管将水引出到各个温室种植床或花盆上的灌溉方式（图 1-3-6）。其优点是水不沾植株，省工、省水，防止土壤板结，还可与施肥结合进行。

图 1-3-5　喷灌

图 1-3-6　滴灌

2. 温度调控设备

温度调控设备包括保温设备、加温设备和降温设备。常用的保温设备有苫、棉被、保温幕等(图1-3-7)；加温设备主要有蒸汽加温设备、热风加温设备、热水加温设备(图1-3-8)、电热加温设备等；降温设备主要有通风窗(顶窗、侧窗)、遮阳网、排风扇、湿帘等(图1-3-9)。

图1-3-7 保温幕

图1-3-8 热水加温设备

(a)通风窗(顶窗)

(b)通风窗(侧窗)

(c)遮阳网

(d)排风扇

(e)湿帘

(f)内遮阴

图1-3-9 降温设备

3. 光照控制设备

光照控制设备包括遮光设备和补光设备。遮光设备主要有遮阳网、遮光幕、黑布、黑色塑料薄膜；补光设备主要有灯源补光(白炽灯、荧光灯、卤钨灯、高压钠灯等)和反光设备两种(图 1-3-10)。灯源补光设备一般由灯泡加反光罩组成，安置于距花卉顶部 1~1.5m 处；反光设备则是在日光温室的中柱或北墙内侧张挂反光板，如铝箔或聚酯镀铝薄膜。

图 1-3-10　补光设备

此外，温室内还有栽植床、植物架、繁殖床、防虫网(图 1-3-11)、贮水池、供水装置、施肥系统计算机控制系统等设备。

二、塑料大棚

塑料大棚简称大棚，是指没有加温设备的塑料薄膜覆盖的大棚。与温室相比，塑料大棚有结构简单、一次性投资少、有效栽培面积大、作业方便等优点。塑料大棚是花卉生产的主要设施，其费用仅为温室的 1/10 左右。塑料薄膜具有良好的透光性，白天可使地温提高 3℃左右，夜间又因塑料薄膜的不透气性而起到保温作用。目前，其已被广泛应用于花卉生产中，并取得了良好的经济效益。

建造塑料大棚应选在地势平坦、背风、向阳、场地四周无高大建筑物和树木遮阳的地方，要求土壤肥沃、排水良好、地下水位低，离水源近。若在山区，要避开风口。

南北向大棚的投光量比东西向高 5%~7%，且光照分布均匀，因此从光照强度及受光均匀性考虑，只要条件允许，大棚应采用南北向延长。两栋大棚东西之间的距离为 2m，分为两排以上时，两排大棚南北间的距离保持在 4m 以上(图 1-3-12 和图 1-3-13)。

图 1-3-11　顶开窗安装的防虫网

图 1-3-12　大棚外部结构

图 1-3-13　大棚内部结构

图 1-3-14　永久性荫棚

三、荫棚

荫棚也是花卉生产必不可少的设备。大部分温室花卉夏季移出温室后，都要置于荫棚下养护。夏季花卉繁殖也需要在荫棚下进行。

温室花卉使用的荫棚一般是永久性的，多设在温室近旁不积水且通风良好的地方。其采用钢管或水泥柱构成主架，一般高度为2~2.5m，棚架上覆盖遮阳网、苇帘、竹帘等遮阴(图 1-3-14)。

除上述设施外，花卉生产设施还有温床、冷床、冷库、贮藏室等，此处不再一一赘述。

考核评价

在校内或校外实训基地，分小组调查、讨论，完成工作单 1-3-1。

工作单 1-3-1　花卉生产常用设施与设备

调控环境因子		常用设施	常用设备
温度			
水分	土壤水分		
	空气湿度		
光照	光照强度		
	光照时间		
空气			

任务 1-4　制订花卉年度生产计划

任务目标

1. 能进行花卉生产区的划分与布局。
2. 能根据市场需求制订花卉生产目标和年度生产计划。
3. 能进行花卉生产预算及效益分析。

任务描述

本任务基于符合花卉生产企业实际工作过程的思想，以学习小组或个人为单位，对花卉生产企业进行实地调查走访，并通过花卉生产案例，完成花卉年度生产计划制订、生产预算、效益分析等。

知识准备

花卉生产企业根据市场调研情况和企业实际情况确定企业发展目标。生产部门根据企业发展目标，结合企业实际情况，负责制订企业年度生产计划(生产计划应附带生产预算和生产方案)。

一、生产目标与计划

1. 生产目标

没有生产目标，系列的生产活动就无法筹划。生产目标可以从多个方面来进行确定。它可以是某个时期花卉经营中的一个利润值，也可以是单位面积的产量；可以是一个预先确定的较低水平的产品损耗，也可以是一定的产品质量指标或经营规模的扩大或产品表中引进新品种的比例和数量等。制订生产目标时，应尽量做到指标量化，如收入的币值、产品的数量、不同等级切花的比例等。有了这些生产指标，就可将所有投入按比例分配，以保证目标的实现。

2. 生产计划

花卉生产计划是花卉生产企业经营计划中的重要组成部分，通常是对花卉生产企业在计划期内的生产任务做出统筹安排。生产计划一方面是为满足客户要求的三要素——交期、品质、成本而计划；另一方面是为使企业获得适当利益，而对生产的三要素——材料、人员、机器设备的适当准备、分配及使用的计划。

对于企业来说，生产计划包括长期生产计划、中期生产计划和短期生产计划。此处只讲述年度生产计划，该计划是由生产部门负责编制的计划，是根据生产目标充分利用花卉生产企业的生产能力和生产资源，保证各类花卉在适宜的环境条件下生长发育，保质、保量、按时提供花卉产品，满足市场需求，尽可能地提高企业的经济效益。一个优化的生产计划必须具备以下 3 个特征：a. 有利于充分利用销售机会，满足市场需求；b. 有利于充分利用营利机会，实现生产成本最低化；c. 有利于充分利用生产资源，最大限度地减少生产资源的闲置和浪费。

(1)调查研究，摸清企业内部情况

通过调查研究，主要摸清企业以下几个方面的情况：企业的发展总体规划和长期经济协议；企业的生产面积、生产规模、设施和设备情况；企业的技术水平和劳动力情况；企业的原材料消耗和库存情况。

(2)初步确定各项生产计划指标

在对企业情况充分摸底的情况下，根据企业的总体发展部署，初步确定年度生产计划指标。生产计划指标主要包括：产品品种、数量、质量和产值等；设施合理、充分利用的安排，生产品种的合理搭配和生产进度的合理安排等。

(3)初步安排产品生产进度

根据企业总体生产计划的安排以及生产部门的生产指标，生产部门为保障产品的数量和质量，初步安排各种产品的生产进度。

(4)讨论与修正，进行综合平衡，正式编制生产计划

初步确定各项生产计划指标后，在生产部门内部要进行广泛的讨论，征求意见，审查生产计划指标是否符合实际。综合平衡的目的是使企业的生产能力和资源得到充分合理利用，使企业获得良好的经济效益。生产计划的综合平衡包括以下几个方面：生产任务和生产能力的平衡，即测算企业的生产面积、设施、设备对生产任务的保证程度；生产任务和劳动力的平衡，主要是指劳动力的数量、劳动效率等对生产任务的保证情况；生产任务和生产技术水平的平衡，即测算现有的工艺、措施、设备维修等与生产任务的衔接；生产任务与物资供应的平衡，即测算原材料、工具、燃料等质量、数量、品种、规格、供应时间对生产任务的保证程度。

花卉生产是以营利为目的的，生产者要根据每年的销售情况、市场变化、生产设施等，及时对生产计划做出相应的调整，以适应市场经济的发展变化。

二、生产区的区划与布局

无论是苗圃还是栽培生产区，都要有系统的区划和布局，这有利于充分利用土地，节约能源，减少生产阻碍，使搬、运、装、卸渠道畅通。首先，要把生产区绘制在一定比例的图纸上，一般只标明栽培床、台、棚室的平面轮廓。同时测量沟渠、走道、建筑物等其他辅助作业区面积，为计算有效栽培面积及其百分率提供数据。其次，要注明有效种植区的面积，栽培植物的种类、品种及数量等，同时及时查明植物的移动情况等。最后，辅助作业区要用更大比例绘制平面图，以便更详细地展示个别作业区的规模与功能。在大型的育苗、切花、盆花生产中，流水作业流程也是经常需要图解的，如基质的配制与处理，以及搬、运、检、贮等各个环节的图解。详细的平面图可标明要求的时间、移动的距离等。作业流水线应与布局情况相符合。

三、生产管理记录

1. 栽培记录

栽培记录的内容包括栽培安排与各项操作工序，如栽植、移苗、摘心、修剪、化学调控、施肥、病虫害防治完成时间以及效果等，应由专人负责记录(表1-4-1)，注明更改的工序和未被列入计划的操作。该记录有助于确认每个环节是否合理，从而及时找到问题，如生产栽培区布局是否有利于操作、工作环境是否良好、设备是否保持正常状态、如何能缩短生产周期和提高产品质量、技术处理是否到位、时间与进度安排是否合理，进而提出建议和改进措施。

表1-4-1　栽培记录

序号	栽培区	花卉名称	操作项目	操作时间	操作人员签字	备注	有效记录

2. 栽培环境记录

栽培环境记录的内容包括保护地温度、光照强度、土壤湿度等(表 1-4-2)。在保护地促成栽培过程中，温度、湿度、光照因素的自然状况和调节对产品的质量至关重要，阶段性连续记录有利于分析环境调控的效果和设备的质量，为以后制订栽培计划和分析成本提供依据。

表 1-4-2 栽培环境记录

时间	温度	光照强度	湿度	土壤湿度	其他

3. 产品记录

管理者应详细记录花卉生长周期内的生长发育状况，如花色、花形、叶色、株形、株高，以及开花盆栽收获的时间、数量、等级等(表 1-4-3)。这些记录是成本计算的依据，并且对不同年份的记录进行比较，有助于找到不良植株的问题所在。

表 1-4-3 产品记录

花卉名称	花色	花形	叶色	株形	株高	繁殖时间	培育总数量	收获时间	收获数量	等级	备注

4. 产投记录

通过产投记录分析，可发现栽培中的失误并及时改正，也有助于严格实施经营的程序。产投记录的内容包括投入和收入两部分，其中投入又分为可变投入和固定投入。可变投入是花卉栽培中的人工费和运费市场波动差价等；固定投入包括工资、折旧费、维修费、税费、保险费、技术交流活动费、学习办公费等。还有一部分属于半固定投入，如燃料费、水电费等，它们随产量的增加而增加，但不与具体花卉产品相关。收入应根据花卉种植品种类型分别记录，按销售日期、市场供求、产品等级品质记录，有助于掌握市场动态，及时调整品种以适应市场需求。

四、生产资金核算

1. 确定资金的使用时间

资金的使用时间是由产品上市的时间来确定的，一般根据产品上市的时间和花卉产品的品质要求及生长周期，采用倒推的方法，就可以算出育苗、定植、生产管理、采收、包装等环节的时间，进而确定资金使用的时间。如在 9 月 1 日要上市一批高度为 90cm 的

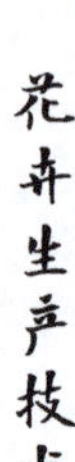

切花菊(秋菊)，这种品质的菊花生长周期一般为100d，采用倒推的方法，可以推算出育苗的时间为5月12日左右，定植的时间为5月20日左右，遮光的时间为6月5日左右，在这些时间之前保证好相应的物资(也就是做好相应的资金安排)就可以了。

2. 分项列出预算

(1)种苗的预算

种苗的资金使用是花卉生产中资金使用较大的一项，同时也是最重要的一项，所以做好种苗的资金使用计划很关键。首先要确定种苗数量，而种苗数量可根据企业的总体生产计划或生产场地来确定。根据企业的总体生产计划确定，就是根据企业一年或一批要上市的数量来确定，如某菊花出口企业一年要出口菊花100万枝，按产品合格率80%计算，就需要种苗125万株；如果是根据生产场地来确定，则计算出现有的生产场地，如果是最大化地利用面积，根据栽植密度就可以计算出需要的种苗数量。需要强调的一点是，如果是自己育苗，就需要计算出育苗的生产成本，在这里不详细介绍。

(2)生产资料的预算

除种苗外，生产资料的预算也是一笔较大的预算。盆花的生产资料主要包括基质、肥料、农药、花盆、穴盘、地膜、遮光膜、水管等；切花的生产资料主要包括基质、肥料、农药、地膜、遮光膜、防倒伏网等。为了节省生产成本，这些生产资料在采购时一般就近采购，因此在预算时，要以当地或周边地区的生产资料价格为准。

(3)生产工具和生产设备的预算

花卉生产的工具和设备主要包括铁锹、耙子、打药机、旋耕机、花铲等。这些工具和设备一般都有较长的使用年限，一般在初次生产时需要大批量采购，以后生产时可以适量补充，在进行预算时也要采取就近定价的原则，同时要将设备的维护费计算出来，按一定折旧率提取折旧费用。

(4)水、电、暖费用的预算

进行花卉生产时需要用水、用电，冬天还涉及温室取暖，在进行预算时要充分考虑进去。

(5)生产及管理人员的工资及附加费用

人工费通常指的是与生产直接相关的人工成本，可以按月计算出平均人工费，也可以按批量计算人工费。

(6)包装费

包装费是指花卉生产过程中使用的包装物和耗用的各种包装材料费用、包装装潢设计费等。

(7)其他费用

指管理中耗费的其他支出，如差旅费、技术资料费、通信费、利息支出等。花卉生产管理中，可将其制成花卉成本项目表，科学地组织好费用汇集和费用分摊，以及总成本与单位成本的计算，还可以通过成本项目表分析产品成本的构成，寻求降低花卉生产成本的途径等。

3. 列表统计

按项目统计　在表格中，列出各项预算，标明使用时间、数量、单价、金额、备注等，统计出各项和总计预算额度。

按时间统计　根据上述表格，按时间段进行预算资金统计，列出每月需要投入的资金量，以便企业对资金进行总体安排。

考核评价

查找资料或对花卉生产企业进行实地调查走访，结合所学知识，小组讨论后制订某园区年度花卉生产计划书，完成工作单 1-4-1 和工作单 1-4-2。

工作单 1-4-1　制订园区年度花卉生产计划书

花卉种类及品种		
生产数量、规格		
供应时间		
种苗		
计划产品收入		
生长阶段		
生产时间		
生产地点		
生产方式		
技术措施		
生产资料及数量	基质	
	肥料	
	农药	
	调节剂	
	穴盘	
	育苗钵	
	花盆	
	工具	
	其他资材	
设备准备	灌溉设备	
	降温设备	
	供热设备	
	播种设备	
	其他设备	
用工数		
备注		

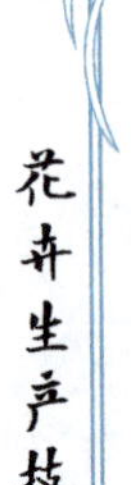

工作单 1-4-2 调查某园区花卉生产成本

序号	种子	花盆	基质	肥料	农药	机械作业费	排灌作业费	工人工资	设备折旧费	废品损失	其他支出	成本合计	单位成本

项目2

露地花卉生产

任务 2-1 一、二年生花卉生产

任务目标

1. 识别常见露地一、二年生花卉 50 种或以上，掌握重点花卉的鉴别特征。
2. 能根据露地一、二年生花卉的特征和特性进行实际应用。
3. 能独立进行露地一、二年生花卉的繁殖栽培和养护管理。

任务描述

一、二年生花卉是很常见的花卉种类之一。本任务是以小组或个人为单位，对学校、花卉市场、广场、公园等进行花卉种类及应用形式的调查，识别常见一、二年生花卉，并进行常见一、二年生花卉的生产。

知识准备

一、露地播种生产技术

一、二年生花卉露地播种生产过程如图 2-1-1、图 2-1-2 所示。

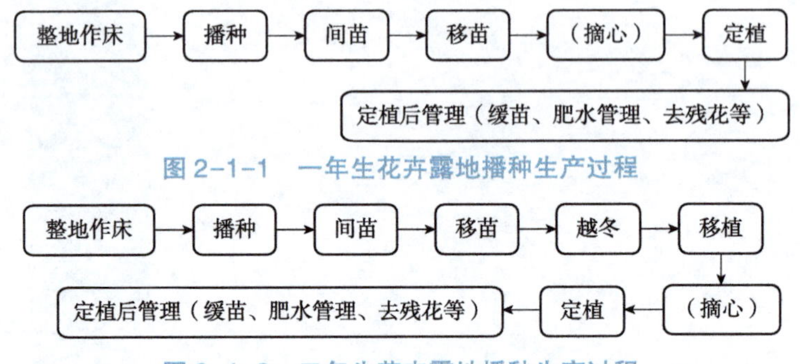

图 2-1-1　一年生花卉露地播种生产过程

图 2-1-2　二年生花卉露地播种生产过程

1. 整地作床

一、二年生花卉生长期短，根系浅，故一般土壤耕翻 20～30cm 深即可；砂质壤土宜浅耕，黏质壤土宜深耕。如果条件允许，可于秋季耕地深翻，在春季使用时再整地作床更好。新开垦的土地和多年使用的土地最好秋季深翻后施入腐熟有机肥，并加入过磷酸钙，以促进幼苗根系强壮，然后将床土整平、耙细、镇压。若种植床土壤过于贫瘠或土质差，可将上层 30～40cm 客土或换成培养土。苗床长度视场地情况而定，一般为 5～8m。北方地区一般作低畦，南方地区一般作高畦。若气温高，雨水多，苗床应高出地面 20cm。

2. 播种

(1) 播种时间

一年生花卉在春季晚霜过后气温稳定在大多数花卉种子能够萌发的适宜温度时，即

可露地播种；二年生花卉一般在秋季播种，在冬季特别寒冷的地区也可在春季播种，作一年生栽培。一些二年生花卉可以在立冬至小雪（11 月下旬）土壤封冻前露地播种，使种子在休眠状态下越冬，并经冬、春低温完成春化作用。

（2）播种方法

播种方法有 3 种：

①撒播　直接把种子均匀地撒入土壤中，然后覆土。一般微粒种子和小粒种子（如三色堇、鸡冠花、大花马齿苋、金鱼草、矮牵牛等）宜采用此方法。

②条播　在畦中按一定行距开沟，然后均匀播入种子，最后覆土。一般中粒种子（如紫罗兰、凤仙花、一串红等）播种宜采用此方法。

③穴播　在畦中按一定的株行距挖穴，然后在穴中播入种子的方法。此法一般用于大粒种子（如牵牛、紫茉莉、金盏菊等）的播种。

播种后要进行覆土，覆土厚度应根据种子的大小而定，一般微粒种子不覆土，小粒种子覆土厚度是种子直径的 1 倍，中粒种子覆土厚度是种子直径的 2 倍，大粒种子覆土厚度是种子直径的 3 倍。

在露地播种后最好覆膜，以防土壤干旱不利于种子发芽。发现土壤干燥后要及时用细眼喷壶浇水，待出苗后及时撤掉覆膜，防止小苗徒长。

3. 间苗

出苗后，幼苗长出 1~2 片真叶时，留下苗壮的幼苗，拔掉弱苗、徒长苗及杂苗。间苗可以扩大幼苗生长空间。

4. 移苗

可在长出 3~4 片真叶时进行移苗。第一次移苗是裸根移，要边移边浇水。以后移苗带土坨，2~3 次后可定植。移苗会伤根，从而促使更多的须根发生；多次移苗的植株低矮苗壮，开花晚但花多而繁茂。

5. 二年生花卉越冬

通常有覆盖法、培土法、熏烟法、灌水法及配合简易设施，如设立风障、利用冷床（阳畦）；采取适宜栽培措施，如减少氮肥，增施磷、钾肥等。不同地区可依据实际情况采用不同的越冬方式。

6. 摘心

摘除枝梢顶芽，可以促进分枝，使全株低矮、株丛紧凑。可以摘心的花卉有一串红、荷兰菊、美女樱、万寿菊、千日红、波斯菊、硫黄菊、天人菊等。而一些花卉不宜摘心，如凤仙花、鸡冠花、翠菊、麦秆菊、重瓣向日葵等。

7. 定植

将移栽过的种苗种植在盆、钵等容器中待应用，或依设计要求按一定的株行距直接种植在应用地的土壤中。

8. 定植后管理

带土坨移植容易缓苗成活，以后的管理主要是适时浇水、控制杂草、去除残花。一些二年生花卉如香雪球、金鱼草、金盏菊等在花后重剪，并加强肥水管理，可在秋季再次开花。

二、温室穴盘播种生产技术

规模化生产中一般采用温室穴盘播种，播种流程如图 2-1-3 所示。

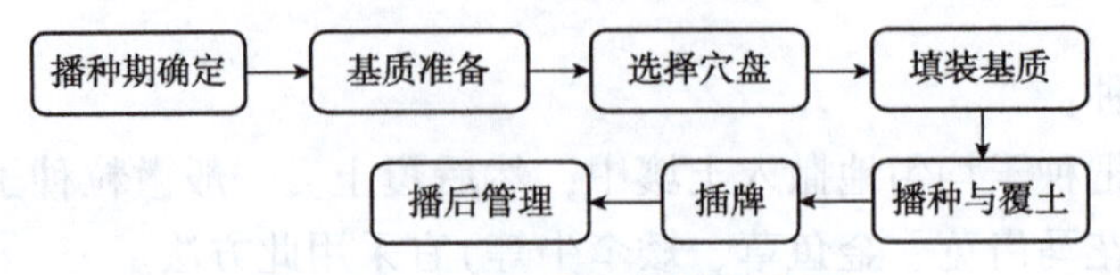

图 2-1-3　温室穴盘播种流程

1. 播种期确定

一年四季均可进行，根据应用时间来确定播种时间。如矮牵牛，若劳动节前 10d 供花，其生育期为 90d，需要在 1 月初播种；而国庆节供花，则需在 6 月中旬播种。

2. 基质准备

播种基质要求质轻、疏松、洁净、理化性状稳定，生产上可选用泥炭、蛭石、珍珠岩等。最理想的基质是进口播种专用泥炭，虽价格高，但出苗率高，出苗质量高。若要求不高，也可使用国产泥炭，或优质腐叶土与珍珠岩的混合物。播种后覆土基质通常选用蛭石。播种之前需进行土壤消毒。

3. 选择穴盘

根据种子大小选择穴盘大小。目前市场销售的穴盘规格有 50 孔、72 孔、105 孔、128 孔、200 孔、288 孔等。大粒种子如君子兰可选用 50 孔或 72 孔；中粒种子如万寿菊、百日草可选用 72 孔或 105 孔；小粒种子如三色堇可选用 105 孔或 128 孔；微粒种子如矮牵牛、大花马齿苋可选用 200 孔或 288 孔。使用过的穴盘，必须经过清洗、消毒、干燥后才能继续使用。

4. 填装基质

将配制好的基质填入穴盘，可机械操作，也可人工填装。注意每个穴孔填装均匀，并轻轻镇压。基质不可装得过满，应略低于穴盘孔，留好覆土的空间。播种前一天将装填的穴盘浇透水，即穴孔底部有水渗出。可采用自动间歇喷水或手工多遍喷水的方式淋湿，让水慢慢渗透基质。

5. 播种与覆土

播种可采用机械播种或人工播种。要求种子播于穴孔中央，且每穴 1 粒。播种后立即用蛭石覆盖，覆盖厚度以完全遮盖种子为宜，微粒种子一般不覆土。覆土完毕，再用地膜覆盖，以便保湿。

6. 插牌

为便于管理和识别，将标签插在穴盘边，注明花卉品种名称、播种者及播种日期。

7. 播后管理

对于智能化温室，有专门的催芽室和育苗室，借助设备仪器控制环境条件，以达到良好的光照、温度、湿度条件。若没有专门的育苗室，播种后可将穴盘置于床架上，有利于通风和便于管理。种子发芽后，立即揭开薄膜，适当遮阴 2~3d 后逐渐正常光照，苗期光照强度保持在 15 000~20 000lx。夏季遮阴，冬季连续阴天时可采用人工补光增加光照。

幼苗出土后，浇水用细雾喷水，少量多次，随干随浇，注意控制空气湿度。长至成苗，浇水需干透浇透。子叶展平后，适当追肥。当真叶长成后，追肥中根据不同花卉种类加入适量微量元素。

穴盘育苗技术是与花卉温室化、工厂化育苗相配套的现代栽培技术之一，广泛应用于花卉生产中。该技术的突出优点是：在移苗过程中对种苗根系伤害很小，缩短了缓苗的时间；种苗生长健壮，整齐一致；操作简单，节省劳力。该技术一般在温室内进行，需要高质量的花卉种子和生产穴盘苗的专业技术，以及穴盘生产的特殊设备，如穴盘填充机、播种机、覆盖机、水槽(供水设施)等。此外，对环境、水质、肥料成分配比精度等方面要求较高。

任务实施

一、二年生花卉

常见一、二年生花卉生产：

1. 一串红(*Salvia splendens*)

【形态特征】

又名爆仗红(炮仗红)、象牙红等，为唇形科鼠尾草属多年生草本，常作一年生栽培。茎直立，四棱。叶对生，卵形。总状花序顶生，遍被红色柔毛。小花2~6朵轮生，红色，花萼钟状，与花瓣同色，花冠唇形。花期7~10月。常见变种有：一串白，花萼和花冠均为白色；一串紫，花萼和花冠均为紫色。

【生态习性】

一串红原产于南美巴西。喜温暖，不耐寒，忌霜雪和高温。喜光照充足，也耐半阴，对光周期反应敏感，为短日照花卉。怕积水，要求疏松、肥沃和排水良好的砂质壤土。适宜在pH 5.5~6.0的土壤中生长。

【种苗繁育】

以播种为主，也可扦插。播种后6个月即可开花，可根据供花日期选择适宜的播种期。露地播种通常在晚霜后3~4月进行苗床播种。若劳动节供花，可于2月中旬温室播种。发芽适温为20~25℃，经7~10d发芽，低于10℃不能发芽。一串红扦插苗的营养生长期较实生苗短，植株高度易控制，在15℃的苗床上可周年育苗。扦插后10~20d可生根，4周即可上盆定植。

【栽培管理】

摘心　一串红在苗期可进行多次摘心，使植株矮化，促其多分枝、多开花。通过摘心，还可控制花期，一般在生长季摘心后25d左右开花。当幼苗长出2~4对真叶时，进行第一次摘心，以后每隔10~15d摘心一次，直至花期前26~30d停止。盆栽一串红经两次摘心后即可上盆，需适当遮阴，缓苗后再置于有光环境培养。

水肥管理　幼苗定植或上盆后，注意浇水、施肥、松土和除草。幼苗前期生长缓慢，以后逐渐加快。生长旺季每周追施两次液肥，花前增施磷、钾肥，孕蕾期增施0.2%的磷酸二氢钾和1%的尿素混合液，每10d喷洒叶面一次。在修剪、摘心期间，每周追施一次腐熟的“矾肥水”。

越夏与越冬管理　夏季若持续高温（35℃以上），必须进行遮阴或叶面喷水降温，以便安全越夏。国庆节和元旦用花转入温室或保暖温棚越冬时，温度以不低于8℃为宜。

修剪　欲使一串红株丛茂密，开花不断，可在6月开花后对其进行强修剪，保留植株下部健壮腋芽，加强肥水管理，10月可再度开花。

【园林应用】

一串红盆栽适合用于布置大型花坛、花境，景观效果特别好。尤其近年来新品种花色纯正、多色，使花坛的色彩产生了质的变化。矮生品种盆栽，可用于窗台、阳台美化和屋旁、阶前点缀。

2. 鸡冠花（*Celosia cristata*）

【形态特征】

又名红鸡冠、鸡公花等，为苋科青葙属一年生草本。株高25~90cm，少分枝。茎直立，光滑，有棱线，绿色或红紫色。单叶互生，具短柄，叶片卵状披针形至线状披针形，全缘，有红、黄、红绿、黄绿等不同颜色。肉质穗状花序顶生，扁平状，似鸡冠，中部以下集生多数小花，上部花多退化但密被羽状苞片，花有白、黄、橙、红、玫瑰紫等色，亦有复色变种。叶色与花色常有相关性。花期5~10月。胞果卵形，盖裂。种子黑色，具光泽。

【生态习性】

原产于印度和亚洲其他热带地区。喜光、喜干热，属强喜光长日照花卉。不耐贫瘠，忌湿涝。适宜栽培于富含腐殖质、通透性良好的砂质壤土中。能自播繁衍。高茎品种单株栽植易倒伏。异花授粉，品种间易杂交退化。

【种苗繁育】

采用播种繁殖。鸡冠花从播种至开花需要80~100d，应根据品种特性和供花时间合理选择播种时间，3~7月均可播种。北方地区露地播种宜在4月中下旬进行，早春需在温室或阳畦播种。白天温度在22~24℃，夜间温度不低于17℃时，7~10d出苗。

【栽培管理】

分苗与定植　幼苗长出2~3片真叶时分苗，4~6片真叶时定植。鸡冠花为直根系，起苗时应带土坨，否则不易成活。

水肥管理　整个苗期应确保光照充足和基质湿润，以免影响植株生长和花芽分化。苗期视生长状况追施尿素和磷酸二氢钾2~3次。注意合理密植，密度过大易徒长且有病害发生。生长期肥水不宜过勤，否则易徒长。

温度控制　鸡冠花生长适温为20~25℃，低于5℃就会受冻害，超过35℃植株会生长不良。

摘心　多数鸡冠花品种均不必摘心，但少数品种因栽培要求不同可以选择打顶或不打顶，如羽状类型的部分品种和头状类型的"封顶"。鸡冠花摘心宜在长出3~4对真叶前及时进行。

【园林应用】

矮型及中型鸡冠花适宜用于花坛及盆栽观赏，高型鸡冠花适宜用于花境及切花，'子母'鸡冠花及'凤尾'鸡冠花适合用于花境、花丛、花群栽培和作鲜切花。

3. 万寿菊(*Tagetes erecta*)

【形态特征】

又名臭芙蓉、万寿灯、蜂窝菊、臭菊花、蝎子菊等，为菊科万寿菊属一年生草本。株高60~80cm。茎光滑，多分枝，有细棱。单叶对生或互生，羽状全裂，裂片披针形，叶缘背面具油腺点，有强臭味。头状花序顶生，具长柄，上部膨大中空。花色有黄、白、橘黄及复色等，总苞钟状，舌状花有长爪，花型有单瓣、重瓣、托桂、绣球等变化。瘦果，种子黑色，有白色冠毛。果熟期7~10月。

【生态习性】

原产于美洲，世界各地常见栽培。喜温暖和阳光，耐微阴，耐干旱和早霜，对土壤适应性强。生长适温15~20℃，10℃以下生长减慢。冬季温度不得低于5℃，夏季30℃以上高温易徒长且花少。

【种苗繁育】

播种繁殖，春播夏开，夏播秋开。也可夏季嫩梢扦插，插后14d生根，1个月后开花。

【栽培管理】

摘心　万寿菊幼苗健壮，生长迅速，应多次摘心促其分枝。

水肥管理　对肥水要求不严，但耐肥，肥多花大；土壤干燥时适当浇水；及时中耕除草。

修剪　高茎种易倒伏，夏、秋植株过高时，可重剪以促其基部重新萌发侧枝和开花，花后及时摘除残花或疏叶修枝。种子成熟时，剪下枯萎花序，晾干脱粒。

【园林应用】

万寿菊适应性强，株型紧凑，叶翠花艳且花期长。在园林应用上常用于花坛、花丛、花境栽植，也是盆栽和鲜切花的良好花材。

4. 碧冬茄(*Petunia hybrida*)

【形态特征】

又名矮牵牛、草牡丹、杂种撞羽朝颜等，为茄科碧冬茄属，多年生草本，常作一、二年生栽培。株高10~40cm，全株被腺毛，茎直立或匍匐。单叶互生，上部叶近对生，卵形、全缘，近无柄。花单生叶腋或顶生，花冠漏斗状，有单瓣、重瓣、半重瓣，瓣边有波皱等类型，花色有白、红、粉、紫及各种斑纹或镶边品种等。花期5~10月。果实尖卵形，二瓣裂。种子极细小，颗粒状，褐色。

【生态习性】

原产于南美洲，现世界各地广泛栽培。喜温和光照充足，不耐寒。忌雨涝，喜疏松、排水良好的微酸性砂质壤土。最适宜的生长昼温为25~28℃，夜间温度为15~17℃，最低温度以不低于10℃为宜，干热的夏季开花繁茂。营养生长期因品种不同而不同，单瓣品种为80~120d，重瓣品种为110~150d。

【种苗繁育】

播种繁殖、扦插繁殖及组织培养育苗。冷地4~5月春播，暖地可秋播保护越冬。目前北方园林多于劳动节见花，需提前于上一年12月至当年1月温室播种育苗。矮牵牛种子细小，拌细土后于盆内撒播，不覆土，以盆浸法浇水。20~25℃条件下4~5d可发芽，出苗后维持温度18~20℃，忌长日照。不易结实的大花或重瓣品种采用扦插繁殖，一年四季均可进行，但春、秋两季20℃左右时扦插生根快，成活率高，14d即可生根。

【栽培管理】

定植　苗高4~6cm、具3~4对真叶时可上盆定植。幼苗移栽带土坨易成活，露地定植须在晚霜后进行。定植后浇透水，并遮阴3~5d以缓苗。

水肥管理　施肥要重视早期营养，促使其分枝、壮苗。初花期要适度蹲苗，增施磷、钾肥促使花芽分化和开花整齐。盛花期尤其夏季高温季节注意及时补水，但不可使水浇到花上，以免引起花谢萎烂。

修剪　矮牵牛生长后期茎叶易老化，可通过整枝修剪促使侧芽萌发，达到控制株型和促其再度开花的目的。

【园林应用】

矮牵牛花大且花色丰富艳丽，花期长，适于花坛和露地绿化栽植。大花及重瓣品种亦常盆栽观赏。蔓生型还可垂吊观赏。

5. 百日草(*Zinnia elegans*)

【形态特征】

又名百日菊、步步高等，为菊科百日草属一年生草本。株高40~120cm。茎直立粗壮，上被粗糙短毛。叶对生，全缘，无叶柄，基部抱茎；叶片卵圆形至长椭圆形，上被短刚毛。头状花序单生枝端，花梗较长。舌状花多轮，花瓣呈倒卵形，有白、绿、黄、粉、红、橙等色。花期6~9月。

【生态习性】

原产于墨西哥。喜温暖，不耐寒，怕酷暑。喜阳光充足，也耐半阴。性强健，耐干旱，耐瘠薄，忌连作，喜肥沃深厚的土壤。在夏季阴雨、排水不良的情况下生长不良。生长期适温15~30℃，适合北方栽培。矮型种在炎热地区宜植轻阴处。

【种苗繁育】

(1)播种繁殖

华北地区多于4月中下旬播种于露地，稍加覆土，并遮阴，发芽适温为20~25℃，7~10d萌发，70d左右开花。

(2)扦插繁殖

百日草可利用夏季侧枝扦插繁殖，在6月中旬进行，剪侧枝扦插，应注意遮阴防雨。

【栽培管理】

栽植　幼苗长出两片真叶后，分苗移栽，定植上盆。移栽时应带土球，移栽的基质应疏松、肥沃、排水良好，可用塘泥3份、腐叶土1份、腐熟堆厩肥1份配制而成，栽植

深度在子叶下 0.5cm 处，栽后轻压土，浇足水。地栽矮化种株行距 30cm×30cm，高茎种株行距 50cm×50cm。

摘心　百日草生长极快，容易徒长，所以要及时摘心。矮茎种盆栽要反复摘心，促生侧枝，以形成丰满丛株。第一次摘心在 6 叶时，留 4 片叶，共摘心 2~3 次。

水肥管理　生长期保持土壤湿润，夏季早、晚各浇一次水，盛夏季节宜施用薄肥，以肥代水。幼苗期每隔 5~7d 施一次 200mg/L 的氮肥和有机液肥，施 2~3 次后改用以磷、钾肥为主的复合肥。每次摘心后追肥，特别是现蕾到开花每 5~7d 要喷一次 0.2%的磷酸二氢钾，可促使植株矮化、分枝多，增强抗病性。

【园林应用】

百日草花大色艳，开花早，花期长，株形美观，适宜用于布置花坛、花镜、花带。其中高秆品种适合作切花生产，矮生种可盆栽欣赏。百日草的叶片和花序均可入药，有消炎、祛湿热之效。

6. 波斯菊(*Cosmos bipinnatus*)

【形态特征】

又名秋英、大波斯菊等，为菊科秋英属一年生草本。植株高 30~120cm，细茎直立，分枝较多，光滑茎或具微毛。单叶对生，二回羽状全裂，裂片狭线形，全缘无齿。头状花序着生在细长的花梗上，顶生或腋生，花茎 5~8cm，花瓣尖端呈齿状，花瓣 8 枚，有白、粉、深红色。花期在夏、秋季。

【生态习性】

喜凉爽，忌炎热，不耐寒。喜光。耐贫瘠土壤，忌肥，忌积水，喜疏松肥沃、排水良好的壤土。

【种苗繁育】

(1)播种繁殖

一般早春播种，5~6 月开花，8~9 月气候炎热、多阴雨，开花较少，秋凉后又继续开花直到霜降。如果在 7~8 月播种，则 10 月就能开花，且株矮而整齐。波斯菊的种子有自播能力，一经栽种，以后就会生出大量自播苗，稍加养护便可照常开花。也可于 4 月中旬露地床播，如果温度适宜，6~7d 幼苗即可出土。

(2)扦插繁殖

生长期于植株节下剪取 15cm 左右的健壮枝梢，插于砂壤土内，适当遮阴保湿，15d 左右即可生根。

【栽培管理】

栽植　幼苗高 5cm，具 4~5 片真叶时即可移植，7~8 片真叶时定植，也可直播后间苗。

水肥管理　若栽植前施过基肥，则生长期不需再追肥。若土壤过肥，枝叶易徒长，使开花减少。若栽植前未施过基肥，可在生长期间每隔 10d 施稀释 5 倍的腐熟尿液一次，土壤干燥时浇 2~3 次水，即能生长、开花良好。

立支柱与摘心促矮　波斯菊植株高大，栽植密度大时易倒伏，可在迎风面立支柱，以防倒伏和折损；也可在小苗高20~30cm时摘心（打顶），以后对新生顶芽再连续数次摘心，使植株矮化，同时也促进分枝，增加花朵数。

采种　波斯菊为短日照植物，春播苗7~8月高温期间开花，叶茂花少，不易结籽；夏播苗植株矮小、整齐、开花不断，适宜采种。种子成熟后易脱落，可待瘦果稍变黑色时即采摘，最好于清晨采种。

【园林应用】

波斯菊植株高大，花色艳丽，能自播繁衍，可于花境种植，也可片植于路边或林缘，还可作为草坪镶边材料。其花枝可作切花用。

7. 五色椒（*Capsicum frutescens*）

【形态特征】

又名朝天椒、佛手椒、珍珠椒、樱桃椒等，为茄科辣椒属多年生草本，常作一年生栽培。株高40~60cm。茎粗壮，半木质化，直立，分枝多。单叶互生，卵状披针形或矩圆形。花小，白色，单生于叶腋或簇生于枝梢顶端，有梗。花期7月至霜降。浆果直立，小而尖，指形、圆锥形或球形，成熟过程中由绿变成白、黄、橙、红、紫等色，具光泽。果熟期8~10月。

【生态习性】

喜温暖，不耐寒。喜光照充足，在湿润肥沃的土壤上生长好。

【种苗繁育】

（1）播种繁殖

春播，3~5月进行，选第一、第二批发育饱满并充分成熟的果实取种，发芽适温25℃以上。

（2）扦插繁殖

可结合摘心，将摘下来的粗壮、无病虫害的顶梢作为插穗进行扦插。

【栽培管理】

栽植　幼苗长出5~6片真叶时即可移栽于应用地。移栽入盆时，盆土可用泥炭：珍珠岩：陶粒=2：2：1，或园土：炉渣=3：1，或泥炭：炉渣：陶粒=2：2：1等。

水肥管理　生长期每10~15d追一次氮肥，以促发分枝，果期追施磷、钾肥可促进多结果，果色鲜艳。五色椒喜干燥环境，空气相对湿度宜保持在50%~65%。

摘心　开花前一般要进行两次摘心，以促发分枝，增加结果数。第一次摘心在上盆1~2周后，或者当苗高6~10cm并有6片以上叶后，保留下部3~4片叶。再过3~5周或当侧枝长到6~8cm时，进行第二次摘心，将侧枝打顶，只保留侧枝下部4片叶。

【园林应用】

盆栽夏、秋观果，也可用于布置花坛、花境，绿叶丛中果实簇拥枝头，五彩缤纷，极为美观。

8. 凤仙花（*Impatiens balsamina*）

【形态特征】

又名指甲草、小桃红等，为凤仙花科凤仙花属一年生草本。株高60~80cm。茎肉质

中空，直立，圆柱形，上部分枝，下部节常膨大，紫红色。单叶互生，叶柄两侧有腺体，披针形，边缘有细锯齿。花单生或簇生于叶腋，花色有红、桃红、大红、白、紫或雪青等颜色，有单瓣和重瓣之分。蒴果密生茸毛，纺锤形，成熟时易裂。种子卵扁圆形或卵圆形，灰褐色或棕褐色。花期6~9月，果熟期9~10月。

【生态习性】

原产于印度、中国南部和马来西亚，现世界各地广为栽培。凤仙花适应性强，喜暖畏寒，喜阳光充足、长日照环境，适宜土层深厚潮润、疏松肥沃、排水良好的砂质土壤。

【种苗繁育】

播种繁殖。温室播种或露地苗床播种均可，发芽适温为21~25℃，5~7d出苗。播种到开花7~8周，花期40~50d。

【栽培管理】

移植　苗高10cm时进行除草、间苗和移植，苗高15cm左右时中耕一次。

摘心　凤仙花较易自然分枝，且茎粗壮中空，所以一般不摘心。

水肥管理　凤仙花植株所含水分较多，不耐干旱和空气干燥，幼苗期要保持土壤湿润，花期不可缺水，否则易落花落蕾，高温多雨季节应注意及时排水防涝。适时浇施稀粪水，肥水过浓易引起根颈腐烂。开花前在植株旁开沟追施腐熟的厩肥一次。要求种植地通风良好，否则易染白粉病。

采种　种子成熟后易弹出，故应在果实发白时即提前采收。

【园林应用】

凤仙花适宜栽植于花坛、花境和花篱，重瓣矮生种亦可盆栽观赏。

9. 大花马齿苋（*Portulaca grandiflora*）

【形态特征】

又名半枝莲、龙须牡丹、太阳花、午时花等，为马齿苋科马齿苋属一年生草本。株高10~20cm。茎肉质、匍匐状，茎色与花色相关。叶互生或散生，肉质，圆柱形。花单生或1~3朵簇生于枝端，单瓣或重瓣，花色有白、黄、橙、红、紫等色，单色或复色。花期6~10月。蒴果，盖裂。种子细小，银灰色，千粒重0.1g。

【生态习性】

原产于南美巴西、阿根廷等地。喜阳光充足、温暖而干燥的环境，在阴暗潮湿之处生长不良。极耐瘠薄，适宜在透气性良好的砂质壤土中生长。其花在阳光充足的晴好天气午间开放，早、晚闭合。光线较弱时，不能充分开放或不开放，故有太阳花之称。

【种苗繁育】

播种繁殖和扦插繁殖。大花马齿苋在春、夏、秋均可播种，露地栽培多采用春播。拌细土撒播，不覆土或以不见种子为度，发芽适温25℃左右，7~10d出苗。扦插育苗常用于重瓣品种。

【栽培管理】

定植　出苗后撒播园土2~3次，以固定幼苗。幼苗经过间苗、移植后上盆或定植于园林用地，定植株距15~20cm。

水肥管理　生长期结合浇水适当追施几次稀薄氮、磷、钾复合有机肥水，以促其多分枝，多开花。

花期调控　大花马齿苋的花期可通过调整播种期和扦插期来调控。我国北方播种后10周开花，而南方播种后8周开花。一般3月中旬播种，6~7月开花，5月初播种，则7~9月开花。

留种与采种　大花马齿苋是异花授粉植物，留种母株需隔离栽培，品种间有效间隔距离为10~15m。由于果实成熟期不一致，且成熟后易发生盖裂而将种子散失，故果实饱满变黄后要及时采收。

【园林应用】

大花马齿苋是布置花坛、花镜边缘的良好材料，也可种植于斜坡地或石砾地点缀假山，或盆栽观赏。

10. 茑萝(*Quamoclit pennata*)

【形态特征】

又名茑萝松、游龙草、羽叶茑萝等，为旋花科茑萝属一年生蔓性草本。茎光滑。单叶互生，羽状细裂，裂片条形，托叶大，与叶片同形。聚伞花序腋生。花冠喇叭状，多为红色，少有粉、白色。通常早晨开花，中午烈日后凋谢。花期8月至霜降。蒴果，卵圆形，果熟期9~11月。种子黑色，有棕色细毛。

【生态习性】

原产于墨西哥等地，我国广泛栽培。喜温暖、喜光，不耐寒，对土壤要求不严。直根性，幼苗柔弱，须根少，不耐移植。

【种苗繁育】

播种繁殖。3~4月直播或苗床育苗。播后控制地温20~25℃，4~7d出苗。

【栽培管理】

移植　育苗时应及早移植，移植多在具3~5片真叶时进行。

水肥管理　茑萝幼苗非常怕旱，育苗时应特别注意。育苗中后期要适当控制土壤水分，整个苗期应给予充分见光。由于其生长量大，定植前应施足底肥，生长期每15d施水肥一次。

立支架　生长前期可人工辅助引蔓到棚架、篱笆或其他支架上；中后期除制作造型外，任其攀缘缠绕。

留种　自留种栽培时，品种间应隔离种植。

【园林应用】

茑萝是装饰篱墙和棚架、栏杆的良好材料，亦可使其缠绕在各种造型的架子上营造各种景观，还可以作地被栽植观赏。

11. 石竹(*Dianthus chinensis*)

【形态特征】

又名中国石竹、洛阳花等，为石竹科石竹属多年生草本，作一、二年生栽培。株高

15~70cm。茎簇生，多分枝，节部膨大。单叶对生，条形或线状披针形，被有白粉，基部抱茎。聚伞花序，花微具香气，单朵或数朵簇生于茎顶，花色有紫红、大红、粉红、纯白、杂色等，单瓣或重瓣。花期4~10月，集中于4~5月。蒴果矩圆形或长圆形。种子扁圆形，黑褐色。

【生态习性】

原产于中国及东南亚。喜阳光充足、高燥、通风及凉爽湿润。耐寒，不耐酷暑。耐旱，忌水涝。夏季多生长不良或枯萎。适合肥沃、疏松、排水良好及含石灰质的微碱性壤土或砂质壤土。其花昼开夜合，花期长。

【种苗繁育】

以播种繁殖为主，亦可采用扦插或分株繁殖。种子发芽适温为15~20℃，播后保持床土湿润，5d即可萌芽，10d左右出苗。石竹自10月至翌年3月均可进行嫩枝插穗，15~20d可生根成活。也可花后利用老株于春、秋两季进行分株繁殖。

【栽培管理】

定植　苗期生长适温为10~20℃。幼苗经2次移植后定植。

水肥管理　定植后每隔20d左右施一次肥，浇水“宁干勿湿”，切忌积水。

修剪　是石竹类栽培管理的重要措施之一。苗高15cm时摘除顶芽，促其分枝，以后注意适当摘除腋芽，以使养分集中，花大色艳，盆栽观赏尤应如此。开花前及时去掉部分叶腋花蕾，保证顶端花蕾开花。每次花谢后要剪除残花，同时每周施肥一次，秋季还可再次开花。

留种　石竹易杂交，留种者需隔离栽植。

【园林应用】

石竹在园林中多用于花坛、花境、花台或盆栽，也可用于岩石园和草坪边缘点缀。可作大面积景观地被材料，也可作切花材料。能吸收二氧化硫和氯气，因此还可用于化工厂绿化美化栽植。

12. 金鱼草(*Antirrhinum majus*)

【形态特征】

又名龙口花、龙头花、洋彩雀等，为玄参科金鱼草属多年生草本，常作一、二年生栽培。株高20~70cm。叶片长圆状披针形。总状花序，花冠筒状唇形，基部膨大成囊状，上唇2裂，直立；下唇3裂，开展外曲。花色有白、深红、淡红、肉色、深黄、浅黄、黄橙等色。花期5~7月。

【生态习性】

较耐寒，不耐热。生长适温，9月至翌年3月为7~10℃，3~9月为13~16℃，幼苗在5℃条件下通过春化阶段。高温对金鱼草生长发育不利，开花适温为15~16℃，有些品种温度超过15℃时不分枝。

金鱼草喜阳光，也耐半阴。在阳光充足条件下植株矮生，丛状紧凑，高度一致，开花整齐，花色艳丽。半阴条件下植株生长偏高，花序伸长，花色较淡。金鱼草对光照时间长短反应不敏感。

金鱼草对水分比较敏感，盆土必须保持湿润，盆栽苗必须充分浇水。但盆土排水性要好，不能积水，否则根系腐烂，茎叶枯黄凋萎。土壤宜用肥沃、疏松、排水良好的微酸性砂壤土。

【种苗繁育】

(1)播种繁殖

长江以南地区可秋播，以 9~10 月为好。播种土壤用泥炭，或腐叶土、培养土和细沙的混合土壤，通过高温消毒后，装入穴盘。金鱼草每克种子有 6300~7000 粒，播后不覆土，将种子轻压一下即可，浇水后盖上塑料薄膜，放半阴处。发芽适温为 21℃，约 7d 可发芽，切忌阳光暴晒。发芽后幼苗生长适温为 10℃，出苗后 6 周可移栽。

(2)组培繁殖

用幼茎作外植体，将消毒后的外植体切成长 5mm 的茎段，接种于 MS 培养基+1mg/L 6-苄氨基腺嘌呤+0.2mg/L 吲哚乙酸，培养丛生芽。将丛生芽切割继代 1~2 次后，转接到 1/2MS 培养基+0.2mg/L KT+2mg/L 吲哚乙酸，得到完整的植株。

【栽培管理】

栽植　播种苗发芽后 6 周即可移栽上盆，宜用盆径 15cm、透气性好的泥盆或塑料盆。随着幼苗的逐渐长大再换一次盆，定植在 20~24cm 口径的花盆内。栽培基质应选择疏松、肥沃、排水良好的培养土，或用腐叶土、泥炭、食粮草木灰均匀混合。种植前施些干畜粪或饼肥末，稍加骨粉或过磷酸钙作为基肥。

水肥管理　金鱼草具有根瘤菌，本身有固氮作用，一般情况下不用施氮肥，适量增加磷、钾肥即可。在生长期内，结合浇水每 15d 施一次发酵的油渣水，出现花蕾时用 12%磷酸二氢钾溶液喷洒更佳。每次施肥前应松土除草。

适度修剪　有些矮生种播种后 60~70d 可开花，高秆和中秆品种应摘心，促使多分枝，多开花。修剪时剪去病弱枝、枯老枝和过密枝条。每次开完花后，剪去开过花的枝条，促使其萌发新枝条继续开花。

矮化处理及花期调控　在摘心后 10d 喷洒 0.05%~0.1%的 B_9，有显著矮化效果。幼苗期喷洒 0.25%~0.4%的 B_9，可提早开花，并使花朵紧密。若喷洒 0.4%~0.8%的 B_9 2~4 次，可推迟开花。

【园林应用】

金鱼草为优良的花坛和花境材料，高型品种可作切花和背景材料，矮型品种可盆栽观赏和用于花坛镶边，中型品种则兼具高、矮型品种的用途。

13. 三色堇(*Viola tricolor*)

【形态特征】

堇菜科堇菜属多年生草本，作二年生栽培。茎高 10~40cm，全株光滑。基生叶长卵形或披针形，具长柄；茎生叶卵形、长圆状圆形或长圆状披针形，边缘具稀疏的圆齿或钝锯齿，托叶大型，叶状，羽状深裂。花大，直径 3.5~6cm，每个茎上有 3~10 朵，通常每花有紫、白、黄三色；花梗稍粗，单生于叶腋。蒴果椭圆形。种子每克 700~800 粒。

【生态习性】

较耐寒，喜凉爽，喜阳光，在昼温 15~25℃、夜温 3~5℃的条件下发育良好。忌高温

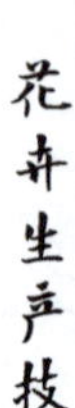

和积水，耐寒抗霜。昼温若连续在30℃以上，则花芽消失，或不形成花瓣；昼温持续25℃时，只开花不结实，即使结实，种子也发育不良。根系可耐-15℃低温，但低于-5℃时叶片受冻，边缘变黄。日照长短比光照强度对开花的影响大，日照不良，开花不佳。喜肥沃、排水良好、富含有机质、pH为5.4~7.4的壤土或黏壤土。

【种苗繁育】

常采用播种繁殖。采用保护地栽培，播种时间7~10月。宜采用较为疏松的基质进行穴盘育苗，播种后保持基质温度18~22℃，避光遮阴，5~7d陆续出苗。播种后需覆盖粗蛭石或中砂，以不见种子为度。三色堇种子发芽经常会很不整齐，前后可相差7d出苗，在这段时间内应充分保持基质湿润。

【栽培管理】

水肥管理　过湿易造成茎部腐烂，多病害；过于干燥易造成植株萎蔫。10~11月气温开始下降，该阶段可忍耐一定的干燥，不会影响植株正常生长，浇水时间以植株叶片的轻度萎蔫为准。宜薄肥勤施。当长出两片真叶后，可开始施以氮肥，早期喷施0.1%的尿素，临近花期可增加磷肥，开花前施3次稀薄的复合液肥，孕蕾期加施两次0.2%的磷酸二氢钾溶液，开花后可减少施肥。生长期每10~15d追施一次腐熟液肥，生育期每20~30d追肥一次。三色堇叶片畸形、起皱等常是由于缺钙引起，可增施硝酸钙加以改善。还需要注意的是，气温较低时氨态氮肥会引起三色堇根系腐烂。

其他管理　栽培过程中不使用摘心控制高度。进行病虫害防治。

【园林应用】

三色堇在庭院布置中常地栽于花坛上，可作毛毡花坛、花丛花坛的材料，成片、成线、成圆镶边栽植都很适宜。还适宜布置于花境、草坪边缘。不同的品种与其他花卉配合栽种能形成独特的早春景观。另外，也可盆栽或布置于阳台、窗台、台阶或用于点缀居室、书房、客堂，饶有雅趣。

14. 南非万寿菊（*Osteospermum ecklonis*）

【形态特征】

又名大芙蓉，菊科蓝目菊属多年生草本，作一、二年生栽培。矮生种株高20~30cm，茎绿色。头状花序，多数簇生成伞房状，有白、粉、红、紫红、蓝、紫等色，花单瓣，花径5~6cm。种子1000粒重11g左右。同属高生种株高60cm，为亚灌木，在原产地可作切花栽培。

【生态习性】

原产于南非，近年来从国外引进我国。喜光，中等耐寒，可忍耐-5~-3℃的低温。耐干旱。喜疏松肥沃的砂质壤土。在湿润、通风良好的环境中表现更为优异。分枝性强，不需摘心。开花早，花期长。低温利于花芽的形成和开花。气候温和地区可全年生长。

【种苗繁育】

(1)播种繁殖

选择颗粒饱满的种子进行催芽，春季或者秋季用点播法进行播种，每穴点播一粒，不可多放。播种后苗床覆盖塑料薄膜，以保温、保湿，于阴凉通风处养护。6~8d 种子出芽，喷水湿润养护，15d 后去掉薄膜正常养护。

(2) 扦插繁殖

南非万寿菊发枝能力强，用扦插法繁殖也比较常见。扦插适温 20~23℃，春季或者秋季扦插，选取粗壮茎干，修剪后蘸生根粉，扦插到苗床，于阴凉通风处养护 15d，插条生根，转至正常光照下养护 30d 就可以移栽。

【栽培管理】

移栽　幼苗出土后要立即移栽，可以栽到大田里，也可以盆栽。幼苗移栽以后浇水定植，缓苗 7d。植株喜水，喜光照，增加光照和浇水可以让小苗长得更快。保持基质见干见湿，不要长时间积水或者干旱。

水肥管理　南非万寿菊喜光，生长期结合浇水施用全素肥料，可以增加吸收效率，促进枝叶生长。如果长时间肥料过少，土壤贫瘠，会使得植株快速木质化，导致分枝性变差，花芽分化少，开花缓慢或者不开花。

摘心　生长期注意摘心，以促进分枝；适当降低环境温度，有利于花芽分化。

温度控制　南非万寿菊花期需凉爽的温度环境，高于 26℃ 开花不良，所以在夏季的时候注意喷水降温，可以延长花期。

【园林应用】

南非万寿菊无论作为盆花观赏还是用于早春园林绿化，都是不可多得的花材。如果将其作为花境的组成部分，与绿草奇石相映衬，更能体现出它的自然美。

15. 醉蝶花(*Cleome spinosa*)

【形态特征】

又名西洋白花菜、凤蝶草、紫龙须等，为白花菜科醉蝶花属多年生草本，作一、二年生栽培。株高 90~120cm。全株被黏质腺毛，枝叶具强烈气味。掌状复叶互生，小叶 5~7 片，长椭圆状披针形，有叶柄，两片托叶演变成钩刺。总状花序顶生，花瓣 4 枚，淡紫色，具长爪。花期 7~10 月。

【生态习性】

原产于南美洲，喜温暖，不耐寒，耐炎热，生长适温 20~30℃，生长期遇霜冻即枯死。喜阳光，略耐半阴。对土壤要求不严，最宜排水良好、富含腐殖质的砂壤土。喜欢较高的空气湿度，否则花朵易凋谢，最适相对湿度为 65%~75%。

【种苗繁育】

常用播种繁殖，因为直根性植物，须根小，故常于 4 月中下旬露地直播。

【栽培管理】

间苗、移栽　露地直播时，幼苗应及时间苗。移栽应较早进行，可在幼苗具 2~3 片真叶、约 5cm 高时移植到肥沃土壤中。移植后恢复困难。

水肥管理　生长期适度控制肥水，以防植株徒长，影响开花。花蕾形成及开花期追肥 2~3 次，可延长开花期。全株具黏毛，故耗水量较少，除开花期需水较多外，苗期可少浇水或不浇水，但夏季高温期每天至少浇水一次。

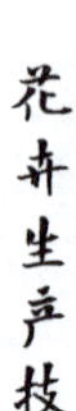

立支柱与摘心促矮　植株高大，花期要设支柱以防倒伏。于花坛栽植时，可在小苗高 20~30cm 时摘心促进矮化，增加分枝。

花期调控　欲使醉蝶花于春节开花，可于秋季盆播，入冬前移入室内向阳处，温度保持在 20℃左右，保持盆土湿润，孕蕾期追施 2~3 次稀薄液肥。

【园林应用】

醉蝶花轻盈飘逸，盛开时恰似蝴蝶翩翩起舞，颇为奇特，可布置于花坛、花境，也可进行矮化盆栽。抹去侧芽，促顶芽花序发育，可作切花栽培。园林中，根据其耐半阴的习性，可种植于林下或建筑阴面。因其对二氧化硫和氯气有良好的抗性，故在污染较重的工厂、矿山等地也能较好生长。

16. 金盏菊(*Calendula officinalis*)

【形态特征】

又名金盏花，菊科金盏菊属一年生或二年生草本，作二年生栽培。株高 30~60cm，全株被白色茸毛。单叶互生，椭圆形或椭圆状倒卵形，全缘，基生叶有柄，上部叶基抱茎。头状花序单生于茎顶，型大，4~6cm，舌状花一轮，或多轮平展，金黄或橘黄色；筒状花，黄色或褐色；也有重瓣(实为舌状花多层)、卷瓣和绿心、深紫色花心等栽培品种。花期 12 月至翌年 6 月，盛花期 3~6 月。瘦果，呈船形、爪形。果熟期 5~7 月。

【生态习性】

喜阳光充足环境，能自播，生长快，适应性较强，能耐-9℃低温，怕炎热天气。不择土壤，以疏松、肥沃、微酸性土壤最好。耐瘠薄干旱土壤及阴凉环境，在阳光充足及肥沃地带生长良好。

【种苗繁育】

(1)播种繁殖

9 月中下旬以后进行秋播。进行基质消毒，温水浸种 3~10h，直到种子吸水膨胀，播种后覆盖基质 1cm 厚。在秋季播种后，遇到寒潮低温时，可用塑料薄膜覆盖，幼苗出土后及时揭开，并在每天 9:30 之前或者 15:30 之后让幼苗接受阳光照射。大多数种子出苗后，适当间苗；当大部分的幼苗长出 3 片或 3 片以上的叶子后就可以移栽上盆。

(2)扦插繁殖

结合摘心工作，把摘下来的粗壮、无病虫害的顶梢作为插穗进行扦插。插穗生根的最适温度为 18~25℃，扦插后保持空气相对湿度在 75%~85%，可通过给插穗进行喷雾来增加湿度；遮光 50%~80%，待根系长出后，再逐步移去遮光网。

【栽培管理】

定植　待苗具 5~6 片真叶时，定植于 10~12cm 花盆或花坛。

摘心　定植后 7~10d，摘心促使分枝，或用 0.4%的 B_9 溶液喷洒叶面 1~2 次来控制植株高度。在第一茬花谢之后立即抹头，也能促发侧枝再度开花。

水肥管理　生长期间保持土壤湿润，每 15~30d 施稀释 10 倍的腐熟尿液一次，施肥至 2 月底止。

采种　留种要选择花大色艳、品种纯正的植株，应在晴天采种，防止脱落。

【园林应用】

金盏菊是春季花坛的主要材料，适用于中心广场的花坛、花带布置，也可作为草坪的镶边花卉或盆栽观赏。长梗大花品种可作切花栽培。金盏菊的抗二氧化硫能力很强，对氰化物及硫化氢也有一定抗性，为优良抗污花卉。

17. 羽衣甘蓝(*Brassica oleracea* var. *acephala*)

【形态特征】

又名叶牡丹、牡丹菜、花包菜等，为十字花科甘蓝属二年生草本。茎粗壮，短缩，不分枝，高约20cm。叶倒卵形，肥厚，宽大，集生于茎基部，被白粉，叶边缘波状皱缩，叶色丰富，有赤紫、黄绿、翠绿等色，重重叠叠的叶片犹如牡丹花瓣一样，故而得名"叶牡丹"。观叶期为11月至翌年4月。

【生态习性】

喜冷凉，较耐寒，忌高温。喜光照充足，较耐阴。喜湿润，不耐高湿。对土壤适应性较强，尤喜疏松、肥沃、排水良好的砂壤土或黏壤土。在钙质丰富、pH为5.5~6.8的土壤中生长最佳。

【种苗繁育】

采用播种繁殖，8月下旬播于荫棚下，播后需浇足水。播后7~9d发芽出苗，发芽适温为20~25℃。

【栽培管理】

栽植　幼苗具2~3片叶时即可间苗，具5~6片叶时定植。

水肥管理　定植后及生长期应充分灌水，保持土壤湿润，勿使叶片因干旱而凋萎，一旦凋萎则很难恢复。生长期间每月施肥一次，有利于维持叶面色彩鲜艳，减少氮肥可以增强其耐寒力。

其他管理　注意防治菜青虫、蚜虫和黑斑病。当叶片生长过分拥挤、通风不良时，可适度剥离外部叶片，以利于生长。

【园林应用】

羽衣甘蓝是冬季和早春的主要观叶植物，适用于花坛、花钵或盆栽欣赏，也可作草坪镶边材料。

18. 柳叶马鞭草(*Verbena bonariensis*)

【形态特征】

马鞭草科马鞭草属多年生草本，作一、二年生栽培。株高60~150cm，多分枝。茎四方形，叶对生，卵圆形至矩圆形或长圆状披针形；基生叶边缘常有粗锯齿及缺刻，通常3深裂，裂片边缘有不整齐的锯齿，两面有粗毛。穗状花序顶生或腋生，细长如马鞭。花小，花冠淡紫色或蓝色。果为蒴果状，长约0.2cm，外果皮薄，成熟时开裂，内含4枚小坚果。

【生态习性】

原产于南美洲(巴西、阿根廷等地)，近几年被引种栽培。喜阳光充足环境，怕雨涝。

喜温暖气候，生长适温为20～30℃，不耐寒，10℃以下生长较迟缓。对土壤条件适应性好，耐旱能力强，需水量中等。

【种苗繁育】

可采用播种、扦插及切根分株繁殖，但采用春季播种，开花观赏时间最长。

(1)播种繁殖

种子每克约4000粒，发芽率约85%。种子发芽适温20～25℃，播后10～15d发芽，穴盘育苗周期为40～45d。育苗通常采用200孔穴盘，基质可采用进口泥炭以确保苗壮、整齐、生长快速。穴盘苗不建议直接下地，因为直接下地初期长速慢，死亡率较高。一般先移到12～13cm的营养钵生长1个月后再定植效果最佳。

(2)扦插繁殖

扦插繁殖也是一种较好的繁殖方式，一般在春、夏两季为适期，以顶芽扦插为佳。扦插极容易发根，扦插后约4周即可成苗。

(3)切根分株繁殖

切根法主要是对于秋季休眠后的母本植株，开春对其进行切割分株并栽植。

【栽培管理】

移栽　播后45d，真叶达到2～3对，根系成团后，即可移栽。先移栽到12cm×13cm的营养钵中生长1个多月后，再定植到种植场所，效果最佳。移栽前剪去植株顶梢，留下2～3对真叶，以促进分枝和控制高度。

移栽后管理　幼苗移栽到营养钵后要及时用洒水壶洒水，以防脱水。待整座温室大棚移栽完成后即可浇透水，在定植到绿化地段前要灌水2～3次。温度控制在20～30℃，定期除草和施肥。

定植　定植采用大小垄种植，在距畦边5cm处顺畦开沟，大垄覆膜间距25～30cm，沟深15～20cm，小垄间距40cm，行内植株间距应保持在10cm左右，栽植10株/m^2左右。

水肥管理　定植后浇透水，使20cm土层保持湿润状态。定植后1.5～2.5个月开始进入盛花初期，盛花期能够维持2.5～3个月。柳叶马鞭草非常耐旱，在养护过程中见干见湿，不可过湿。由于移栽前穴盘土壤中施入了磷酸氢二铵，且定植前施入了牛粪，因此在后期可不施肥，若后期生长不旺可适当补给尿素。

除草　要做到见草即除，保证田间无杂草。

松土　若不覆膜栽植，多雨季节要注意田间排水，雨后要及时松土，防止表土板结而影响植株的生长。松土既增加了土壤的通透性，又减少了病害的发生，可达到事半功倍、一举两得的效果。

【园林应用】

柳叶马鞭草是冬季和早春的主要观叶植物，适用于花坛、花钵或盆栽欣赏，也可作草坪镶边材料，还是配置花海的理想种类。

19. 香豌豆(*Lathyrus odoratus*)

【形态特征】

别名花豌豆、腐香豌豆等，为豆科山黧豆属一、二年生藤蔓植物，常作二年生栽培。全株被白色粗毛；茎蔓长1.5~2m，有翼。羽状复叶互生，基部具一对小叶，卵状椭圆形，背面具白粉，顶部小叶演变为三叉状卷须。总状花序腋生，着生小花2~5朵，碟形，芳香。花色丰富，有白、粉、红、紫、黑紫、黄、褐等色，还有斑点、斑纹或镶边等复色品种。花型有平瓣、卷瓣、波瓣及重瓣等类型。按花期分为夏花类、冬花类和春花类。

【生态习性】

喜冬暖夏凉，喜光，稍耐阴，喜空气湿润环境，忌干热风和阴雨连绵的天气。喜土层深厚、湿润而排水良好的砂质壤土，pH以6.5~7.5为宜，不耐干燥或积水，忌连作。

【种苗繁育】

常用播种繁殖，可于春、秋进行，南方可露地越冬，北方则需温室栽培。可于8~9月进行播种，也可9~10月温室盆播。种皮较硬，播前用40℃温水浸种一昼夜，可使发芽整齐。发芽适宜温度在20℃左右，出苗后需间苗。香豌豆不耐移植，多直播或盆播育苗，待长成小苗时，脱盆移植，以避免伤根。

【栽培管理】

栽植　于3~4片真叶时移栽，培养土常用腐叶土、泥炭、河沙加部分有机肥配成。

水肥管理　浇水以见干见湿为原则。开花前每10d追施一次稀薄液肥，花蕾形成初期追施磷酸二氢钾。

摘心　主蔓长到20cm左右即可摘心，以促进侧蔓生长，增加花朵数量。攀缘型品种可设支架。

【园林应用】

香豌豆为冬、春优良的草切花，用于制作花篮、花圈；可匍匐地面作地被植物；在冬暖夏凉的地区是很好的露地垂直绿化材料，可制作花篱、矮花屏等；也可盆栽攀缘，美化阳台、窗台等。

考核评价

查找资料后，小组讨论，制订并实施露地播种和温室穴盘播种技术方案，完成工作单2-1-1和工作单2-1-2。

工作单2-1-1　露地播种技术

生产环节	操作规程	质量要求
场地选择		
整地作床		
播种		
覆土		
播后管理		

工作单 2-1-2　温室穴盘播种技术

生产环节	操作规程	质量要求
播种期确定		
基质准备		
选择穴盘		
填装基质		
播种与覆土		
插牌		
播后管理		

任务 2-2 宿根花卉生产

任务目标

1. 能正确识别常见宿根花卉及其主要品种。

2. 能依据宿根花卉生长习性提出生产所需的设施及环境因子调控方法。

3. 以小组为单位，能根据生产需要、品种特性及气候和土壤等条件制订并实施宿根花卉幼苗培育方案。

4. 能根据宿根花卉的生态习性和应用特点，制订正确的养护管理方案。

任务描述

宿根花卉是很常见的花卉种类之一。本任务是以小组或个人为单位，对学校、花卉市场、广场、公园等进行花卉种类及应用形式的调查，识别常见宿根花卉，并进行常见宿根花卉的生产。

知识准备

一、宿根花卉概念

宿根花卉为多年生草本植物，并特指地下部器官未经变态成球状或块状的常绿草本和地上部不在花后枯萎，以地下部着生的芽或萌蘖越冬、越夏后再度开花的观赏植物。

二、宿根花卉繁殖方法

宿根花卉常用的繁殖方法有分株、扦插、播种等。少量繁殖可用分株和扦插法，规模化的生产常用播种法培育幼苗，特殊情况使用组培法(如新几内亚凤仙的‘桑蓓斯’)。

1. 分株繁殖

(1)时间

多在春、秋两季进行。露地花卉中春季开花的宜在秋季进行分株，夏、秋季开花的宜在春季进行分株。秋季分株需在地上部分停止生长而地下部分还在活动期时进行，春季分株则在发芽前进行。温室花卉中某些种类仍以春季分株为主，结合换盆进行。

(2)方法及步骤

分割大丛母株时，先把母株从地下挖出或从盆中倒出，抖去大部分附土，然后从根颈处顺根系自然分离的地方，用手掰开或用利刀切开，视植株大小分成2~4小丛，分别单独地栽或上盆。分株流程如图2-2-1所示。

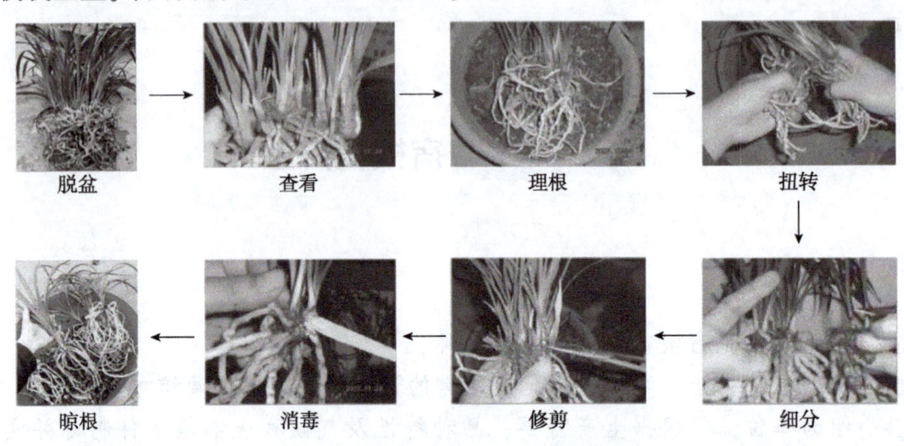

图2-2-1　宿根花卉分株繁殖流程

脱盆　将母株挖起或倒盆后，轻轻抖掉根部大部分的附土，露出根系。

查看　仔细看清苗结构，寻找最佳分株点。

理根　选好分株点后，先梳理根系，将交错纠缠生长的根分开，注意要细心缓慢，以减少断根。

扭转　寻找连接点，双手握根，轻轻扭转自然分成小丛(注意不要粗鲁地用手掰根系，容易损伤新芽和叶子)。

细分　对于分开后稍大的植株，要进行细分。具体方法是用锋利的手术刀等工具，从合适的连接点切开。一般每株3~4苗，这样损伤少，容易复壮。

修剪　将腐烂、变黑、过长的根剪除，并用清水冲洗。

消毒　所有分株的伤口，可用多菌灵等杀菌药物直接涂抹伤口。

晾根　分株后，应晾1d，待根系变软、伤口微缩后再上盆。注意：上盆后3d内不要浇水，有利于伤口愈合，减少病害发生。

2. 扦插繁殖

宿根花卉常用的扦插方法是枝插。根据插穗成熟度不一可分为以下几种。

(1)硬枝扦插

选择生长成熟并木质化的一、二年生枝条进行扦插称为硬枝扦插。硬枝扦插多用于落叶花木类。硬枝扦插的时间在秋季落叶后或春季萌芽前，在温室内全年可进行。

(2) 嫩枝扦插

生长期选择半木质化枝条进行扦插称为嫩枝扦插。大部分草本花卉多采用此法扦插，如菊花、一串红、四季海棠等。扦插时间在 5~8 月，在温室内全年可进行。

3. 播种繁殖

主要采用穴盘播种育苗技术(图 2-2-2)。一台穴盘播种机的播种速度可达到 200 盘/h。

图 2-2-2　穴盘播种流水线

播种繁殖流程如图 2-2-3 所示。

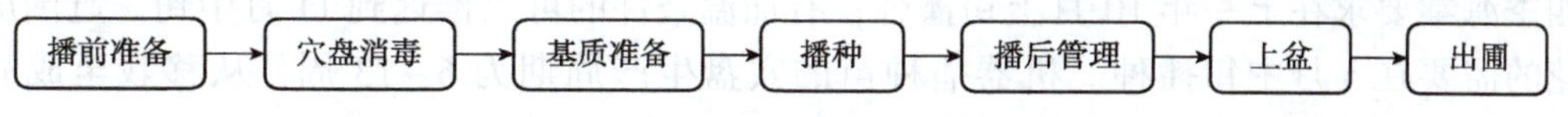

图 2-2-3　宿根花卉播种繁殖流程

三、宿根花卉栽培与管理

1. 土壤要求

宿根花卉根系强大，入土较深，种植前应深翻土壤。整地深度一般为 40~50cm。宿根花卉喜欢土壤下层混有砂砾且表土为富含腐殖质的黏质土壤。若播种繁殖，其幼苗喜腐殖质丰富的砂质土壤，而成年以后以黏质壤土为佳。其种植后不用移植，可多年生长，因此在整地时应大量施入有机肥。

2. 管理要点

(1) 幼苗培育在温室或栽培设施中进行，需要精心管理，定植后较粗放管理。

(2) 因为根深，定植前应深耕土壤，施大量有机肥。

(3) 多次施肥可增强观赏效果。一般每年需要施肥 3 次，分别在春季萌芽前、花前、花后追肥一次，秋季叶枯时可在植株四周施以腐熟厩肥或堆肥。

(4) 宿根花卉耐旱性较强，生长期保持湿润，休眠期停止浇水。

(5) 花后去除残花，叶片有 2/3 枯黄时剪去枝叶，以减少养分消耗，防病虫蔓延。

(6) 对耐寒性差者，冬季可覆土 10cm 防寒。

任务实施

宿根花卉

常见宿根花卉生产：

1. 四季海棠(*Begonia semperflorens*)

秋海棠科秋海棠属多年生花卉。有 400 种以上的不同品种，而园艺栽培品种有近千种。丹麦、瑞典、挪威等主要生产优质的盆栽观赏种类，荷兰、英国、法国和日本等也有一定数量的生产，我国栽培四季海棠从 1912 年开始，而规模化生产从 20 世纪 90 年代才开始。种子靠从美国和丹麦进口。

【形态特征】

茎直立，肉质，光滑。叶互生，有光泽，边缘有锯齿，绿色或紫红色。聚伞花序腋生。

【生态习性】

原产于巴西热带低纬度高海拔地区树林的潮湿地，喜阳光，稍耐阴，喜温暖、稍阴湿的环境和湿润的土壤，生长最适温度为25℃左右。夏季畏热，最忌强烈阳光暴晒。怕水涝，夏天注意遮阳通风、排水。冬季怕冷，温度保持在10℃左右方可安全越冬。

【种苗繁育】

常采用播种、扦插、分株和组培繁殖。现代规模化生产常用播种繁殖。

播种时间　四季海棠在温室中一年四季均可播种，一般以春、秋两季播种最好，在生产中常根据景观需求倒推播种时间。四季海棠从播种至成品需20~26周。劳动节开花的四季海棠要求在上一年10月上旬播种，有加温条件的可以推迟到11月中旬。赶国庆节开花的需要在5月中旬播种。机器播种苗的穴盘生产周期为6~13周，从移栽至成品需4~5周。不同规格穴盘苗生长周期见表2-2-1。

表2-2-1　四季海棠不同规格穴盘苗生长周期

穴盘规格(孔)	800	406	288	200	128
生长周期(周)	7~8	8~9	9~10	9~11	10~12

播前准备　选择容器，清洗并消毒，将盆底的排水孔进行铺垫，准备基质，将区分开来的较粗的基质铺在盆的下半部分，上半部分加入细基质。

穴盘消毒　一般选用200孔穴盘，清洗后用1500倍高锰酸钾溶液消毒。

图2-2-4　四季海棠丸粒化种子

基质准备　常用泥炭与蛭石以2∶1或3∶1的比例进行混配并消毒。预先湿润基质，使基质含水量达到50%~70%。

播种　四季海棠种子每克有70 000~80 000粒。因为其种子特别细小，而且发芽时对湿度有特殊要求，所以是播种育苗难度最大、成功率极低的种类之一。精选种子需人工播种。丸粒化种子(图2-2-4)可采用人工播种或播种机播种。人工播种需加细沙混播。播后应用微雾喷头(雾粒直径为50~80μm)在基质表面浇水。由于种子细小，种子表面不需要覆盖。

【栽培管理】

光照管理　四季海棠对强光适应性差。春、夏两季观赏需栽植在有遮阴条件的林下，国庆节观花可布置在全光照条件下。

水肥管理　生长期保持盆土湿润，每15d施肥一次。花芽形成期，增施1~2次磷、钾肥。

摘心　苗高10cm时应打顶摘心，压低株型，促使萌发新枝。同时，摘心后10~15d，喷0.05%~0.1% B_9 2~3次，可控制植株高度在10~15cm。

【园林应用】

四季海棠叶片晶莹翠绿，花色丰富，可用于点缀家庭书桌、茶几、案头和商店橱窗。

如果将其栽植于吊盆中并悬挂于室内，亦别具情趣。

2. 地被菊(*Chrysanthemum morifolium*)

菊科菊属多年生草本植物，是一类植株低矮、抗逆性强、开花繁密，具有较高的观赏、生态价值，用于地栽覆盖地面的菊花品种群。

【形态特征】

株高25~40cm，花径3.5~9.0cm，6~7月形成花蕾，陆续开花至10月上旬至11月中下旬。花色有红、黄、粉、白、茶褐等色。

【生态习性】

抗性极强，抗寒(在三北地区可以露地越冬)、抗旱、耐盐碱、耐半阴、抗污染、抗病虫害，适合于粗放管理。

【种苗繁育】

以扦插繁殖为主，也可分株繁殖。

(1)扦插繁殖

嫩枝插　此法应用最广，多于4~5月扦插：截取嫩枝8~10cm作为插穗，插后善加管理。在18~21℃的温度下，多数品种3周左右可生根，约4周即可移苗上盆。

顶蕾嫩枝扦插　乌兰浩特地区曾做过地被菊的顶蕾嫩枝扦插试验，获得成功。这种方法可在任何月份短时间内获得大量开花的地被菊幼苗。

(2)分株繁殖

清明节前后，把植株掘出，依据植株的自然形态带根分开，另植盆中。一盆分3盆，此种方法成活率最高。

【栽培管理】

水分管理　以盆土湿润但不浇水为原则。夏季每天浇水1~2次，早晨一次，下午一次，浇透；8月下旬至9月上中旬花芽分化期要控水；现蕾后和开花期要增加水量。

幼苗期养分管理　播种3~5周后，可叶面喷施一次以氮肥为主的全元素液体复合肥，如20-20-20(N、P_2O_5、K_2O的质量百分比，下同)，浓度120~150mg/L。上盆后每周叶面喷施一次全元素液体复合肥，适当提高磷、钾比例，如20-20-20、14-0-14交替使用可促进花蕾发育。

生长期施肥　腐熟人粪尿和饼肥水交替使用，5~6月苗期7~10d一次，夏季高温期不施肥，8月中苗期5~7d一次，9月现蕾期4~5d一次，增加磷、钾肥，或0.1%的尿素和0.2%的磷酸二氢钾。施肥要先稀后浓，间隔时间先长后短。

摘心　长至15~20cm时第一次摘心，一般有6~7片叶，留3~4片叶，生出侧枝后每条侧枝留2~3片叶摘心，3~4周后第三次摘心。留3~4片叶。摘心次数越多，冠幅越大，花越多。需摘心3~5次。

越冬　花后剪掉地上部分，贮藏在冷床或冷室中越冬，温度保持在0~10℃。

【园林应用】

地被菊覆盖度高，美化效果好，可形成大色块，组成精美的图案。园林中用于布置花坛、花钵及点缀庭院、花篮等用。地被菊耐阴，镶嵌性好，所以适合在林下或林缘自然式种植，也可点缀草坪。

3. 芍药(*Paeonia lactiflora*)

毛茛科芍药属多年生草本植物，原产于中国北部、日本、朝鲜和俄罗斯西伯利亚，目前在我国分布于东北、内蒙古、华北、华中及华东一带。山东菏泽及安徽铜陵、亳州为芍药重要产区。

【形态特征】

宿根草本，具肉质根。茎丛生，株高 50~110cm。二回三出羽状复叶互生，在顶梢处为单叶，小叶通常 3 深裂，裂片长圆形或披针形，先端长尖。花单生茎顶，少数 2~3 朵花并出，单瓣或重瓣，具长梗，呈紫红、粉红、黄或白色；萼片 5 枚，宿存；离生心皮 5 至数个，无毛；雄蕊多数。蓇葖果，种子数枚，球形，黑色。花期 4~5 月，果熟期 8~9 月。

【生态习性】

芍药耐寒，夏季喜冷凉气候，北方地区可露地越冬。喜光，光照充足时生长旺盛，花多且大，但在稍阴处亦可开花。喜肥沃，适宜土质深厚的壤土及砂质壤土，黏土及砂土亦能生长，盐碱地及低洼地不宜栽培。

【种苗繁育】

芍药可用分株、播种、扦插繁殖，其中以分株法最为易行，被广泛采用。播种法仅用于培育新品种、生产嫁接牡丹的砧木和药材生产芍药的繁殖。

分株繁殖：

时间　秋季，9 月下旬至 10 月上旬。

起苗　细心挖起肉质根，尽量减少伤根。挖起后，去除宿土，削去老硬腐朽处。

分株　用手或利刀顺自然缝隙处劈分，一般每株可分 3~5 株子株，每子株带 3~5 个或 2~3 个芽。

栽植　蘸以含有养分的泥浆即可栽植，栽植深度以芽入土 2cm 左右为宜。

【栽培管理】

栽植地准备　深耕，施以基肥，如腐熟堆肥、厩肥、油粕及骨粉等。

水分管理　芍药喜湿润，又稍耐干旱，花前保持湿润可使花大而色艳。早春出芽前后结合施肥浇一次透水，11 月中下旬浇一次“冻水”，有利于越冬及保墒。

养分管理　芍药喜肥，除基肥外，在生长过程中施肥 3 次：现蕾后绿叶全面展开时一次；花后孕芽期一次；霜降后，结合封土施一次冬肥。

其他管理　开花前后除去侧蕾，易倒伏品种立支柱，花后及时剪去残枝，中耕除草等。

【园林应用】

芍药是我国传统名花之一，花大、色艳、花型丰富，可与牡丹媲美，且花期较牡丹长，生长强健，在园林中广泛栽培。可布置花坛、花境、专类园，适宜丛植、片植、孤植于庭院及与山石搭配，亦可作切花。

4. 鸢尾(*Iris tectorum*)

又名蓝蝴蝶、铁扁担、蝴蝶花、扁竹叶，鸢尾科鸢尾属多年生草本植物。原产于中

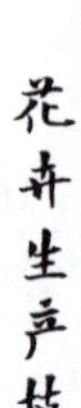

国中部以及日本，主要分布在中国中南部。生于海拔800~1800m的灌木林缘阳坡地、林缘及水边湿地，在庭园已久经栽培。

【形态特征】

株高30~50cm。根状茎粗壮多节，圆柱形，淡黄色。叶剑形，直立，二列嵌叠状着生，基部相互抱合，无明显中肋，长30~50cm，宽2.5~3.0cm。花莛从叶丛中抽出，稍高于叶丛，具1~2分枝，每枝着花1~3朵。花蝶形，蓝紫色，径约10cm；花被片6，外3片多为垂瓣，外弯或下垂，倒卵形，蓝紫色，具深褐色脉纹，上面中央有一行鸡冠状白色着紫纹的肉质突起；内3片较小，为旗瓣，直立或成拱形，倒卵形，淡蓝色；花柱花瓣状，与旗瓣同色。蒴果长椭圆形，具6棱。种子球形、半球形或扁球形，有假种皮。花期5月。

【生态习性】

喜光，耐半阴；耐寒；耐旱，耐水湿；喜微碱性土壤。

【种苗繁育】

采用分株、播种繁殖，以分株繁殖为主。

(1)分株繁殖

时间　通常2~4年进行一次，秋季或春季花后均可进行，宜浅植。

分株　分割根状茎时注意每块应具有2~3个不定芽。

栽植　栽植距离45~60cm，栽植深度7~8cm为宜。

(2)播种繁殖

种子成熟后应立即播种，实生苗需要2~3年才能开花。

【栽培管理】

种植密度　种植密度依品种、球茎大小、种植期、种植地点的不同而不同。为使种植间距合适，通常采用每平方米有64个网格的种植网。

光照和温度管理　鸢尾生长的日、夜平均温度在20~23℃，最低温度为5℃。高温、光线较弱和缺少光照是造成花朵枯萎的主要原因。

水肥管理　生长期内追肥2~3次，雨季注意排水。花谢后及时剪除花莛。

【园林应用】

鸢尾可作为布置春季花坛、花境、花径、路边、石旁的镶嵌材料，也可植于林下作地被，布置成专类园，还可作切花之用。

5. 荷兰菊(*Aster novi-belgii*)

又名紫菀、柳叶菊、返魂草、茈菀，菊科紫菀属多年生草本植物。原产于北美及欧洲，在我国各地园林得到广泛栽植。

【形态特征】

宿根草本，株高50~150cm。茎直立，基部木质化，上部多分枝，全株光滑。单叶互生，长圆形至线状披针形，近全缘，基部略抱茎，暗绿色。头状花序小，径约2.5cm，排列成伞房状；花暗紫色、粉蓝色、桃红色或白色；总苞片线形，端急尖，微向外伸展。花期8~10月。瘦果，有冠毛。

【生态习性】

耐寒性强，耐旱，喜阳光充足、通风良好的环境。对土壤要求不严，在疏松、肥沃、排水良好的砂质土壤中生长更好。

【种苗繁育】

采用播种、分株或扦插繁殖。

(1)播种繁殖

时间　7月下旬至8月中旬。

播种方式　盆播或床播。

移栽　苗高6~8cm时移栽。

管理　保持温度在15℃左右，摘心2~3次；生长期每月浇水3~4次，浇足、浇透；冬初注意清理园地，及时浇足防冻水。

(2)分株繁殖

荷兰菊的分蘖能力很强，可以进行分株繁殖。在早春，气温回升、土壤解冻的时候，荷兰菊叶片丛生，可以将荷兰菊的根部挖出，用小刀割开，分成几部分，重新栽植即可。分株繁殖的方法可以用于荷兰菊大量繁殖。

(3)扦插繁殖

5~6月，取幼枝作插穗，18℃条件下，两周可以生根。

【栽培管理】

土壤条件　耐瘠薄，对土壤的要求不高，但是以疏松、肥沃的砂质土壤为最佳选择。

光照和温度管理　栽植在阳光充足的环境。既耐寒，也耐高温，冬季比较容易过冬，在东北地区可以露地过冬。

水肥管理　荷兰菊可以耐干旱和贫瘠，但这不表示它不需要合理的浇水和施肥。在栽种前，需要施足量的基肥，以保证土壤有足够的养分，并且荷兰菊的生长期里，需要每两周施一次薄肥，使植株生长旺盛，多开花。浇水也要做到合理，日常浇水要见干见湿，在天气干旱的时候要多浇水，可以通过喷水来保持空气的湿度。如果水肥过多，就有可能出现徒长，因此要合理浇水和施肥。

修剪　在生长的过程中，适时修剪，可以使荷兰菊多分枝、多开花。

【园林应用】

荷兰菊枝繁叶茂，花色清新淡雅，适宜布置花坛、花境、花台，也可作切花或进行盆栽摆放。

6. 玉簪(*Hosta plantaginea*)

百合科玉簪属多年生草本植物。多分布在中国、日本等东亚国家。因其花苞质地娇莹如玉，状似头簪而得名。碧叶莹润，清秀挺拔，花质如玉，幽香四溢，是中国著名的传统香花，深受人们的喜爱。

【形态特征】

株高40~80cm，具粗大的地下茎，植株低矮。叶基生，具长柄。花莛顶生，多为总状花序，高于叶丛，花被片基部联合成长管，喉部扩大。花为蓝、紫或白色。

【生态习性】

玉簪性强健，耐寒，喜阴，忌阳光直射，在林下或建筑物北面生长繁茂。喜肥沃、湿润、排水良好的土壤。

【种苗繁育】

多采用分株繁殖，可于春季(4~5月)或秋季进行。也可采用播种繁殖及组织培养繁殖。

(1)分株繁殖

春季发芽前或秋季叶片枯黄后将其挖出，去掉根际的土壤，用刀将地下茎切开，栽在盆中。每丛有2~3块地下茎和尽量多的保留根系，这样利于成活，不影响翌年开花。

(2)播种繁殖

秋季种子成熟后采集晾干，翌春3~4月播种。种植穴内最好施足基肥。播种苗第一年生长缓慢，要精心养护，第二年迅速生长，第三年便开始开花。

【栽培管理】

栽植　每年春天栽植。

光照和温度管理　新株栽植后遮阴，待恢复生长后便可进行正常管理。玉簪为喜阴植物，露天栽植以不受阳光直射的遮阴处为好，否则叶片会出现严重的日灼病。秋末天气渐冷后，叶片逐渐枯黄，可稍加覆盖越冬。

水肥管理　生长期每7~10d施一次稀薄液肥。春季发芽期和开花前可施氮肥及少量磷肥作追肥，以促进叶绿花茂。生长期雨量少的地区要经常浇水，疏松土壤，以利于生长。冬季适当控制浇水，停止施肥。

【园林应用】

玉簪类植物开花洁白如玉或蓝紫淡雅，叶丛繁茂且耐阴性强，在园林中可于林下作地被，或片植于建筑物北面庇荫处，亦可用于岩石园，矮生品种可盆栽观赏。

7. 蜀葵(*Althaea rosea*)

锦葵科蜀葵属多年生草本。原产于中国四川，故名曰“蜀葵”，现在中国分布很广，华东、华中、华北均有。又因其可达丈许，花多为红色，故名“一丈红”。

【形态特征】

株高2~3m，茎枝密被刺毛，茎无分枝或少分枝。叶互生，具长柄，近圆心形，掌状5~7浅裂，叶缘波状。花大，腋生，花色丰富。花期6~8月。栽培类型有重瓣型、堆盘型及丛生型。

【生态习性】

耐寒，在华北地区露地可以安全越冬。喜光，耐半阴。在疏松肥沃、排水良好、富含有机质的砂质土壤中生长良好。

【种苗繁育】

通常采用播种繁殖，也可进行分株和扦插繁殖。

(1)播种繁殖

播种时间　露地播种秋季进行。温室播种可以根据需要随时进行。播种至开花需

70~100d。

选穴盘　每克种子250~300粒，选择200孔或72孔穴盘。

穴盘消毒　用1500倍的高锰酸钾溶液对穴盘进行消毒。

基质准备　基质最好用泥炭和珍珠岩按2∶1混合，也可用腐叶土和河沙以3∶1混合。

播种　利用穴盘育苗播种机播种，发芽温度为22~23℃。幼苗生长较慢。大粒种子播种后覆盖蛭石。保持土温22~26℃，播后7d即可发芽，21d后根系发育完全(图2-2-5)。

图2-2-5　蜀葵播种后3周幼苗

温度管理　蜀葵播种后，发芽适温22~26℃，7~10d发芽。生长适温18~23℃。

(2)分株繁殖

分株在秋季进行，将多年生的蜀葵从土壤中挖出，用利刃把茎芽分割成数小丛，保证每一丛都有两三个芽，然后分别栽种在基质里。基质一般选用肥沃、排水良好的砂质土壤。栽种后马上浇一次透水，翌年就可以开花。

(3)扦插繁殖

扦插繁殖适合重瓣品种。

时间　开花后到冬季都可以进行。

插穗　选取蜀葵老干基部萌发的侧枝作为插穗，长度在8cm左右。

基质　基质一般是用砂土。

管理　扦插后用塑料薄膜覆盖苗床，保持一定的湿度，放置在遮阴处，直到生根。冬季进行扦插，需要在苗床底部铺设加温装置，用来维持苗床的温度，加速新根的生长。

【栽培管理】

栽植环境　蜀葵喜光、不耐阴，应种植于光照充足处，不宜种植于大树下、楼房阴面和北墙根下等背阴处。

水分管理　蜀葵喜湿润环境，每年从3月起开始给其灌水。第一水宜在3月初浇灌，浇足、浇透，可及时供给植株萌动所需水分。此后，可每20d浇一次水，直至6月中下旬。进入雨季后，则不必另外浇水。

养分管理　蜀葵喜肥，充足的肥料是植株生长旺盛、抗病力强、花大花多、花色艳丽的重要保证。

修剪　可分为疏剪和短截。疏剪在早春萌芽后、植株高25cm左右时进行，将萌发过

多的枝茎进行疏除，以使整个植株通风透光，枝茎分布均匀。短截在春季花茎抽生后进行，此法不仅可促使枝茎分枝，还可使其矮化。

【园林应用】

蜀葵花色丰富，花大色艳，是重要的夏季园林花卉。在建筑物前丛植或列植，都有很高的观赏价值。蜀葵是优良的花境材料，可作竖线条材料。植株易衰老，宜每隔3年更新一次，以免影响景观效果。

8. 金鸡菊(*Coreopsis drummondii*)

菊科金鸡菊属多年生草本。原产于美国南部。栽培容易，常能自行繁衍。

【形态特征】

株高20~100cm。茎直立，下部常有稀疏的糙毛，上部有分枝。叶对生；基部叶有长柄，披针形或匙形；下部叶羽状全裂，中部及上部叶3~5深裂，中裂片较大。花具长花梗，单生于枝端，径4~5cm，舌状花6~10朵，黄色。花期5~9月。

【生态习性】

耐寒，耐旱，喜光但耐半阴，对二氧化硫有较强的抗性。生命力和繁殖力非常强，不怕冷，不怕热。风一吹，种子满天飞扬。如果农田出现这种植物，对农作物会有很大影响，而且还很难清除掉，因此在园林中被称为“美丽的杀手”。

【种苗繁育】

以播种繁殖为主。可露地直播，规模化生产在温室播种。

育苗周期　穴盘育苗周期5~6周，移栽至成品需7~11周。

播种时间　4月底露地直播，7~8月开花，花陆续开到10月中旬。秋播种类，5月底至6月初开花，一直开到10月中旬。欲使金鸡菊开花多，可花后摘去残花，7~8月追一次肥，国庆节可花繁叶茂。

播种方法　可采用机器播种，也可采用人工播种。种子细小，人工播种时将种子拌入细沙。播后覆一层薄的细土，然后将盘面盖上报纸，以减少水分的蒸发。

播后管理　种子出芽前保持土壤湿润。早、晚宜将报纸掀开数分钟，通风透气，白天盖好。种子发芽出土后，需将覆盖物及时去除，逐步见光。当幼苗长出真叶后，施一次氮肥。待长出2~3片真叶时即行移植。

【栽培管理】

栽植　移植一次后即可栽入花坛之中。栽后要及时浇透水，使根系与土壤密接。

水分管理　土壤见干见湿，不能出现水涝。雨后应及时进行排水防涝。

养分管理　生长期追施2~3次液肥，追入氮肥的同时配合使用磷、钾肥。

其他管理　花后去除残花。

【园林应用】

金鸡菊可观花，也可观叶。春、夏之间，花大色艳，常开不绝。花后剪去残花，幼叶萌生，枝叶密集，鲜绿成片，是极好的疏林地被。耐贫瘠土壤，能自行繁衍，在屋顶绿化中作覆盖材料效果极好，还可作花境材料。

9. 萱草（*Hemerocallis fulva*）

百合科萱草属多年生草本植物。分布于中欧至东亚，在我国各省份均有分布。

【形态特征】

根状茎粗短、肉质，根纺锤形，株高50~80cm。叶基生，二列状，长带形。花莛自叶丛中抽出，高于叶丛，达100cm以上；顶生圆锥花序，着花6~12朵，花冠漏斗形，橘红色，花瓣中有褐红色斑纹，芳香。花期6~8月。

【生态习性】

萱草性强健，对环境适应性较强。喜光且耐半阴，耐寒，耐干旱，耐低湿。对土壤适应性强，尤以肥沃、排水良好的砂质土为宜。

【种苗繁育】

以分株繁殖为主，育种时采用播种繁殖。

(1)分株繁殖

于叶枯萎后或早春萌发前进行，将植株挖起剪去枯根及过多的须根，分株即可。一次分株可4~5年后再分株，分株苗当年即可开花。

(2)播种繁殖

宜秋播，播后4周左右出苗。夏、秋种子采下后如果立即播种，20d左右出苗。播种苗培育两年后开花。

【栽培管理】

栽植地准备　栽前施足基肥。

栽植　株行距0.5×1m左右，穴深17~20cm，每穴栽一丛，根要向四面平铺，盖土压紧。浇水或灌浇腐熟人畜粪水。

养分管理　自第二年起，每年中耕除草和追肥3次：第一次在3月出苗时，第二次在6月开花前，第三次在10月倒苗后。每次中耕除草后，施用腐熟人畜粪水。

【园林应用】

萱草类春季萌发较早，叶丛茂密，花朵大，花色艳，具有很高的观赏价值。适宜布置花境，可将其丛植于庭园、林缘、路旁，也可作切花。

10. 蓝花鼠尾草（*Salvia farinacea*）

唇形科鼠尾多年生草本。生长势强，花期长而芳香，是布置夏、秋花境的优良材料。

【形态特征】

株高30~60cm，植株呈丛生状，被柔毛。茎为四角柱状，且有毛，下部略木质化，呈亚低木状。叶对生，长椭圆形，长3~5cm，灰绿色，叶表有凹凸状织纹，且有折皱，灰白色，香味刺鼻浓郁。长穗状花序，长约12cm。花小，紫色，花量大。花期夏、秋两季。

【生态习性】

喜欢凉爽和阳光充足环境，耐寒性强，怕炎热、干燥。宜在疏松、肥沃且排水良好的砂壤土中生长。

【种苗繁育】

通常采用播种繁殖。

播种时间　春、夏两季播种，也可以根据需要随时播种。播种至开花需 70~100d。

选盘　选择无孔穴盘。

穴盘消毒　用 1500 倍高锰酸钾溶液对穴盘进行消毒。

基质准备　基质最好用泥炭+珍珠岩(2∶1 混合)，也可用腐叶土。

播种　采用播种机或人工播种，播后用蛭石覆盖。

播后管理　播种后需间苗 1~2 次，苗高 15cm 时即可定植(图 2-2-6、图 2-2-7)。

图 2-2-6　蓝花鼠尾草播种 5 周幼苗

图 2-2-7　蓝花鼠尾草播种 13 周植株

【栽培管理】

光照管理　蓝花鼠尾草喜阳光充足的环境，炎热的夏季需要进行适当遮阴，幼苗期加强光照防止徒长。

摘心　植株长出 4 对真叶时留两对真叶摘心，促发侧枝。

温度管理　应注意控制温度。温度在 15℃以下，叶片就会发黄或脱落；温度在 30℃以上时，则会出现花叶小、植株停止生长的现象。

养分管理　生长期施用稀释 1500 倍的硫铵，以改变叶色，效果较好。15d 施用一次用含钙镁的复合肥料，低温下不要施用尿素。

【园林应用】

蓝花鼠尾草适用于花坛、花境和园林景点的布置。也可点缀于岩石旁、林缘空隙地，显得幽静。摆放在自然建筑物前和小庭院，更觉典雅清幽。

11. 松果菊(*Echinacea purpurea*)

又名紫松果菊，菊科松果菊属的多年生草本花卉。因头状花序很像松果而得名。分布在北美，世界各地多有栽培。近些年被国内引进栽培。

【形态特征】

株高 50~150cm，全株具粗毛，茎直立。基生叶卵形或三角形，茎生叶卵状披针形，叶柄基部稍微抱茎。头状花序单生于枝顶，花径达 10cm，舌状花紫红色、粉色、白色，管状花橙黄色。花期 6~7 月。目前市场上的紫松果菊有盛情、盛会、盛世 3 个系列。

【生态习性】

稍耐寒，喜生于温暖向阳处，喜肥沃、深厚、富含有机质的土壤。8 月观花可栽植在稍加遮阴的地方。

【种苗繁育】

可采用播种繁殖、分株繁殖和扦插繁殖，以播种繁殖为主。

(1)播种繁殖

时间　春季(4月下旬)或秋季(9月初)进行。

播种　将露地苗床深翻整平后，浇透水，待水全部渗入地下后撒播种子，保持每粒种子占地面积4cm²，控制温度在22℃左右，14d即可发芽。

移栽　幼苗生长至两片真叶时进行移植。当苗高约10cm时定植。

(2)分株繁殖

对于多年生母株，可在春、秋两季分株繁殖。每株需含4~5个顶芽。

(3)扦插繁殖

取长约5cm的嫩梢，连叶插入沙床中，要求插床不能过湿，且空气湿度要高，在22℃条件下3~4周便可生根。

【栽培管理】

栽植地准备　对地块进行平整，施入充分腐熟的农家肥。

起苗　在准备起苗前，对幼苗进行一次杀菌处理。通常是在移栽的前一天，喷施一次75%百菌清可湿性粉剂600倍液。起苗时要认真仔细，将幼苗连根带土一起挖出来，尽量减少幼苗根部受损，以提高移栽后的成活率。

栽植　开沟栽植，株行距在(20~25)cm×(20~25)cm，栽后浇透水一次。

栽后管理　定期中耕除草。应根据土壤墒情及时浇水，掌握见干见湿的原则。一般情况下每10~15d浇水一次。松果菊移栽后长势较快，应及时补充氮肥。一般移栽20d后进行第一次追肥，每亩*随水追施500~800kg腐熟人粪尿。5月中旬，松果菊进入花期，应补充磷、钾肥。通常每亩追施磷酸二氢钾5kg左右。另外，还可以将高锰酸钾稀释成2000倍液进行叶面喷施，这样可以使花色持久艳丽，并且有杀菌作用，防止和减少病害的发生。

【园林应用】

松果菊在园林应用中可作背景栽植或作花境、坡地材料。

考核评价

查找资料、实地调查后，小组讨论，制订宿根花卉生产实施方案，完成工作单2-2-1。

工作单2-2-1　宿根花卉的繁殖方法及操作要点

序号	种类	繁殖方法	操作要点

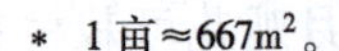

* 1亩≈667m²。

任务 2-3 球根花卉生产

任务目标

1. 掌握各类球根花卉的特点和分类。
2. 能依据球根花卉生长习性指出生产所需的环境要求。
3. 能根据生产需要、品种特性及气候和土壤等条件制订并实施常见几种球根花卉生产技术方案。
4. 能根据实际情况调整生产技术方案，使之更符合生产实际。

任务描述

球根花卉是很常见的花卉种类之一。本任务是以小组或个人为单位，对学校、花卉市场、广场、公园等进行花卉种类及应用形式的调查，识别常见球根花卉，并能进行常见球根花卉的生产。

知识准备

一、球根花卉繁殖

1. 分球繁殖

分球繁殖为球根花卉的主要繁殖方式。球根花卉具有地下膨大器官，大部分球根花卉可由这些膨大的器官分生出新的子球。将母球(或新球)与子球进行分离，分别种植，以获取新植株的方法，称为分球法。

分球繁殖时间主要在春、秋两季。春植球根花卉于夏季开花，秋季起球，母球(或新球)和子球越冬贮藏，第二年春季再行种植；秋植球根花卉于春季开花，夏季起球，母球(或新球)和子球越夏贮藏，秋季再行种植。

球根的类型不同，分球繁殖的方式也不一样。鳞茎类如郁金香，其母球发育至中后期时，鳞茎中的部分侧芽开始膨大形成一至数个子鳞茎，并从母球旁分开，停止生长时挖出母球和子球并分离，越夏贮藏后于秋季进行栽植；球茎类如唐菖蒲可于秋季将球茎掘起，分离新球和子球，同时将干枯的母球去除，新球和子球越冬贮藏至翌年春季种植，新球可于当年开花，子球则需经过 2~3 年生长发育才能开花；块茎类如马蹄莲可将块茎切开，每一小块茎要带 1~2 个不定芽，另行栽植即可形成新的植株；块根类如小丽花、花毛茛等，在地下根与茎交接处的根颈上着生芽眼，将块根由根颈处分割，带部分根颈和芽，将分离的块根分别栽植；鸢尾和美人蕉等具有肥大根状茎，可按其上的芽眼数，适当分割数段，分割时注意保护芽体，并用草木灰涂抹伤口以防腐烂，再另行栽植。

繁殖流程如图 2-3-1 所示。

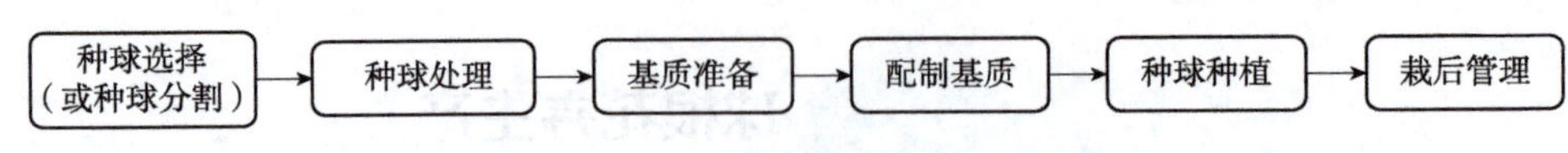

图 2-3-1　球根花卉分球繁殖流程

2. 鳞片或切片扦插繁殖

具有鳞茎的球根类花卉如百合，取其鳞片分离后进行扦插可以形成新的子球；有些种类或品种球根的繁殖率很低，如朱顶红、风信子等，可进行切片扦插繁殖。

(1)鳞片扦插

以百合为例，在进行鳞片扦插时，将其鳞片取下，切口向下，鳞片的内侧稍微上仰，斜插入干净的珍珠岩或蛭石、河沙等基质中，覆土 3~4cm。在鳞片叶较大的情况下，将鳞片横向切成 2~4 段，也能够分别形成子球。

(2)切片扦插

朱顶红、百合、水仙、石蒜等鳞茎类花卉，可以将含有底盘组织的有皮鳞茎纵向切割 6~8 份，再将切割的部分按 3~4 枚鳞片为一组连接成一块底盘组织作为插穗。扦插时底盘朝下，鳞片的先端部分稍露出，有利于子球的形成。

3. 组织培养繁殖

组织培养繁殖可在短期内获得大量种球或新植株，是目前球根花卉繁殖方法中繁殖系数最高的一种方法。很多种类的球根花卉，其组织培养已经实现产业化，如百合的无病或脱毒鳞茎生产改变了病毒病威胁其切花生产的现状，唐菖蒲采用茎尖和花茎培养，朱顶红利用底盘部或接触底盘部的鳞片叶基部进行黑暗培养，球根鸢尾采用底盘、鳞片叶、底盘和花茎等外植体培养，均可大量繁殖，获得脱病毒的繁殖器官或新种苗。

4. 枝叶扦插繁殖

有些球根花卉可利用地上部分的枝或叶扦插，以获得新的个体。如百合可用茎叶扦插繁殖，大岩枫、风信子等可用叶片扦插繁殖，大丽花、球根海棠可以用芽片扦插繁殖。

繁殖流程如图 2-3-2 所示。

图 2-3-2　球根花卉枝叶扦插繁殖流程

5. 播种繁殖

播种繁殖即采用种子进行有性繁殖，主要用于球根花卉新品种的培育，以及营养繁殖率较低的花卉如仙客来等的繁殖。球根花卉的播种繁殖方法、条件及技术要求与一、二年生花卉基本相同。

繁殖流程如图 2-3-3 所示。

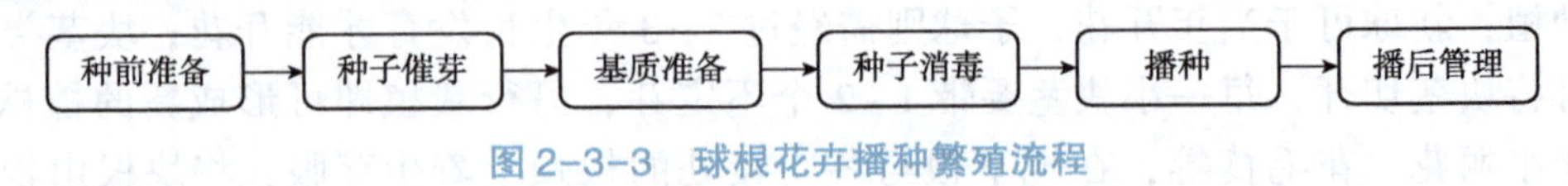

图 2-3-3　球根花卉播种繁殖流程

二、球根花卉栽培与管理

1. 土壤准备

球根花卉对土壤要求较严，多数喜排水良好、富含有机质的砂壤土、壤土，最理想

的土壤是表土为深厚的砂壤土，下层为排水良好的砂土或砂砾土。排水差的地段，可在30cm土层下加粗砂砾，或者采用抬高种植床的方式以促进排水。大多数球根花卉适宜的土壤pH为6~7，过高或过低都可能发生烂根。

为了控制病虫害，除了选择合适的土壤、实行轮作倒茬等方式外，每年还需对土壤进行消毒。土壤消毒方法有蒸汽消毒、土壤浸泡(淹水消毒)和药剂消毒3种。

(1)蒸汽消毒

蒸汽消毒是利用高温杀死有害生物的方法，无药害，省时、省工，提高土壤通气性、保水性和保肥性，还有与加温炉兼用的特点。很多病菌在60℃高温环境下30min即能致死，病毒需在90℃环境下10min才能杀死。球根花卉栽培土壤一般采用的是70~80℃高温消毒60min的处理方法。

(2)土壤浸泡(淹水消毒)

温室中常采用此方法。在不种植球根花卉的季节，将土壤做成60~70cm宽的畦，灌水淹没，并覆盖塑料薄膜，2~3周后去膜耕地并检测土壤pH和电解质浓度。

(3)药剂消毒

喷施15~30g/m^{2}的甲基溴化物于土中，然后用塑料薄膜覆盖。夏季3d，冷凉季节7~10d后，揭开薄膜等气味散尽后，待播种。

2. 种植

根据球根花卉的分类，其种植时间主要集中在两个季节，即春季(3~5月)和秋季(9~11月)。

球根体积较大或数量较少时，可以穴栽；球小而量多时，可以开沟栽植。需要在栽前施入基肥的，可以加大沟或穴的深度，撒入基肥，覆盖一层园土，然后栽植球根。

球根的栽植深度因种类和品种、种球大小、种植季节、土壤结构及生产目的不同而有差异，一般黏质土壤宜浅栽，疏松土壤宜深栽；繁殖子球或每年都挖出来采收的宜浅栽；需开花多、花朵大或准备多年采收的宜深栽。大多数栽植深度为球高的3倍，如大丽花属、美人蕉属、马蹄莲属等；晚香玉、百子莲、球根秋海棠、葱兰的覆土到球根顶部为宜；朱顶红、仙客来需要将球根的1/4~1/3露出土面；百合类中的多数种类要求栽植深度为球高的4倍以上。

栽植的株行距依球根种类及植株体大小而异，如大丽花为60~100cm，风信子、水仙为20~30cm，葱兰、番红花等仅为5~8cm。

3. 灌溉

一年生球根栽植时土壤湿度不宜过大，湿润即可。种球发根后发芽展叶，正常浇水，保持土壤湿润。二年生球根应根据生长季节灵活掌握肥水。原则上休眠期不浇水，夏、秋季休眠的只有在土壤过于干燥时才给予少量水分，防止球根干缩即可。生长期则应供足水分。

4. 施肥

一般旺盛生长季节应定期施肥。观花类球根植物应多施磷、钾肥，观叶类球根植物应保证氮肥供应，但不能过度。休眠期不施肥。

5. 去花去蕾

对于种球生产，应在蕾期或初花期将花摘除，使其不开花，以减少养分消耗，利于地下球根的生长和充实。如果既生产切花又收获种球，应在花期及时采收切花，以使养分尽快向下转移，而且在满足切花长度的前提下，尽可能多保留叶片，如唐菖蒲；对于枝叶稀少的种类，可在切花的同时保留一部分花梗，利用花梗的绿色部分合成养分，如水仙。花后正值新球成熟、充实之际，为了节省养分使种球长好，应剪去残花和果实。花后仍需加强水肥管理，以使种球膨大充实。

6. 球根采收及贮藏

球根花卉停止生长进入休眠后，大部分种类需要采收并进行贮藏，休眠期过后再进行栽植。

(1) 种球采收

虽然有些种类的球根可留在土中生长多年，但作为专业栽培，仍然需要每年采收，原因是：a. 冬季休眠的球根在寒冷地区易受冻害，需要在秋季采收贮藏越冬；夏季休眠的球根，如果留在土中，会因多雨湿热而腐烂，也需要采收贮藏。b. 采收后，可将种球分出大小优劣，便于合理繁殖与培养。c. 新球和子球增殖过多时，如果不采收、分离，常因拥挤而生长不良，养分分散，植株不易开花。d. 发育不够充实的球根，采收后放在干燥通风处可促其后熟。e. 采收种球后可将土壤翻耕，加施基肥，有利于下一季节的栽培；也可以在球根休眠期栽培其他作物，以充分利用土壤。

采收要在生长停止、茎叶枯黄而没脱落时进行。过早采收，养分还没有充分积累于球根；过迟采收，则茎叶脱落，不易确定球根在土壤中的位置，容易损伤球根，且子球容易散失。采收时土壤要适度湿润，挖出种球后除去附土。

唐菖蒲、晚香玉等要翻晒数天，让其充分干燥即可，防止过分干燥而使球根表面皱缩；秋植球根在夏季采收后不宜放在烈日下暴晒。

(2) 种球贮藏

贮藏前要除去附在种球上的杂物，剔除病、残球根。名贵种球如果上面有不大的病斑，可将其剔除，并在伤口上涂抹防腐剂或草木灰。容易感染病害的种球，贮藏时最好混入药剂或用药液浸洗消毒。

球根的贮藏方法因种类不同而异。对于通风要求不高、需保持一定湿度的种类，如大丽花、美人蕉等，可采用埋藏或堆藏法，量少时可用盆、箱装，量大时堆放在室内。贮藏时，球根间填充干沙、锯末等。对要求通风良好、充分干燥的球根，如唐菖蒲、郁金香等，可在室内设架，铺上苇帘、席箔等，上面堆放球根。如果为多层架子，层间距应在 30cm 以上，以利于通风。量少时，可放在木盘、浅盘上，也可放入竹篮或网袋中，置于背阴通风处贮藏。

球根贮藏所要求的环境条件也因种类不同而异。春植球根冬季贮藏，室温多保持在 4~5℃，不能低于 0℃或高于 10℃，室内不能闷热和潮湿。另外，贮藏球根时，要注意防止鼠害和病虫危害。

多数球根花卉在休眠期会进行花芽分化，所以贮藏环境的好坏与以后的开花有很大关系，应引起重视。

任务实施

常见球根花卉生产：

1. 郁金香(*Tulipa hybrida*)

又名洋荷花、草麝香，为百合科郁金香属多年生鳞茎花卉。因其独特的姿态、丰富的品种和艳丽的色彩，象征着“神圣、幸福”而备受世人青睐。

球根花卉

【形态特征】

郁金香株高25~60cm，鳞茎皮为纸质，内面顶端和基部有少数伏毛。叶3~5片，条状披针形至卵状披针形。花单朵顶生，大型而艳丽；花被片长5~7cm，宽2~4cm，花丝无毛；无花柱，柱头增大呈鸡冠状；花色有红色、白色、黄色、橙色。紫色或两种以上复色。花期3月下旬至5月。蒴果，每个蒴果内有200~300粒种子。种子扁平。

【生态习性】

原产于地中海沿岸、中亚细亚和中国。喜温暖湿润、向阳或者半阴环境。耐寒性强，既不耐旱，也不耐湿。喜富含腐殖质、肥沃而排水良好的砂壤土。直径3cm以上的种球秋季播种后，可完成根系生长发育。生长适温为9~13℃，5℃以下生长几乎停止。翌春(温度>5℃)茎叶开始生长，3~5月开花，生长和开花期适温为15~20℃。鳞茎新、老球每年演替一次，母株在当年开花并形成新球及子球，夏季新子球形成并完成花芽分化后，进入休眠期。新子球形成期适温为20℃左右，花芽分化期适温为20~30℃。

【种苗繁育】

郁金香在生产中通常用分球繁殖，也可用播种繁殖、刻伤种球繁殖和组织培养繁殖等方法。以分球繁殖为例，繁殖流程如图2-3-4所示。

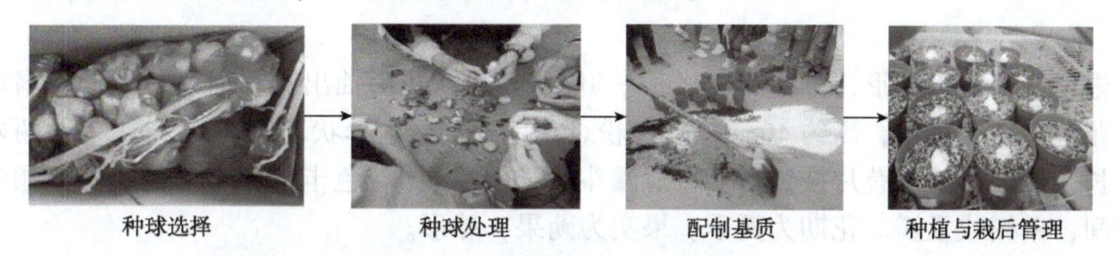

图2-3-4　郁金香分球繁殖流程

种球选择　郁金香种球必须经过一定的低温处理，度过休眠期，才能正常进行花芽分化。郁金香鲜花促成栽培一般选用5℃处理球、9℃处理球，其中元旦、圣诞节开花的选用5℃处理球，春节、元宵节开花的选用9℃处理球。

种球处理　将郁金香种球外面褐色的表皮用手轻轻地去掉，并去除郁金香侧芽，之后用50%的多菌灵可湿性粉剂1000倍液浸泡30min，捞出备用。

基质准备

有土基质：富含有机质，肥沃、疏松、排水良好的砂壤土，pH 6.5~7.5。

无土基质：可用泥炭：珍珠岩=4：1，或泥炭：蛭石：珍珠岩=1：1：1，或粗砂、蛭石3层栽培基质(上、下两层为粗砂，厚度分别为3cm、6cm，中层为蛭石，厚度为8cm)。

以无土基质为例，将泥炭、蛭石、珍珠岩按照1：1：1的比例混合，并用50%多菌灵可湿性粉剂1000倍液对基质进行消毒。

种球种植　筑畦或开沟栽植，行距 15cm，株距视种球的大小而定，5~15cm 不等，覆土厚度达种球高 2 倍左右。

栽后管理　种植完成后及时浇水，并用稻草、秸秆等覆盖基质表面进行降温保湿。

【栽培管理】

水分管理　郁金香定植后一周内需水量较多，此时应浇足水，芽萌出需水量相对减少，尤其是在开花时浇水应做到少量多次，保持土壤湿润而又不能积水，否则会抑制生长，导致花莛短而花小。

温度管理　郁金香的生长期适温为 5~20℃，最佳温度为 15~18℃，生根发芽最适温度为 9~10℃，花芽分化的适温为 17~23℃。气温降至 5℃时，郁金香停止生长，当温度保持在 8℃以上时开始生长。

光照管理　郁金香种球必须深植，并进行适度遮阴，以防止直射阳光对种球生长产生不利的影响。花蕾抽出且温度保持在 5~20℃时，可以将遮阳网全部拉开。

采收　当郁金香出现纯正颜色时，即可采收，采收期可以保持 10~15d。

【园林应用】

郁金香品种繁多，花色丰富，是著名的春植球根花卉，常片植或丛植于林缘草坪、河流及小溪边、岩石旁等，或于庭院栽植与作盆花观赏等，还是优良的切花品种。

2. 朱顶红(*Hippeastrum rutilum*)

又名柱顶红、君子红、并蒂莲等，为石蒜科孤挺花属多年生具鳞茎草本植物。起源中心为巴西、秘鲁、阿根廷等地，同属植物 60 余种。

【形态特征】

朱顶红鳞茎近球形，直径 5~7.5cm。叶 6~8 片，花后抽出，鲜绿色，带形，扇形排列。花茎中空，稍扁，高约 40cm，具白粉。花茎顶端着生伞状花序，花 2~4 朵，两两对角生长，佛焰苞状总苞片披针形，花冠漏斗状，裂片 6。花色丰富，有单色或多重颜色条纹相间，单瓣或重瓣。花期为夏季。果实为蒴果，球形。

【生态习性】

朱顶红喜温暖、湿润的气候，不耐寒、不喜酷热，生长适温为 20~25℃，夏季酷热时生长缓慢，30℃以上半休眠，冬季休眠期以 8~25℃为宜。若冬季土壤湿度大，温度超过 25℃，则会使茎叶生长旺盛，妨碍休眠，直接影响翌年正常开花。鳞茎贮藏的适宜温度为 8~10℃。喜疏松肥沃、富含腐殖质的砂质壤土。

【种苗繁育】

朱顶红在生产中常采用播种繁殖、鳞茎分球繁殖、鳞茎切割繁殖和组织培养繁殖。播种繁殖因存在一定的变异率，主要用于育种。生产中常采用鳞茎分球繁殖(图 2-3-5)和鳞茎切割繁殖。

种球分割　于 3~4 月将母球周围着生的小鳞茎剥离。

种球处理　选 1~2 年生鳞茎，将鳞茎外层皮膜剥除，并切除顶端枯黄叶基和突出的鳞茎盘，用清水洗净表面脏污，并用多菌灵或甲基硫菌灵进行消毒处理，然后将鳞茎取出晾干待用。

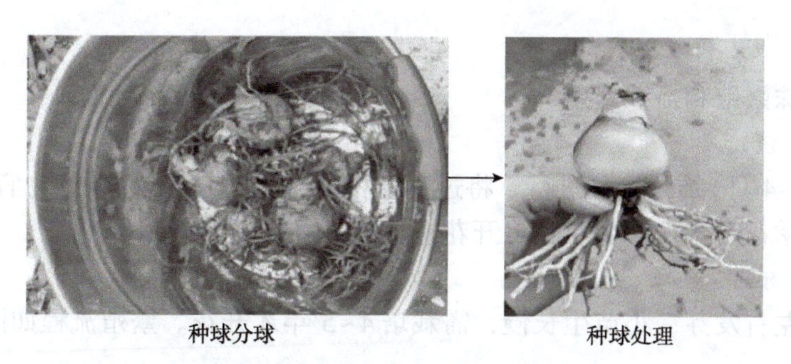

图 2-3-5 朱顶红分球繁殖流程

基质准备 朱顶红种植基质应以疏松、透水的基质为宜，可选用泥炭、蛭石和珍珠岩3种或其中两种混合配制。例如，选用泥炭、蛭石和珍珠岩3种基质按2∶1∶1的比例混合。基质需清洁无毒。

种球种植 将小鳞茎种植于配制好的基质中，注意要浅栽，不要伤及小鳞茎的根，顶部露出地面。

【栽培管理】

温度管理 朱顶红种植完成后浇一次透水，并放置于10~15℃的阴凉处，两周后再移到20~25℃环境中。夏季宜凉爽，温度在18~22℃；冬季休眠期要求冷凉干燥环境，适宜栽培温度为10~13℃，不可低于5℃。

水肥管理 朱顶红初栽时不宜浇水，待叶片抽出10cm左右时再浇。每年4~9月为朱顶红的生长期，需给予充足的水肥。苗期以氮肥为主，中后期以磷、钾肥为主，以促进球根肥大，防止徒长。

【园林应用】

朱顶红叶色翠绿，花色丰富，在园林中常作花坛、花境花卉，或作庭院栽培材料，同时适于盆栽装点居室、客厅、过道和走廊。

3. 百子莲(*Agapanthus africanus*)

又名紫君子兰、蓝花君子兰、非洲百合，石蒜科百子莲属多年生球根花卉。原产于南非，中国各地多有栽培。在北方需温室越冬，温暖地区可庭园种植。

【形态特征】

株高60cm。叶线状披针形。花茎直立；伞形花序，有花10~50朵；花漏斗状，深蓝色或白色；花药最初为黄色，后变成黑色。花期7~8月。

【生态习性】

喜温暖、湿润和阳光充足环境。要求夏季凉爽、冬季温暖，5~10月温度在20~25℃，11月至翌年4月温度在5~12℃。如果冬季土壤湿度大，温度超过25℃，茎叶生长旺盛，妨碍休眠，会直接影响翌年正常开花。

光照对其生长与开花也有一定影响，夏季避免强光长时间直射，冬季栽培需充足阳光。土壤要求疏松、肥沃的砂质壤土，pH在5.5~6.5，切忌积水。

【繁殖方法】

常采用分株繁殖和播种繁殖。

(1)分株繁殖

在春季(3~4月)结合换盆进行。将过密老株分开，每盆以2~3丛为宜。分株后两年开花，如果秋季花后分株，翌年也可开花。

(2)播种繁殖

播后15d左右发芽，小苗生长慢，需栽培4~5年才开花。繁殖流程如图2-3-6所示。

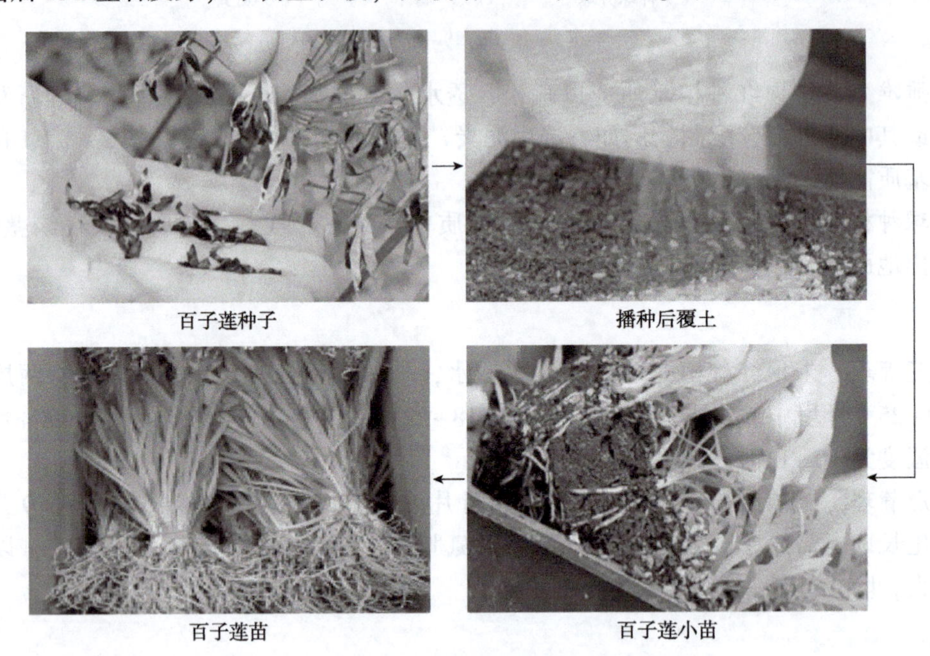

图2-3-6　百子莲播种繁殖流程

播种时间　每年5月左右。

选种及种子催芽　选健康饱满的种子，冷水浸种。

基质准备　泥炭：珍珠岩=2：1。

种子消毒　将催芽后的种子用50%多菌灵500倍液或用10%硫酸铜浸泡0.5h进行消毒。

播种　撒播，覆盖一层薄土，喷水。

播后管理　保持土壤微微湿润，注意用比较细小的水流来喷洒，避免用大水，否则会把种子冲走。之后将育苗盘摆放在通风透光的地方，每天早上有一点点散射光即可，保持温度在20~25℃。

【栽培管理】

土壤条件　土壤要求疏松、肥沃的砂质壤土，pH 5.5~6.5。

水分管理　百子莲是喜湿植物，需要保持植株湿润，浇水要透彻，但忌水分过多、排水不良。一般室内空气湿度即可。

光照管理　百子莲是喜光植物，可以经受适量的阳光直射，但是不可太久。适宜栽植在光线明亮、通风好且没有强光直射的林下。

养分管理　百子莲喜肥，待叶片长至5~6cm时开始施追肥，一般每隔15d施一次腐熟的饼肥水，花后改为每20d左右施一次。

修剪　百子莲的生长速度非常快，叶片长且密，应适时修剪，留下旺盛叶片即可。

【园林应用】

百子莲栽培方式简单，花色蓝紫色，有典型的季相特征，外观美丽，无论片植或零星栽植都能赏心悦目，宜用于布置花镜、庭院等。

4. 大花葱(*Allium giganteum*)

百合科葱属多年生球根花卉。原产于亚洲中部，世界各国园林中多有种植。荷兰为其鳞茎主要出口国。中国科学院植物研究所北京植物园1979年从荷兰引种鳞茎。大花葱花序硕大，花色紫红，色彩艳丽，是同属植物中观赏价值最高的一种。

【形态特征】

鳞茎肉质，具葱味。叶片丛生，灰绿色，长披针形。伞形花序，头状，花、果实及种子密集地着生于花莛顶端；花序由2000~3000朵星状开展的小花组成，硕大如头，直径可达18cm。其花色紫红，色彩艳丽；小花具长柄，花瓣6枚，呈两轮排列。种子黑色(图2-3-7)。花期5~7月。

【生态习性】

喜凉爽、阳光充足的环境，忌湿热多雨，忌连作、半阴，适温15~25℃，要求疏松肥沃的砂壤土，忌积水。

【种苗繁育】

大花葱可采用分球繁殖和播种繁殖。

(1)分球繁殖

分球繁殖于夏、秋进行。选择地下水位低、排水良好、疏松、肥沃的砂壤土地块作栽培地。将主鳞茎周围的子鳞茎剥下，每一母球可分1~3个小球。其中较大的鳞茎种植后第二年可开花(图2-3-8)。

(2)播种繁殖

7月上旬种子成熟后采集阴干，5~7℃低温贮藏。9~10月秋播，翌年3月发芽出苗。夏季地上部分枯萎，形成小鳞茎。播种苗约需栽培5年才能开花。

图2-3-7　大花葱种子

图2-3-8　大花葱(环球霸王)种球

【栽培管理】

养球　大花葱是鳞茎自然增殖率极低的一种花卉，但若在花莛出现后及早将其去除，使养分集中于更新球与子鳞茎的发育，则可适当增加小鳞茎的数目。夏季地上部分枯死，可将鳞茎挖出，将大、小鳞茎分开，置通风处越夏。

选球　鳞茎达3cm以上者种植后可开花，小于3cm者需要养植一年后方能开花。

栽植　时间宜在9月中下旬至10月上旬。栽植地应选择地下水位低、排水良好、疏松、肥沃的砂壤土地作栽培地，并施入腐熟有机肥。株行距20cm×30cm，种植的深度为鳞茎上覆土厚为鳞茎高的2~3倍。

栽后管理　栽后稍压平穴面，然后浇水。冬季不必覆盖防寒。翌年春季(3月)叶片出土时，及时松土浇水，配合液态追肥每10~15d浇一次水，注意中耕、松土、除草。空气干燥的地方适量增加少量人工喷雾或遮阴，可以缓和初夏时叶片枯黄的变化。花后茎叶枯萎，雨季来临前及早挖取鳞茎(以免雨后腐烂)，置于通风干燥处晾干后收起，分摊在室内通风处存放，待9~10月栽种。栽种地不宜连作。

【园林应用】

大花葱的花球随着小花的开放而逐渐增大，盛开的花序直径可达18cm，花序大而奇特，色彩鲜亮明快，加上它的盛花期可持续近20d，因此具有较高的观赏价值。可丛植于花境、岩石旁或草坪中作为点缀，也可作为花型特异的切花材料运用到花艺作品当中。

5. 大丽花(*Dahlia pinnata*)

【形态特征】

菊科大丽花属多年生草本植物，株高15~150cm。具粗大纺锤状肉质块根。茎直立，多分枝，较粗壮，绿色或紫褐色，平滑，中空。叶对生，1~3回羽状全裂，上部叶有时不分裂；裂片为卵形或长圆状卵形，叶边缘具粗钝锯齿，下面为灰绿色，两面无毛。头状花序顶生，花大小、色彩及形状因品种不同而异。

【生态习性】

为短日照花卉，在日照10~12h条件下迅速开花。喜温暖、向阳及通风良好的环境，既不耐寒，又畏酷暑；喜光，但光照不宜过强；怕水涝，喜干燥、凉爽。种植土以富含腐殖质、疏松、肥沃、排水良好的砂质壤土为宜。

【种苗繁育】

大丽花在生产中多采用扦插繁殖和分株繁殖，也可用播种繁殖。以扦插繁殖为例，其流程如下。

温室催芽　2~3月在温室中将大丽花根丛进行假植催芽，即根丛上覆盖砂土或腐叶土，每天浇水并保持室温(温度应不低于15℃)。

采集插穗　待新芽高至6~7cm时，留下基部一对叶片，采集插穗。也可留新芽基部一节以上取插穗，以后随生长再取腋芽处之嫩芽，这样可获得更多的插穗。

基质准备　大丽花的扦插基质可选砂质壤土加少量腐叶土或泥炭，或以河沙、泥炭和珍珠岩混合作基质。

扦插　将插条插入苗床中，深度约为插穗长度的1/2，苗距4cm左右，茎节方向一致以便管理。

插后管理　插后浇透水，盖上塑料布或苇帘，保持湿润，温度控制在20~30℃。插后30d左右可萌发新根，逐步去除覆盖物。

【栽培管理】

水肥管理　大丽花茎高，多汁柔嫩，要设立支柱，以防风折。浇水要掌握干透再浇的原则，夏季连续阴天后突然暴晴，应及时向地面和叶片喷洒清水来降温，否则叶片将发生焦边和枯黄。伏天无雨时，除每天浇水外，也应喷水降温。现蕾后每隔10d施一次液肥，直到花蕾透色为止。

摘除花蕾　生长期间应注意及时摘蕾。大丽花各枝的顶蕾下常同时发生两个侧蕾，为避免意外损伤，可在顶、侧蕾长至黄豆大小时，选留其中两个饱满者，余者剥去；再待花蕾发育至较大时(约1cm)，从中选择健壮的一个花蕾，即定蕾，留作开放花朵。

块根贮藏　霜冻前留10~15cm根颈，剪去枝叶，挖起块根，就地晾1~2d(图2-3-9)，即可堆放于室内以干沙贮藏。贮藏室温为5℃左右。

图2-3-9　大丽花块根晾晒

【园林应用】

大丽花是世界名花之一，其品种繁多，花色丰富艳丽，是重要的夏、秋季花卉材料，适宜用于花境、花坛、花台或庭院栽植，也可盆栽观赏或作切花材料。

6. 花毛茛(*Ranunculus asiaticus*)

又名芹菜花、波斯毛茛、洋牡丹，为毛茛科毛茛属多年生草本花卉。原产于土耳其、叙利亚、伊朗、以色列及欧洲东南部。花毛茛花朵硕大，花色丰富，观赏价值很高。

【形态特征】

地下块根纺锤状，常数个聚生于根颈部，形似鸡爪。茎单生或细分枝，羽状或三深裂掌状复叶。子叶椭圆形，幼叶缺刻少，后期真叶缺刻逐渐增多。每株可抽花茎3~5个，花茎中空，花单生于枝顶或数朵生于长柄上，每花茎可开花1~4朵，以顶端花最大、重瓣率最高。花期2~5月。

【生态习性】

花毛茛喜凉爽和半阴环境，既不耐严寒，也不耐炎热，生长适宜温度为白天20℃、晚上7~10℃，夏季在中国大部分地区进入休眠状态。不耐水湿，亦怕干旱，适合种植在排水良好、肥沃疏松的中性或碱性土壤中。

【种苗繁育】

花毛茛可采用分株繁殖或播种繁殖。以播种繁殖为例，其繁殖流程如图 2-3-10 所示。

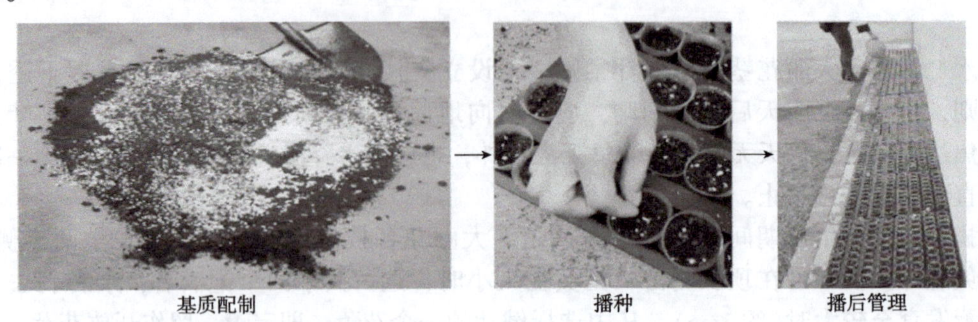

图 2-3-10　花毛茛播种繁殖流程

种子处理　将种子浸水一昼夜后沥干，在 10~15℃的环境中催芽，每天早、晚淘洗一次，直至部分种子有乳白芽萌发。

基质选择　花毛茛对土壤要求较高，以有机质丰富、透气性好的土壤为宜，如泥炭与珍珠岩以 3∶1 的比例配制成营养土。

播种　将经催芽的种子播于穴盘或者苗床中，播种不可过密，以 4000~5000 粒/m^2 为宜。

播后覆土　播后立即用粒径 1~1.5mm 的蛭石盖种，厚度为 2~3mm。

播后管理　播后床面遮阴，每天喷水 1~2 次。注意检查出苗情况，及时揭去遮阳网，让幼苗见早、晚的弱光。破心后逐步增加见光时间，10 月中下旬全光栽培。

【栽培管理】

水肥管理　花毛茛出苗后浇水不可太多，前期注意保持苗床湿润，后期注意见干见湿，以防止病害和徒长。苗破心后可施较薄的肥水，每 10d 左右施肥一次。

温湿度管理　忌高温多湿，要保持通风，苗期温度控制在白天 15~20℃、夜温 7~8℃，空气湿度在 50%~60%。

分苗　苗床期约需 65d，待苗长出 3~4 片真叶后便可进行分苗。分苗多在 11 月中旬至 12 月中旬进行，以白天 20℃左右、夜间 10℃左右为宜。

【园林应用】

花毛茛花色丰富多样，花大，花期长，在园林中常应用于花境、花带中，丰富绿地中的色彩，也可盆栽或作切花应用。

7. 美人蕉（*Canna indica*）

美人蕉科美人蕉属多年生草本花卉，同属植物有 50 多种，目前园艺栽培的美人蕉多为杂交种及混交群体。原产于美洲、亚洲及非洲热带地区，中国栽培范围比较广泛。

【形态特征】

地下具肥大粗壮的块茎，株高 60~150cm。叶互生，椭圆披针形或长椭圆形，羽状平行脉，呈绿色或紫红色。总状花序着生于茎顶；花瓣 3 枚，狭长而卷曲，呈半筒形，有黄、红、橙、粉等色，并具各种条纹和斑点。蒴果，外面有无数刺状的突起。种子黑色，坚硬。花期 6~10 月。

【生态习性】

喜温暖湿润环境，不耐寒。在全年气温高于 16℃的地区，可周年开花；在低于 16℃的地区，地上部分生长缓慢直至休眠，北方需将块茎放在 0℃以上的室内贮藏。喜光，耐半阴，畏强风，对土壤要求不严，耐湿，但忌积水。

【种苗繁育】

美人蕉常用分球繁殖或播种繁殖。分株繁殖在生产上应用较广泛(图 2-3-11)。

块茎处理

→

块茎种植

图 2-3-11 美人蕉分球繁殖流程

块茎采收 10 月中旬将块茎挖起，剪去上部，晾晒数日。

块茎贮藏 将外皮晾干后的块茎平摊在 5℃左右的室内，上压干沙贮存。

块茎处理 早春将贮藏的块茎分割成数段，每段带 2~3 个芽及少量须根，伤口涂抹草木灰。

土壤处理 种植前平整土地，并施足基肥。

块茎种植 将分割好的块茎按栽培深度 8~10cm、株距 30~40cm 进行种植。

栽后管理 种植完毕应浇足水，并适当遮阴。

【栽培管理】

水肥管理 美人蕉不耐积水。定植后，在其生长期应每 15~20d 浇水一次。美人蕉喜肥，栽植时应施足基肥，萌芽后追施两次液肥，并于施肥后及时浇水和松土，保持土壤湿润。

温度管理 美人蕉喜高温环境，耐湿，不耐寒和强风，宜选择阳光充足、地势高燥、排水良好的环境栽植。

修剪 开花后将花茎及时剪去，以促新茎抽出，达到多次开花的目的。

【园林应用】

美人蕉系列为重要的观赏花卉品种，可用于花境自然式丛植，也可在河岸、池塘浅水处作水景配置。

考核评价

查找资料、实地调查后，小组讨论，制订并实施球根花卉生产实施方案，完成工作单 2-3-1。

工作单 2-3-1　球根花卉栽培技术要点及球根采收与贮藏方法

序号	种类	栽培技术要点	球根的采收	球根的贮藏

任务 2-4 水生花卉生产

任务目标

1. 认识常见水生花卉10种以上，学会识别重点花卉的鉴别特征。
2. 能够栽培和养护常见水生花卉。
3. 能够根据花卉的特征进行实际应用。

任务描述

水生花卉是水面绿化、滨水绿地的重要组成部分。本任务是以小组或个人为单位，对学校、花卉市场、湿地公园等进行花卉种类及应用形式的调查，识别常见水生花卉，并能进行常见水生花卉的生产。

知识准备

一、水生花卉分类

1. 挺水类

挺水类水生花卉的植株一般较高大，绝大多数有明显的茎、叶之分，茎直立挺拔，仅下部或基部根状茎沉于水中，根扎入泥中生长，上面大部分植株挺出水面。花开时挺出水面，甚为美丽，是主要的观赏类型。有些种类具有根状茎，或有发达的通气组织，生长在靠近岸边的浅水处，一般水深1m，少数至沼泽地，如荷花、菖蒲、香蒲、千屈菜、水葱等，还有喜湿的海芋、莎草等。

2. 浮水类

茎细弱不能直立，花开时近水面，花大而美丽，叶片或植株能平稳地漂浮于水面上，如王莲、睡莲、芡实等。

3. 漂浮类

植株的根没有固定于泥中，整株漂浮在水面上，在水面的位置不易控制，如凤眼莲、浮萍等。

4. 沉水类

植物体生于水下，不露出水面，叶多为狭长或细裂成丝状，呈墨绿色或褐色，无根或根系不发达。通常用于水族箱内装饰，如金鱼藻、皇冠草、苦草等。

二、水生花卉繁殖

1. 分株繁殖

水生花卉中的宿根类花卉，如旱伞草、荇菜等，用分株法繁殖。将母株连根全部从土中挖出，用手或剪刀分成若干小株丛，每一小株丛可带1~3个芽，分别移栽到别处。

球根花卉如荷花，可分割地下根状茎(对荷花而言又名分藕)。在早春(3~4月)，将刚萌动的根状茎挖起，用利刀分成几块，保证每块根状茎上带有两个以上的芽眼，栽入池或缸内的泥中。

2. 扦插繁殖

水生花卉茎较粗壮的品种如千屈菜、芦苇等，在春、夏两季，剪取嫩枝，长度参考花卉茎节特点，短则6~7cm，长则20~30cm，去掉下部叶片，将插穗长的1/2插入基质，参考嫩枝扦插管理方法，注意保持空气湿度、土壤湿度。

3. 播种繁殖

水生花卉中易结实的品种如荷花、睡莲、王莲等，可将种子保存在水中，春季将种子取出，浸种催芽，待种子发芽后长至3~4cm时，种于池或容器中，加水以不超过幼叶为宜。

三、水生花卉栽培与管理

水生花卉多生活在水中或水边沼泽、湿地环境，喜光照，喜温暖；具有发达的通气组织，植株机械组织退化，木质化程度较低，植株体比较柔软，水上部分抗风力较差；根系不特别发达，并逐渐退化；具有发达的排水系统，营养器官明显变化，以适应不同的生态环境；花粉传粉存在特有的适应性变异，如沉水花卉具有特殊的有性生殖器官以适应以水为传粉媒介的环境条件；营养繁殖普遍较强，种子或幼苗要始终保持湿润，否则会失水干枯死亡。

(1)水位的控制

水生花卉不同种类要求的水深不同，从岸边到湖心，分别是湿生植物区—沼生植物区—浅水植物区—中水植物区—深水植物区，挺水植物及浮水植物要求水深在30~100cm，沼生植物及湿生植物要求水深在20~30cm。

(2)养分管理

栽培水生花卉的池塘中要有肥沃的塘泥，质地要黏；盆栽水生花卉的土壤也必须是富含腐殖质的黏土。水生花卉一旦定植，追肥比较困难，故需在栽植前施足基肥。新开挖的池塘必须在栽植前加入塘泥并施入大量的有机肥料，已栽植过水生花卉的池塘一般已有腐殖质的沉积，视其肥沃程度确定施肥与否。

(3)越冬管理

有一些耐寒的水生花卉如千屈菜、香蒲，不需要越冬保护；而半耐寒的水生花卉如荷花，需要防止冬季结冰产生冻害，可以在结冰前灌水或者将缸植荷花移入室内。

(4)控制生长范围

有些水生花卉有地下茎，在池塘中栽植时间较长，便会四处扩散，以致与景观设计意图相悖，可通过在水面下建种植池的方法控制其生长范围。应用漂浮类水生花卉时，应该考虑其随风而动的特点，可利用拦网固定。种植水生花卉还需防治藻类大量繁殖而造成水质浑浊。

任务实施

水生花卉

常见水生花卉生产：

1. 芦苇（*Phragmites communis*）

【形态特征】

又名芦、苇、葭，禾本科芦苇属多年生草本植物，根状茎十分发达。秆直立，高1~3m，直径1~4cm，具20多节，节下被蜡粉。下部叶鞘短于上部，长于其节间；叶片披针状线形，长30cm，宽2cm，无毛，顶端长渐尖成丝形。圆锥花序大型，长20~40cm，宽约10cm，分枝多，着生稠密下垂的小穗。颖果长约1.5mm。

【生态习性】

产于全国各地，生于江河湖泽、池塘沟渠沿岸和低湿地，为全球广泛分布的多型种。

【种苗繁育】

芦苇在自然环境中多是通过分株繁殖，具有横走的根状茎，纵横交错形成网状，具有很强的生命力，能较长时间埋在地下，一旦条件适宜，可发育成新枝。也可种子繁殖，种子可随风传播。

【栽培管理】

养分管理　芦苇田多不能翻耕，无法施底肥，因此土壤中的养分不能完全满足其生长的需要，故在芦苇刚进入生长盛期时要进行施肥。施用的肥料主要是尿素、磷酸二氢钾、磷肥、钾肥以及植物生长调节剂等，通常配置成溶液，叶面喷施，效果较好。

水位控制　芦苇不能长期淹水，需配套排灌设施，深沟大渠，使地势低洼易受水淹的苇田可以及时排渍，还可在涨水季节导洪引淤，连续多年可抬高芦苇田，降低地下水位，改良土壤，利于芦苇生长。此外，深沟大渠还可起到防护作用，减少因人畜践踏而造成非正常的植株死亡。

【园林应用】

芦苇多种在水边，形成自然式驳岸，过渡水陆连接处，形成连绵、柔和的天际线，尤其在开花季节特别漂亮，微风拂动时，芦花飘扬，极富野趣；亦为固堤造陆的先锋环保植物。

2. 黄菖蒲（*Iris pseudacorus*）

【形态特征】

又名黄鸢尾，鸢尾科鸢尾属多年生草本。植株基部围有少量老叶残留的纤维。根状茎粗壮，直径可达2.5cm，斜伸；节明显，黄褐色；须根黄白色，有皱缩的横纹。基生叶灰绿色，宽剑形，长40~60cm，宽1.5~3cm，顶端渐尖，基部鞘状，色淡，中脉较明显。茎生叶比基生叶短而窄。花茎粗壮，高60~70cm，直径4~6mm，有明显的纵棱，上部分枝。花黄色，直径10~11cm；外花被裂片卵圆形或倒卵形，爪部狭楔形，中央下陷呈沟

状，有黑褐色的条纹；内花被裂片较小，倒披针形；花药黑紫色。花期5月，果期6~8月。

【生态习性】

产自欧洲，我国各地常见栽培。喜生于河、湖沿岸的湿地或沼泽地上，喜温暖水湿环境，喜肥沃泥土，耐寒性强。

【种苗繁育】

黄菖蒲可用分株繁殖，在劳动节前或8月上旬进行。先挖出母株，抖掉泥土，平茬保留根颈处2~3cm，顺势掰开或用利刀切开株丛，每株带2~3个芽，然后在伤口上撒草木灰或硫黄粉，阴干后即可栽种。

也可用播种繁殖，在8月采收种子，平整苗床，整地作畦后即可播种，成苗率较高。实生苗需要经过2~3年才能出圃，要做好灌溉、中耕除草、追肥、防寒越冬等各项管理工作。

【栽培管理】

栽植　分株栽种时略露出茎叶，而不要把叶片全部埋住，以利于生长、开花。

水分管理　鸢尾喜水，栽培过程中应保持土壤湿润，若土壤过干，不利于植株生长。一般在非雨季，可每10d左右浇一次透水，雨季可利用自然降雨。

养分管理　黄菖蒲对氟比较敏感，可用含氟低的二磷酸盐。种植前可施入牛、马粪或烘干鸡粪作基肥，栽植成活后，可于初夏追施一次尿素，初秋追施一次磷、钾肥，秋末结合浇封冻水再浅施一次牛、马粪，也可直接撒于圃地。

越冬管理　霜降后浇灌封冻水，冬季以雪覆盖，翌年春季雪化后，去除地上部枯叶，萌动后及时浇返青水。稍干后，及时松土保墒。

【园林应用】

黄菖蒲株形挺拔，叶片舒展，花型精致，可在水边或露地栽培，也可在水中挺水栽培，观赏价值较高。通常成片栽植在公园、风景区水体的浅水处，可软化硬质景观。

3. 荷花(*Nelumbo nucifera*)

【形态特征】

又名莲、芙蕖、菡萏、芙蓉，睡莲科莲属多年生水生草本植物。根状茎横生、肥厚；节间膨大，内有多数纵行通气孔道；节部缢缩，下生须状不定根。叶圆形，盾状，直径25~90cm，全缘稍呈波状；上面光滑，具白粉；下面叶脉从中央射出，有1~2次叉状分枝；叶柄粗壮，圆柱形，长1~2m，中空，外面散生小刺。花梗与叶柄等长或稍长，也散生小刺；花直径10~20cm，美丽，芳香；花瓣红色、粉红色或白色，矩圆状椭圆形至倒卵形，由外向内渐小，有时变成雄蕊，先端圆钝或微尖；海绵状花托直径5~10cm。坚果椭圆形或卵形，果皮革质，坚硬，熟时黑褐色。种子(莲子)卵形或椭圆形，种皮红色或白色。花期6~8月，果期8~10月。

【生态习性】

产于我国南北各省份，自生或栽培在池塘或水田内。俄罗斯、朝鲜、日本、越南、亚洲南部和大洋洲均有分布。喜相对稳定的平静浅水、湖沼、泽地、池塘。荷花喜光，生育期需要全光照的环境。极不耐阴，在半阴处生长会表现出强烈的趋光性。

【种苗繁育】

荷花可播种繁殖。首先要破壳，5~6月将种子凹进的一端在水泥地上或粗糙的石块上磨破，浸种催芽。要保持水清，经常换水，约7d出芽。两周后生根移栽，水层要浅，不可将荷叶淹在水中。

也可分藕栽植，3月中旬至4月中旬栽植，盆栽时首先要将盆泥和成糊状，栽插时种藕顶端沿盆边呈20°斜插入泥，碗莲栽种深度5cm左右，大型荷花栽种深度10cm左右，头低尾高。尾部半截翘起，不让藕尾进水。栽后将盆放置于阳光下照晒，使表面泥土出现微裂，以利于种藕与泥土完全黏合，然后加少量水，待芽长出后，逐渐加深水位，最后保持3~5cm水层。池塘栽植，前期水层与盆栽一样，后期以不淹没荷叶为度。

【栽培管理】

水位控制　荷花是挺水花卉，水位控制很关键。生长前期，水层要控制在3cm左右，水太深不利于提高土温。夏天是荷花的生长高峰期，盆栽时可放水满盆面，如果用自来水，最好另行储存晒一两天再用；池塘栽植时水位宜在50~60cm，最深不过100cm。

养分管理　荷花的肥料以磷、钾肥为主，辅以氮肥。如果土壤较肥，则全年可不施肥。若施肥，以基肥为主，肥料以腐熟的饼肥和鸡、鸭、鹅粪最理想。

越冬管理　为保证荷花安全越冬，入冬前盆栽荷花要倒出大部分水，仅留1cm水层，移入室内或埋入冻土层下。黄河以北地区除埋入冻土层以下外，还要覆盖农用薄膜，整个冬季要保持盆土湿润，以防种藕缺水干枯。池塘栽植时加深水位达100cm以上，防止池泥冻结。

【园林应用】

荷花本性纯洁，花叶清丽，清香四溢，因其出淤泥而不染、迎朝阳而不畏的高贵气节，深受大众喜爱，有“花中君子”的美誉。可建专类园，亦可在山水园林中作为主题水景植物，用于夏季观赏；盆栽荷花可用于私家庭院观赏；荷花、荷叶、莲藕和莲实等素材可运用在插花中。

4. 王莲(*Victoria amazonica*)

【形态特征】

又名水玉米，睡莲科王莲属大型多年生草本植物。初生叶呈针状，后续阶段呈矛状、戟形，叶浮于水面；成熟叶为圆形，直径可达1~2.5m，叶缘向上反折，叶子背面和叶柄有许多坚硬的刺，叶脉为放射网状。花单生，花瓣多数倒卵形，伸出水面，芳香，初开时为白色，逐渐变为粉红色，至凋落时颜色逐渐加深。第一天傍晚伸出水面开放，次日逐渐闭合，傍晚再次开放，第三天闭合并沉入水中。花期夏或秋，9月前后结果。浆果球形，可食用。种子黑色，圆形。

【生态习性】

产自南美洲热带地区，我国南方引种栽培。喜高温环境，耐寒力极差，气温、水温降到20℃以下，生长停滞。喜光，喜肥沃深厚污泥。

【种苗繁育】

王莲多用种子繁殖。果实成熟后剖开取出种子，放入20~30℃的温水中贮藏，不能离开水。1~2月播种于大瓦盆中，播后水深5~10cm，水温保持在25~30℃，约15d可发芽，然后逐渐加水，保持苗顶部有水覆盖。待根长至4~5cm时，定植于水池。

也可用根状茎分生繁殖，最好是在2~3月土壤解冻后进行。把母株从花盆内取出，抖掉多余的盆土，用锋利的小刀把它分成两株或两株以上，分出来的每一株都要带有相当的根系，并对其叶片进行适当地修剪、消毒，然后栽植在瓦盆或池中。3~4周才能恢复萌发新根，要节制浇水，可适当喷水，同时遮阴。

【栽培管理】

露天池水温度在18℃以上时，可移栽定植。移栽前必须抽干池水，清洁水池，安设排灌装置。

栽植　带土将苗移植在池和缸中，保持水位高出泥土10~15cm。或先把幼苗栽入缸中，再把缸放进池塘。入塘前必须施足基肥，最好以绿肥为主。

覆膜　刚移植的王莲，幼苗在露地中适应性不强，必须精细管理。在定植的同时，需覆盖薄膜。起初，白天与夜晚温差大，遇上阴雨可能烂叶，所以薄膜应在晴天翻开，阴雨天和夜间覆盖，持续到6月中旬为止。

水位控制　王莲栽培水深不宜超过1m，水下淤泥深度最好在50cm以上，水位一般不超过植株茎顶端0.4m，水位变化幅度也应控制在0.3m以内，晴天宜水多，阴天宜水少。在移植后的幼苗期，应以生长状况来调节水位。

养分管理　定植后根据生长速度追肥，每5~10d追施一次复合肥。施肥时可用带孔的薄膜小袋装20g左右肥料埋入离根不远的地方，入泥深约10cm。每次追肥时要改换位置，以利于根系平衡发育。

【园林应用】

王莲以巨大盘状叶片和美丽浓香的花朵而著称，多用于现代园林水景、花卉展览，可与荷花、睡莲等水生植物搭配布置，形成独特的水体景观。

5. 睡莲(*Nymphaea tetragona*)

【形态特征】

又名子午莲、小莲花，睡莲科睡莲属多年水生草本植物。根状茎匍匐。叶丛生，纸质或近革质，近圆形或肾卵形，直径10~25cm，基部具戟形缺口，全缘或波状，两面无毛，有小点；叶柄长达50cm。花直径10~20cm，芳香；花梗略与叶柄等长；花色有白、红、粉、黄、蓝、紫、香槟等色；花瓣20~25枚，卵状矩圆形，外轮比萼片稍长。浆果扁平至半球形，种子椭圆形。花期6~8月，果期8~10月。

【生态习性】

产自河北、山东、陕西、浙江，印度、高加索地区及欧洲有分布。生于池沼、湖泊中，喜阳光充足、温暖潮湿、通风良好的环境。耐寒，气温-20℃(水下泥土中不结冰)也不会冻死。为白天开花类型，花瓣早上展开，午后闭合。稍耐阴，对土质要求不严。

【种苗繁育】

睡莲主要采用分株繁殖，通常在早春(3~4月)进行分株。先将根状茎挖出，挑选有饱满新芽的根状茎，切成8~10cm长的根段，每段至少带一个芽，然后进行栽植。顶芽朝上埋入表土中，覆土的深度以植株芽眼与土面相平为宜。栽好后，稍晒太阳，方可注入浅水，待新芽萌动时再加深水位。

也可采用播种繁殖。果实成熟前，用纱布袋将花包上。种子采收后，在水中贮存。在3~4月进行播种，盆土用肥沃的黏质壤土，盛土不宜过满，宜离盆口5~6cm，播入种子后覆土1cm，压紧浸入水中，水面高出盆土3~4cm，盆土上加盖玻璃，放在向阳温暖处，15d左右发芽，第二年即可开花。

【栽培管理】

缸栽　庭院内可选择缸栽，或栽后沉入水中。栽植时选用高50cm左右、口径尽量大的无底孔花缸，内放混合均匀的营养土，填土深度控制在30~40cm。将根状茎段或芽苗埋入花缸中心位置，深度以顶芽稍露出土壤即可，加水至土层以上2~3cm最佳，随着植株的生长逐渐增加水位。冬季需移入温室或沉入水池越冬。

池栽　若为大水面，可以直接在池塘栽培。选择土壤肥沃的池塘，池底至少有30cm深泥土，将根状茎段或芽苗直接栽入泥土中，水位控制在土层上2~3cm，随着植株的生长逐渐增高水位。入冬前池内加深水位，使根状茎在冰层以下即可越冬。

养分管理　为保证长势良好，可在早春把池水放尽，底部施入基肥。缸栽的睡莲也可追肥，在夏季将肥料包成小包，塞入离植株根部稍远处的泥土中，每株2~4包。

【园林应用】

睡莲花色绚丽多彩，花姿楚楚动人，被人们赞誉为“水中女神”。适合小水面绿化使用，可在池塘片植或在庭院用缸盆栽培，也可作切花培育。

6. 梭鱼草(*Pontederia cordata*)

【形态特征】

又名北美梭鱼草、海寿花，雨久花科梭鱼草属多年生挺水草本植物。株高20~80cm。基生叶广卵圆状心形，顶端急尖或渐尖，基部心形，全缘。10余多花组成总状花序，顶生，花蓝色。蒴果，种子椭圆形。花果期春至秋。

【生态习性】

原产于北美，在我国中南部广泛栽培。喜温、喜光、喜肥、喜湿、怕风、不耐寒，静水及水流缓慢的水域中均可生长，适宜在20cm以下的浅水中生长，适温15~30℃，越冬温度不宜低于5℃。

【种苗繁育】

梭鱼草可选用分株繁殖，在春、夏两季进行。将梭鱼草的地下茎挖出，去掉老根状茎，切成具3~4芽的小块分栽。

也可以选用播种繁殖，一般在春季进行，种子发芽温度需保持在25℃左右。

【栽培管理】

环境管理　梭鱼草喜光，需要充足的光照。保持温度在18~35℃，如果温度在18℃

以下，生长会减缓，10℃以下会停止生长。

养分管理　梭鱼草喜肥，种植前可在准备土壤时施入基肥，最好选用肥沃塘泥或复合肥，生长期间可适当追肥。

水位控制　梭鱼草喜湿，适合在静水当中生长，一般20cm以下的浅水是比较适合的。缸栽时灌满缸，保持一定的水位。

越冬管理　冬季温度低的时候需要进行防寒，可以将缸栽的梭鱼草灌水并放进室内越冬，保持温度在5℃以上，以便于梭鱼草安全越冬。

【园林应用】

梭鱼草叶色翠绿，花色迷人，花期较长，串串紫花在翠绿叶片的映衬下别有一番情趣。可用于家庭缸栽、池栽，也可广泛用于园林绿地，栽植于河道两侧、池塘四周、人工湿地等处，与千屈菜、水葱等相间种植，观赏价值较高。

7. 菖蒲(*Acorus calamus*)

又名臭菖蒲、水菖蒲、泥菖蒲、大叶菖蒲、白菖蒲。天南星科菖蒲属多年生挺水植物。原产于中国及日本，广布世界温带、亚热带地区。我国南北各地均有分布。生长于池塘、湖泊岸边浅水区，沼泽地。

【形态特征】

根状茎稍扁肥，横卧于泥中，有芳香。叶二列状着生，剑状线形，长90~100cm，端尖，基部鞘状，对折抱茎；中肋明显并在两面隆起，边缘稍波状。叶片揉碎后具香味。花茎似叶稍细，短于叶丛，圆柱状稍弯曲；叶状佛焰苞剑状线形，长达30~40cm，内具圆锥状长锥形肉穗花序；花小型，黄绿色。浆果长圆形，红色。花期6~9月。

【生态习性】

喜温暖、弱光，最适宜生长的温度为20~25℃，10℃以下停止生长。冬季以地下茎潜入泥中越冬。

【种苗繁育】

以分株繁殖为主，也可采用播种繁殖。

(1)分株繁殖

在早春(清明节前后)或生长期内进行。用铁锹将地下茎挖出，洗干净，去除老根、老茎及枯叶、枯茎，再用刀将地下茎切成若干块状，每块保留3~4个新芽，进行繁殖。

(2)播种繁殖

将收集到的成熟红色浆果清洗干净，在室内进行秋播，保持土壤潮湿或浅水，在20℃左右的条件下，早春会陆续发芽，后进行分离培养。待苗生长健壮时，可移栽定植。

【栽培管理】

栽植地选择　以富含腐殖质的壤土最佳，在砂质土壤中生长发育亦良好。栽培处宜选择半阴处，避免强烈日光直射。若能接受50%~60%光线，生长发育自能旺盛而叶色柔美。

栽植　选择池边低洼地，株行距在小地块为20cm，大地块为50cm。根据水景布置的需要，可采用带形、长方形、几何形等栽植方式栽种。栽植的深度以保持主芽接近泥面为宜，同时灌水1~3cm。

栽植后管理　在生长期内保持水位或潮湿，施追肥2~3次，并结合施肥进行除草。初期以氮肥为主，抽穗开花前应以施磷、钾肥为主，每次施肥一定要把肥放入泥中(泥表面5cm以下)。越冬前清理地上部分的枯枝残叶，集中烧掉或沤肥。每2~3年要更新。

【园林应用】

菖蒲品种丰富，叶片绿色光亮，花艳丽，具有较高的观赏价值。同时，病虫害少，栽培管理简便，是园林绿化中常用的水生植物。常丛植于湖、塘岸边，或点缀于庭园水景和临水假山一隅。

8. 大薸(*Pistia stratiotes*)

又名水荷莲、大萍、大叶莲、水莲、肥猪草、水芙蓉，天南星科大薸属多年生宿根漂浮植物。原产于中国长江流域，广布热带和亚热带的小溪和淡水湖中，在南亚、东南亚、南美及非洲都有分布。在我国珠江三角洲一带野生较多，由于它生长快、产量高，因此南方各省份都引入放养，并逐渐从珠江流域扩展到长江流域的湖南、湖北、四川、江苏、浙江、安徽等省份。

【形态特征】

主茎短缩而叶呈莲座状，从叶腋间向四周分出匍匐茎，茎顶端发出新植株，有白色成束的须根。叶簇生，叶片倒卵状楔形，长2~8cm，顶端钝圆而呈微波状，两面都有白色细毛。花序生于叶腋间，有短的总花梗，佛焰苞长1~2cm，白色，背面生毛。果为浆果。花期6~7月。

【生态习性】

大薸对气候和土壤的适应性很强，在池塘的浅水处、水田中或水沟渠中均能良好生长，但最喜欢气候温暖、阳光充足的环境。土壤以富含腐殖质而土层不太深厚的黏质壤土为宜。生长适温为20~25℃，冬季能耐-10℃低温。喜生于浅水中，但不宜连作。

【种苗繁育】

以分株繁殖为主。种株叶腋中的腋芽抽生匍匐茎，每株2~10条，当匍匐茎的先端长出新株时，可行分株。温度适宜时繁殖很快，3d即可加倍。

除无性繁殖外，其也可采用播种繁殖。这是在不能自然越冬的地方采用的方法。

【栽培管理】

大薸在自然条件下是以无性繁殖方式延续后代的，主要采用放养。在珠江流域可以全年放养，四季常青。在长江流域则可以放养7~8个月，其余时间要保护越冬。

【园林应用】

大薸株形美丽，叶色翠绿，质感柔和，犹如朵朵绿色莲花漂浮水面，是夏季美化水面的良好材料。在园林水景中，常用来点缀水面。庭院小池植上几丛大薸，再放养数条鲤鱼，可使环境优雅自然，别具风趣。

9. 千屈菜(*Lythrum salicaria*)

又名水枝柳、水柳、对叶莲、鞭草、败毒草，千屈菜科千屈菜属多年生挺水或湿生草本植物。原产于欧、亚两洲的温带，广布全球，中国南北各省份均有野生，现今全国各地均有栽培。

【形态特征】

植株丛生状，株高为30~100cm。地下根状茎粗硬、木质化，地下茎直立、多分枝。茎四棱形，直立、多分枝，基部木质化。叶对生或轮生，披针形，全缘，有毛或无毛。穗状花序顶生，小花多而密集，紫红色。花期7~9月，果期8~11月。

【生态习性】

喜强光、喜水湿及通风良好的环境，通常在浅水中生长最好，但也可露地旱栽。耐寒性强，在中国南北各地均可露地越冬。对土壤要求不严，但以表土深厚、含大量腐殖质的壤土为好。

【种苗繁育】

以分株繁殖为主，也可采用播种繁殖或扦插繁殖。早春或秋季分株，春季播种及嫩枝扦插。

(1)分株繁殖

分株在早春或深秋进行，将母株整丛挖起，抖掉部分泥土，用刀切取数芽为一丛另行种植。

(2)播种繁殖

春播于3~4月进行，播前将种子与细土拌匀，然后撒播于苗床上，覆土，最后盖草浇水。播后10~15d出苗，立即揭草。苗高25cm左右时移栽。

(3)扦播繁殖

于生长旺期(6~8月)进行。剪取嫩枝长7~10cm，去掉基部1/3的叶子，插入无底洞、装有鲜塘泥的盆中，6~10d生根，极易成活。

【栽培管理】

栽植地选择　按园林景观设计要求，选择光照充足、通风良好的环境，选择浅水区和湿地种植。

栽植　株行距30cm×30cm。

栽植后管理　生长期及时拔除杂草，保持水面清洁。为增强通风，剪除部分过密、过弱枝，及时剪除开败的花穗，以促进新花穗萌发。冬季前剪除枯枝，可自然越冬。一般2~3年要分栽一次。

【园林应用】

千屈菜姿态娟秀整齐，花色鲜丽醒目，可成片布置于湖岸、河旁的浅水处。在规则式石岸边种植，可遮挡单调枯燥的岸线。其花期长，色彩艳丽，片植具有很强的渲染力，盆植效果亦佳，与荷花、睡莲等水生花卉配植极具烘托效果，是极好的水景园林造景植物。其还适用于花坛、花带栽植模纹块，小区、街道彩化，水域点缀，以及庭园绿化等。也可盆栽摆放于庭院中供观赏，亦可作切花用。

10. 纸莎草(*Cyperus papyrus*)

【形态特征】

又名纸草、埃及莎草、埃及纸草，莎草科莎草属多年生常绿草本植物。茎秆直立丛生，坚硬、高大，三棱形，不分枝；茎部不长叶子，可高达4.6m。其叶从植物底部长出，覆盖了茎的下部，可高达 90~120cm；子叶退化成鞘状，棕色，包裹茎秆基部。总苞叶状，顶生，带状披针形；花朵呈扇形花簇，长在茎的顶部；花小，淡紫色。花期 6~7 月。瘦果三角形。

【生态习性】

原产于非洲湿地、沼泽，四川引种，现我国华东、华北地区河湖水田地区均有分布。生长在热带至亚热带的环境中，不论是潮湿的森林，还是干燥的沙漠，只要全年平均气温在 20~30℃，且土壤 pH 在 6.0~8.5，就可以生长，对低温敏感。

【种苗繁育】

纸莎草通常采用根状茎分株繁殖。从成熟健康的纸莎草茎上截取一段，然后放在比较肥沃的土壤中进行培养。也可采收种子进行播种繁殖，播种全年均可，以春、秋季为佳。

【栽培管理】

栽植　纸莎草盆栽、地栽均可，也可以将盆栽苗沉入水池栽培。纸莎草对土壤要求不严，但最好选用微碱性且富含有机质的土壤，同时需具有很好的保湿性，保持水位在 20~30cm，经常修剪枯萎和老化植株。

光照管理　纸莎草对于阳光并不是特别的敏感，不管是光照充足的地方，还是半阴凉的地方，都可以正常生长，而且都能开出美丽的花朵，因此对光照管理要求不严，适当光照即可。但夏季持续暴晒容易被强光灼伤，因此需要适当遮阴。

【园林应用】

纸莎草造型别致，主要用于庭园水景边缘种植，尤其在我国南方应用较多，可以多株丛植、片植，单株成丛孤植景观效果也非常好；可也在插花时利用茎段衬托花材，作切枝生产；在我国南方，纸莎草还用于防治水污染。

11. 水葱(*Scirpus validus*)

【形态特征】

又名莞草、冲天草，莎草科藨草属多年生草本植物。匍匐根状茎粗壮，具许多须根。茎秆高大，圆柱状，高 1~2m，平滑；基部具 3~4 个叶鞘，管状，膜质，最上面一个叶鞘具叶片。聚伞状花序，小穗单生或 2~3 个簇生于辐射枝顶端，具多数花；鳞片椭圆形或宽卵形，顶端稍凹，具短尖，膜质，棕色或紫褐色，有时基部色淡，背面有铁锈色凸起小点，边缘具缘毛。小坚果倒卵形或椭圆形。花果期 6~9 月。

【生态习性】

产自黑龙江、吉林、辽宁、内蒙古、山西、陕西、甘肃、新疆、河北、江苏、贵州、四川、云南。生长在湖边或浅水塘中。最佳生长温度为 15~30℃，10℃以下停止生长。能耐低温，北方大部分地区可露地越冬。

【种苗繁育】

水葱可用播种繁殖，常于 3~4 月在室内播种。将培养土装盆、整平、压实，撒播种子，用一层过筛细土覆盖种子，将盆沉于水中，使盆土经常保持湿透。室温控制在 20~

25℃，20d左右即可发芽生根。

也可用分株繁殖。早春天气渐暖时，把越冬苗从地下挖起，抖掉部分泥土，用枝剪或铁锨将地下茎截断分成若干丛，栽植在浅水处，10~20d即可发芽。

【栽培管理】

养分管理　水葱喜肥，可在栽植前施入基肥，以选用复合肥料为宜。后期如果出现长势变缓现象，可在生长期追肥1~2次，主要以氮肥为主，配合施用磷、钾肥。

水位控制　栽培过程中需要控制水位，以水面高出盆面5~7cm为好；生长旺季，水面高出盆面10~15cm。

除草　需要及时清除盆内杂草和水面青苔，保持水质清洁。

越冬管理　入冬前剪除地上部分枯茎，将盆放置到地窖中越冬，并保持盆土湿润。

【园林应用】

水葱株形秀丽，颜色清新，耐寒性较好，可在园林水景区选择合适位置挖穴丛植；也可在水边沿驳岸走势栽种，连接成片；还可以少量盆栽，用于庭院装饰。

12. 旱伞草(*Cyperus alternifolius*)

【形态特征】

又名风车草，莎草科莎草属多年生草本植物。根状茎短、粗大，须根坚硬。茎秆稍粗壮，高30~150cm，近圆柱状，上部稍粗糙，基部包裹以无叶的鞘，鞘棕色。多次复出长侧枝。叶片顶生伞状，叶鞘棕色，向四周平展。聚伞状花序具多数第一次辐射枝，辐射枝最长达7cm，第二次辐射枝最长达15cm；小穗密集于第二次辐射枝上端，椭圆形或长圆状披针形，具6~26朵花。小坚果椭圆形，近于三棱形，褐色。花果期8~11月。

【生态习性】

原产于非洲，我国南北各省份均见栽培，广泛分布于森林、草原地区的大湖、河流边缘的沼泽中。喜温暖、阴湿及通风良好的环境，适应性强，对土壤要求不严格，以保水性强的肥沃土壤最适宜。在沼泽地及长期积水的湿地也能生长良好。生长适宜温度为15~25℃，不耐寒冷，冬季室温应保持在5~10℃。

【种苗繁育】

旱伞草容易结实，可选择播种繁殖。在早春(3~4月)将种子取出，均匀撒播在具有培养土的浅盆中，播后覆土弄平，浸透水，盖上玻璃或透明塑料薄膜，保持温度和湿度，10~20d便可发芽。

如果选用盆栽方式种植，也可在4~5月结合植株换盆进行分株繁殖。将老株丛用利刀切割分成若干小株丛，然后分栽。

旱伞草还可以用扦插繁殖，一年四季都可进行。剪取健壮的顶芽茎段3~5cm，对伞状叶略加修剪，插入基质，使伞状叶平铺紧贴在基质上，保持插床湿润和空气湿润，20d左右在总苞片间会发出许多小型伞状苞叶丛和不定根。也可在水中进行扦插。

【栽培管理】

栽植　旱伞草盆栽宜选用口径30~40cm的深盆，盆底施基肥，放入培养土，中间挖穴栽植，栽后保持盆内湿润或浅水。也可沉水盆栽，将盆苗浸入浅水池中培养，生长旺盛期水深应高出盆面 15~20cm。

水肥管理　旱伞草喜阴湿，刚上盆的新植株应放置在荫棚下，并保持土壤湿润。生长期可间隔 15d 追肥一次。栽培期间注意水质管理，及时清除盆内杂草，保持水位，入冬前可移入温室越冬。

【园林应用】

旱伞草株丛繁密，茎秆秀雅，叶形奇特，是室内良好的观叶植物，可盆栽观赏。温暖地区可露地栽植，丛植于溪流岸边，与假山、礁石搭配，四季常绿，风姿绰约，尽显安然娴静的自然美，是园林水体造景常用的观叶植物。

13. 铜钱草(*Hydrocotyle chinensis*)

【形态特征】

又名香菇草、地弹花、中华天胡荽，伞形科天胡荽属多年生草本植物。茎蔓性，株高 5~15cm，节上常生根。叶顶生，具长柄，圆盾形，边缘波状，绿色，光亮。伞形花序，小花白色。果实近圆形，基部心形或截形，两侧扁压，黄色或紫红色。花期 6~8 月，果期 9~11 月。

【生态习性】

产自南美，世界各地引种栽培。喜温暖潮湿，栽培处以半日照或遮阴处为佳，忌阳光直射。对土壤要求不严，以松软、排水良好的土质为宜，或用水直接栽培，最适水温 22~28℃。耐阴、耐湿，稍耐旱，适应性强。

【种苗繁育】

铜钱草可采用分株繁殖，多在每年 3~5 月进行。将大株丛分成小丛分栽，保持栽培土湿润即可。

也可采用播种繁殖。盆里放土，浇透。将种子用少量水泡 0.5h，把种子连同泡种子的水一同倒进盆里，尽量倒均匀，不要堆在一起，上面盖薄土，喷水，放在温暖避光的地方。每天喷两次水，表面湿润即可，3d 左右即可出芽，等长出真叶可移植水培。还可以将种子直接倒进盛水容器里，水面刚好没过种子即可，勤换水，放在阴凉通风处，几天后就会发芽，等芽长到 1cm 左右就可以栽种。

【栽培管理】

栽植　铜钱草可以盆栽、水池栽培，也可以水培。铜钱草喜肥，栽培土可用腐叶、河泥、园土混合配制，生长旺盛阶段每隔 2~3 周追肥一次；如果水培，需每周换一次水并加上观叶植物专用营养液。

水分管理　铜钱草喜湿润，生长期每 2~3d 浇水一次，保持盆土湿润。夏季要经常向植株喷水，以保持较高的空气湿度。叶片应保持干净，以利于光合作用。冬季盆土以偏干为宜，忌积水。

【园林应用】

铜钱草造型与古代铜钱相近，在民间被认为是财富的象征，“家有铜钱，财源滚滚”，同时又避免了使用金色铜钱的俗气，故常以盆栽形式摆放于家中。还可以地栽，通常临水成丛或成片栽种，郁郁葱葱，极富生机。

14. 皇冠草(*Echinodorus grisebachii*)

【形态特征】

又名亚马逊皇冠草，泽泻科肋果慈姑属多年生沉水草本植物。成株较高大，高40~60cm。具匍匐根状茎，茎基粗壮。叶基生，10~20片呈莲座状排列，具长柄；浮水叶椭圆状披针形、长披针形或呈剑状弧曲。总状花序，雌雄异株；小花直径10mm，白色。瘦果。花期6~9月。

【生态习性】

原产于美洲，经世界各地观赏花鸟鱼虫市场交易、扩散于水族馆养殖。中国于20世纪80年代随观赏性水草扩散而引入，中国各地水族馆有栽培。喜半阴环境，喜温暖，怕低温，在22~30℃的温度范围内生长良好，越冬温度不宜低于10℃。

【种苗繁育】

皇冠草以分株繁殖为主，水温保持在20~26℃时，可全年进行。在成年植株叶腋间抽出的匍匐茎上，散生着皇冠草嫩芽，当它们的高度达到6~8cm时，可将已长出新根的部分掰下，另行栽种。在有散射日光的条件下，15d左右即可抽生出新叶。

亦可采用组织培养法进行育苗。

【栽培管理】

栽植　皇冠草通常缸养，在水族箱内选用直径3~5mm的砾石作为栽培基质。先将栽培基质铺置于水族箱底部，其厚度为4~6cm，然后注水至半缸处，种植即可。

水质管理　皇冠草栽培用水盐度不宜过高，水体的pH最好控制在6.5~7.2，即呈微酸性至微碱性。栽培水体应该保持一定的流动性，可配备潜水泵。

养分管理　皇冠草喜肥，在生长旺盛阶段可每周往水中追施少量液体肥料。亦可将长3cm、宽1cm左右的马蹄片插入距离其根部15cm左右的栽培基质中，用量为每株1~3片，可根据植株的大小来决定。

光照管理　皇冠草每天需要进行8~10h的光照，若无自然光，可使用荧光灯代替。

温度管理　水温尽量保持恒定，昼夜温差不宜超过2℃。

【园林应用】

皇冠草适合室内水体绿化，是装饰玻璃容器的良好材料，通常在水族箱内栽培。皇冠草若进入自然水域，繁殖迅速，严重者会改变水域生态环境，干扰水域物种多样性。

15. 金鱼藻(*Ceratophyllum demersum*)

【形态特征】

又名软草、松藻、鱼草、软草，金鱼藻科金鱼藻属多年生草本沉水植物。全株暗绿色。茎细柔，有分枝。叶轮生，每轮6~8叶；无柄；叶片二歧或细裂，裂片线状，具刺状小齿。花小，单性，雌雄同株或异株，腋生。小坚果，卵圆形，光滑。花期6~7月，果期8~10月。

【生态习性】

全世界分布，多生长于小湖泊静水处，曾经于池塘、水沟等处常见，特别是在水中富含有机质、水层较深、长期浸水的稻田中分布较多，危害较重。金鱼藻较喜光，但强光会使金鱼藻死亡。通常在 pH 7.1~9.2 的水中正常生长，但以 pH 7.6~8.8 为宜。果实成熟后下沉至泥底，休眠越冬。

【种苗繁育】

金鱼藻可采用分株繁殖，利用秋季产生的一种特殊的营养繁殖体——休眠顶芽繁殖。休眠顶芽易脱落，沉于泥中休眠越冬，第二年春天萌发为新株。另外，在生长期中，折断的植株可随时发育成新株。

还可用播种繁殖，其种子具坚硬的外壳，有较长的休眠期，通过冬季低温解除休眠，早春种子在泥中萌发，向上生长可达水面。

【栽培管理】

栽植　金鱼藻适合密植而不能疏植。一般来说，养殖这种水草，应该按每亩水域移栽 200 蓬为宜。

水肥管理　金鱼藻喜肥，宜选用富含有机物的优质水域栽种。同时，水域不能过深，一般保持在 1m 范围之内最合适。

采收　正常情况下，从栽种金鱼藻到第一次采收一般为 50d。采收时，先将棍子在水中转 4~5 圈，然后将棍子一横，两手往上拎起。第二次采收的时间在 30d 后，第三次采收只要相隔几天即可。

【园林应用】

金鱼藻茎叶颜色清新，纤细柔弱，可随水流摇曳摆动，常用于水族箱造景，借助过滤设备、保温设备、照明设备、增氧设备等，与蜈蚣草、黑藻、金鱼藻、虾藻、羽毛草、狸藻、小水兰、紫萍等一起打造鱼缸景观。

考核评价

查找资料、实地调查后，小组讨论，制订水生花卉生产实施方案，并完成工作单 2-4-1。

工作单 2-4-1　常见水生花卉生产技术要点

序号	种类	观赏特性	繁殖方法	栽培技术要点

任务 2-5 木本花卉生产

任务目标

1. 识别常见木本花卉 15 种以上，掌握重点花卉的鉴别特征。
2. 能够繁殖常见木本花卉。
3. 能根据生产需要、立地条件制订并实施常见木本花卉生产技术方案。

4. 能够合理修剪木本花卉。
5. 能够根据木本花卉的特征进行实际应用。

任务描述

通常木本花卉的树体寿命很长，为绿地骨架，应用十分广泛。本任务是以小组或个人为单位，对学校、花卉市场、广场、公园等进行花卉种类及应用形式的调查，识别常见木本花卉，并能进行常见木本花卉的生产。

知识准备

一、木本花卉繁殖

1. 扦插繁殖

木本花卉茎分枝较多，有很多侧枝，枝条上特别是当年生枝条或一到两年生枝条上极易产生饱满的芽，再生能力强，故生产上常采用扦插繁殖。休眠期可选择硬枝扦插，生长季可以选择嫩枝扦插。有些品种还可选择其他扦插方式，如橡皮树可用芽插，山茶可以用叶片扦插，牡丹可以用根插等。

2. 嫁接繁殖

嫁接可保持品种的优良性，可提高接穗品种的抗逆性和适应能力，提早开花，提高观赏价值，故很多木本花卉选择嫁接繁殖。可分为休眠期嫁接和生长期嫁接。休眠期常用枝接，采集接穗，并在低温下贮藏，在春季(3 月上中旬)砧木树液流动后进行嫁接；或在秋季(10 月至 11 月底)进行，嫁接后当年愈合，翌春接穗可抽枝。在生长期主要用芽接，多在树液流动旺盛的夏季进行，此时枝条腋芽发育充实饱满，树皮易剥离，成活率很高(图 2-5-1、图 2-5-2)。

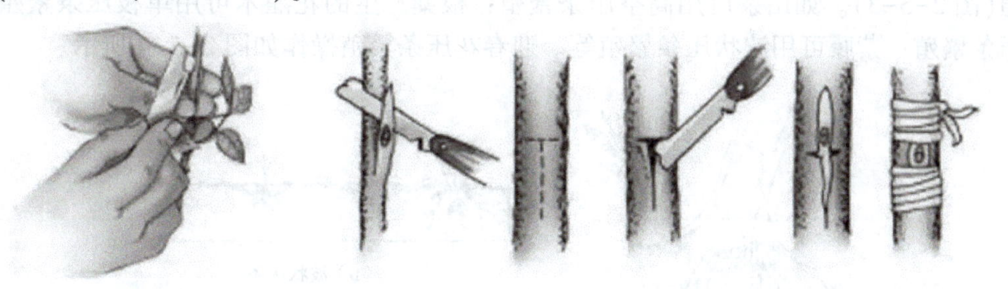

图 2-5-1 “T”形芽接示意图(张树宝和王淑珍，2019)

3. 分株繁殖

木本花卉中有很多品种是开花灌木，这类品种多丛生，易萌发根蘖，故多选用分株繁殖。一般在春天植树期或秋天进行，将这些花卉由根部分开，使之成为独立植株，分栽即可。

4. 播种繁殖

木本花卉中有些品种能及时形成种子，这类木本花卉可以选择播种繁殖。播种繁殖的繁殖量大，方法简便，便于迅速扩大生产，且实生苗生长发育健壮，植株寿命长。在生产上多在温室中采用箱盘育苗或穴盘育苗，也可在苗畦撒播育苗。

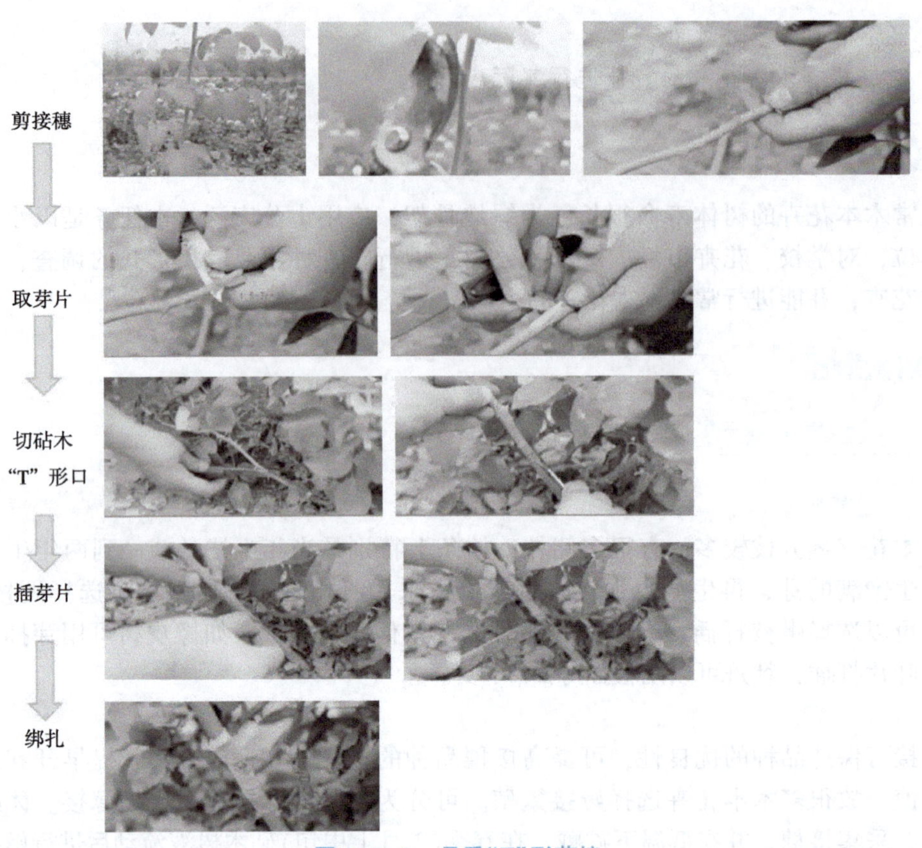

图 2-5-2 月季"T"形芽接

5. 压条繁殖

木本花卉中的一些品种扦插繁殖难以生根，或有些品种根蘖丛生，则可以选择压条繁殖(图 2-5-3)。如山茶可用高空压条繁殖；根蘖丛生的花灌木可用单枝压条繁殖、壅土压条繁殖；紫藤可用波状压条繁殖等。迎春花压条繁殖操作如图 2-5-4 所示。

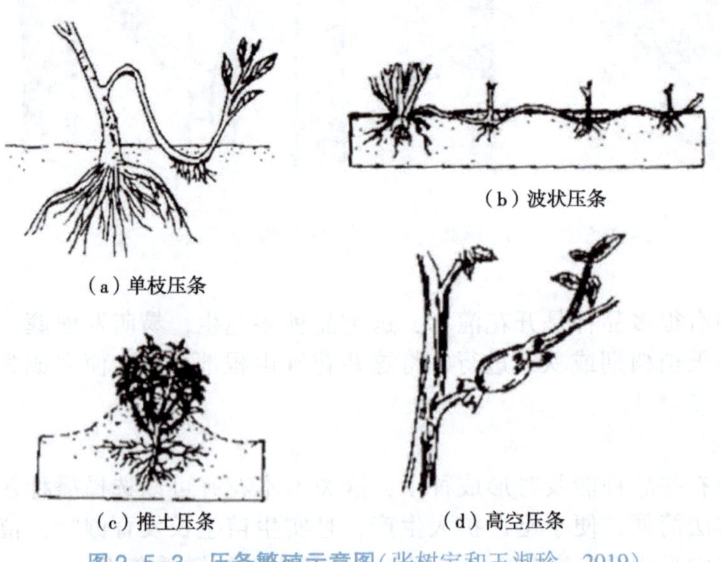

图 2-5-3 压条繁殖示意图(张树宝和王淑珍，2019)

图 2-5-4　迎春花压条繁殖

二、木本花卉栽培与管理

1. 整地作畦

生产单位在培育木本花卉时为控制生产成本，多在露地环境栽培。选择地势高燥、通风向阳的地段整地作畦。整地时先翻起土壤，翻土深度根据花卉品种而定，清除土中石块、瓦片、残根断株及其他杂草，同时施入适量的基肥。如果土壤过于贫瘠，可用较肥沃的土壤替代部分瘠土。再根据地形、地势整成适当的苗畦。

2. 环境条件控制

根据培育的花卉品种选择适当的繁殖方法育苗，育苗期间注意光照、水、肥管理。根据不同花卉种类给予不同的光照，大多数木本花卉喜充足光照，少量耐阴品种可适当遮阴。灌溉用水以清洁的河水、塘水、湖水为好，井水和自来水可以贮存 1~2d 后再用。灌溉的次数、水量及时间主要根据季节、天气、土质、花卉种类及生长期不同而异。需经常喷淋叶片，保持叶面清洁，以利于叶片光合作用。花卉在生长过程中，植株会从周围环境中吸收大量养分，所以必须及时向土壤中施入氮、磷、钾等肥料，满足花卉生长的需要。施肥的方法、时期、种类、数量与花卉品种、所处的生长发育阶段、土质有关。注意有些花卉种类有休眠期，休眠期要控制水肥。

3. 中耕除草

栽培期间适时中耕除草，其作用在于疏松表土，减少水分蒸发，增加土温，增强土壤的通透性，促进土壤中养分的分解，以及减少花、草争肥而有利于花卉的正常生长。雨后和灌溉之后，即使没有杂草，也需要及时进行中耕。苗小时中耕宜浅，以后可随着苗木的生长而逐渐增加中耕深度。

4. 整形修剪

木本花卉寿命较长，在其生长过程中可通过修剪与整形使植株枝叶生长均衡协调，使树型丰满，花繁果硕，有良好的观赏效果。修剪包括摘心、抹芽、剥蕾、折枝捻梢、曲枝、短截、疏剪等。如月季在幼苗期可通过摘心促进侧枝萌发，使株形丰满；生长旺盛时期，可通过疏剪降低枝叶密度，通风透光；花期，为保证养分集中供应，使花朵硕大，可进行抹芽、剥除侧蕾；休眠期可通过短截控制植株高度，以利于安全度过休眠期。

5. 越冬防寒

我国北方冬季寒冷，且冰冻期长，有些露地生长的花卉品种需要采取防寒措施才能安全越冬。主要防寒措施有覆盖法、培土法、灌水法、包扎法、浅耕法等。覆盖法是在霜冻到来之前，在畦面上覆盖干草、落叶、草帘等，直到翌年春季。培土法是指冬季将地上部分木本花卉进行壅土压埋或开沟压埋，待春暖后将土扒开，使其继续生长。灌水法是指冬灌以减少或防止冻害的做法。包扎法是指一些大型露地木本花卉采用草或薄膜包扎防寒。浅耕法是利用翻耕减弱由于水分蒸发而产生的冷却作用，同时因土壤疏松，有利于太阳辐射热量的导入，对保温和增温有一定的效果。

任务实施

常见木本花卉生产：

1. 木槿（*Hibiscus syriacus*）

木本花卉

【形态特征】

又名朝开暮落花，锦葵科木槿属落叶灌木，高 3~4m。小枝密被黄色星状茸毛。叶菱形至三角状卵形，长 3~10cm，宽 2~4cm，具深浅不同的 3 裂或不裂，先端钝，基部楔形，边缘具不整齐齿缺。花单生于枝端叶腋间，花梗长 4~14mm，被星状短茸毛；花萼钟形，密被星状短茸毛，裂片 5，三角形；花钟形，淡紫色，直径 5~6cm；花瓣倒卵形，外面疏被纤毛和星状长柔毛。蒴果卵圆形，密被黄色星状茸毛。种子肾形，背部被黄白色长柔毛。花期 7~10 月。

【生态习性】

原产于我国中部各省份，全国各地均有栽培。木槿对环境的适应性很强，较耐干燥和贫瘠，对土壤要求不严格，尤喜光和温暖潮润的气候。稍耐阴，耐修剪。既耐热，又耐寒，但在北方地区栽培需保护越冬。好水湿而又耐旱，萌蘖性强。

【种苗繁育】

木槿可采用分株繁殖。在早春发芽前，将生长旺盛的成年株丛挖起，以 3 个主枝为一丛，按株行距 50cm×60cm 进行栽植即可。

还可用扦插繁殖，采用硬枝扦插法，一般在春季进行，当年夏、秋开花。在气温 15℃以后，选择 1~2 年生健壮、未萌芽枝条，截成长 15~20cm 的小段作插穗。扦插时备好一根小棍，按株行距预插小洞，再将木槿枝条插入，入土深度以 10~15cm 为好，即入土深度为插条长的2/3，插后压实土壤，立即灌足水。注意扦插时不必施任何基肥。

【栽培管理】

整地栽植　木槿为多年生灌木，生长速度快，具有食用和药用价值，可一年种植多年采收。通常采用单行垄作栽培，垄中间开种植穴或种植沟。种植时要施足基肥，浇一次定根水，并保持土壤湿润，直到成活。

水肥管理　生长期可追肥，以促进营养生长。现蕾前追施1~2次磷、钾肥，以促进植株孕蕾。冬季休眠期间进行除草清园，在植株周围开沟或挖穴施肥，以供应翌年生长及开花所需养分。长期干旱无雨天气，应注意灌溉，而雨水过多时要排水防涝。

修剪　木槿栽培期间要适时修剪，新栽植株进行轻修剪，即在秋、冬季将枯枝、病虫弱枝、衰退枝剪去。树体长大后，应对木槿植株进行整形修剪。整形修剪宜在秋季落叶后进行，合理选留主枝和侧枝，将多余主枝和侧枝分批疏除，使主、侧枝分布合理，疏密适度，以便通风透光。

【园林应用】

木槿花朵硕大，花色丰富，花期较长，主供园林观赏用，是夏、秋季的重要观花灌木，南方多作花篱、绿篱，北方用于庭园点缀及室内盆栽。木槿对二氧化硫与氯化物等有害气体具有很强的抗性，同时还具有很强的滞尘功能，可作有污染的工厂矿区的主要绿化树种。

2. 杜鹃花(*Rhododendron simsii*)

【形态特征】

又名映山红、山石榴、达达香、山踯躅，杜鹃花科杜鹃属落叶灌木，高2~5m。分枝多而纤细，密被亮棕褐色扁平糙毛。叶革质，常集生于枝端，卵形、椭圆状卵形或倒卵形至倒披针形，长1.5~5cm，宽0.5~3cm；先端短渐尖，基部楔形或宽楔形，边缘微反卷，具细齿；上面深绿色，疏被糙毛；下面淡绿，密被褐色糙毛。花2~6朵簇生于枝顶，花冠阔漏斗形，花色白、黄、粉、紫红、深红等。蒴果卵球形。花期4~5月，果期6~8月。

【生态习性】

原产于中国，生于山地疏灌丛或松林下，喜酸性土壤，喜凉爽、湿润、通风的半阴环境。既怕酷热，又怕严寒，生长适温为12~25℃。忌烈日暴晒，适宜在光照强度不大的散射光下生长。光照过强，嫩叶易被灼伤，新叶、老叶焦边，严重时会导致植株死亡。冬季，露地栽培杜鹃花要采取措施进行防寒，以保证其安全越冬。观赏类的杜鹃花中，西鹃抗寒力最弱，气温降至0℃以下容易发生冻害。

【种苗繁育】

杜鹃花常用扦插繁殖，扦插时间因品种不同而异，西鹃在5月下旬至6月上旬，毛鹃在6月上中旬，春鹃、夏鹃在6月中下旬。选取当年生刚木质化的枝条作插穗，带踵掰下，修平毛头，剪去下部叶片，保留顶部3~5片叶。扦插基质可用蛭石、细沙或松针叶等，扦插深度以插穗长的1/3~1/2为宜，扦插完成后要喷透水，加盖薄膜保湿，给予适当遮阴，毛鹃、春鹃、夏鹃约1个月即可生根，西鹃需60~70d生根。

此外，杜鹃花的有些品种可考虑用嫩枝顶端劈接法和高空压条法繁殖。

【栽培管理】

栽培基质　杜鹃花是典型的酸性土花卉，对土壤酸碱度要求严格，适宜的土壤 pH 为 5~6。培养土可选用落叶松针叶，或林下腐叶土、泥炭、黑山泥等，再加入人工配制的肥料和调酸药剂效果最好。

水分管理　杜鹃花对水分特别敏感，栽培管理上应注意浇水问题。生长季浇水要及时，根据植株大小、土壤干湿情况和天气而定，水质要清洁卫生，呈酸性，按照“见干见湿”的原则进行。夏季高温期可通过喷水降温，并增加空气湿度。

施肥　施肥也是栽培杜鹃花的重要环节，可在种植初期结合整地施入基肥，生长期可追肥，注意“薄肥勤施”。尤其在栽培盆栽观赏品种时，追肥管理要更细致，开花前每 10d 追施一次磷肥，连续进行 2~3 次；露色至开花应停止施肥；开花后应立即补施氮肥；7~8 月停滞生长，不宜施肥；秋凉季节一般每 7~10d 追施一次磷肥，直至冬季；为使花蕾充实，也可定期浇“矾肥水”。

光照管理　杜鹃花在春、秋、冬季要充足光照，夏季要遮阴，保持透光率在 40%~60%。

修剪　栽培期间可利用修剪保持株形完美，每次修剪量不能过大，以疏剪为主。

【园林应用】

杜鹃花枝繁叶茂，绮丽多姿，根桩奇特，耐修剪，萌发力强，是优良的盆景材料。杜鹃花种类、花型、花色多样，可在园林绿地中发挥优势造景作用，可建专类园，也可在林缘、溪边、池畔及岩石旁成丛、成片栽植，还可于疏林下散植。毛鹃经修剪培育可呈现各种形态，还可作花篱。

3. 紫薇（*Lagerstroemia indica*）

【形态特征】

又名痒痒树、百日红，千屈菜科紫薇属落叶灌木或小乔木，高可达 7m。树皮平滑，灰色或灰褐色。枝干多扭曲，小枝纤细，具 4 棱，略成翅状。叶互生或有时对生，纸质，椭圆形、阔矩圆形或倒卵形，长 2.5~7cm，宽 1.5~4cm；顶端短尖或钝形，有时微凹，基部阔楔形或近圆形，无毛或下面沿中脉有微柔毛；无柄或叶柄很短。花淡红色或紫色、白色，直径 3~4cm，常组成 7~20cm 的顶生圆锥花序；花瓣 6，皱缩，具长爪。蒴果椭圆状球形或阔椭圆形，紫黑色，室背开裂。种子有翅。花期 6~9 月，果期 9~12 月。

【生态习性】

原产于亚洲，现广植于热带地区，我国北至吉林、南至海南均有栽培。喜温暖湿润气候，喜光，略耐阴。喜肥，尤喜深厚肥沃的砂质壤土。耐干旱，忌涝，忌种在地下水位高的低湿地方。能抗寒，萌蘖性强。还具有较强的抗污染能力，对二氧化硫、氟化氢及氯气的抗性较强。

【种苗繁育】

扦插繁殖　在春季（3~4 月）选用硬枝扦插。从长势良好的母株上选择粗壮的 1 年生枝条，剪成长 10~15cm 的枝段，扦插深度为 8~13cm。扦插后灌透水，覆盖塑料薄膜。当苗木生长到 15~20cm 时可将薄膜掀开，搭建遮阳网。在生长期适当浇水，当年生枝条

可长至80cm左右。还可在7~8月选择嫩枝扦插，用半木质化的枝条，剪成长10cm左右的插穗，枝条上端保留2~3片叶子，扦插深度约为8cm；扦插后灌透水，覆盖塑料薄膜，搭建遮阳网；一般15~20d便可生根，将薄膜去掉，保留遮阳网；在生长期适当浇水，当年枝条可达到70cm，成活率高。

播种繁殖　在3~4月播种，播种前需要消毒种子、浸种催芽，然后条播在苗床上，覆土2cm，保持苗床湿润，15d左右出芽。若管理得当，冬季苗高可达到50~70cm。

【栽培管理】

光照管理　紫薇管理粗放，喜阳光，生长季节必须阳光充足。

水分管理　浇水要适当，保持圃地湿润。夏天防止干旱，要常浇水，但切记不可过多。

施肥　生长期要加强管理，6~7月追施薄肥2~3次，遵循"薄肥勤施"的原则。

修剪　紫薇发枝力强，新梢生长量大，故要合理修剪。花后将残花剪去，可延长花期；随时剪除徒长枝、重叠枝、交叉枝、辐射枝以及病枝，以免消耗养分。

【园林应用】

紫薇树姿优美，树干光滑洁净，花色艳丽，花期长，有"百日红"之称，又有"盛夏绿遮眼，此花红满堂"的赞语，观赏价值极高。其寿命长，树龄有达200年的，现热带地区已广泛栽培为庭园观赏树，有时亦作盆景。

4. 榆叶梅(*Amygdalus triloba*)

【形态特征】

又名小桃红，蔷薇科桃属灌木、稀小乔木，高2~3m。枝条开展，具多数短小枝；小枝灰色，1年生枝灰褐色，无毛或幼时微被短柔毛。叶片宽椭圆形至倒卵形，长2~6cm，宽1.5~3cm；先端短渐尖，常3裂，基部宽楔形，叶边具粗锯齿或重锯齿；上面具疏柔毛或无毛，下面被短柔毛。花1~2朵生于叶腋，先于叶开放，直径2~3cm；有单瓣和重瓣品种，花瓣近圆形或宽倒卵形，先端圆钝，有时微凹，粉红色。果实近球形，果肉薄，成熟时开裂；核近球形，具厚硬壳，表面具不整齐的网纹。花期4~5月，果期5~7月。

【生态习性】

产自东北、内蒙古、河北、山西、陕西、甘肃、山东、江西、江苏、浙江等省份，生于低海拔至中海拔的坡地或沟旁乔、灌木林下或林缘。喜光，稍耐阴。耐寒，能在-35℃下越冬。对土壤要求不严，以中性至微碱性且肥沃土壤为佳。根系发达，耐旱力强，不耐涝。抗病力强。

【种苗繁育】

榆叶梅可选用嫁接繁殖，用山桃、榆叶梅实生苗和杏作砧木。砧木一般要培养两年以上，基径应为1.5cm左右，嫁接前要事先截断，需保留地面上5~7cm的树桩。选择切接和芽接两种方法进行，培育两三年就可成株并开花结果。

也可选用播种繁殖，在4月下旬或5月上旬进行播种前需催芽，先用40℃温水浸泡2~4h，取出后与1~2倍量湿沙混拌后堆积在室内或棚窖内，每4~5h翻动一次，待40%的种子破壳萌动时即可条播，覆土后浇透水。

【栽培管理】

栽培基质　榆叶梅应栽种于光照充足的地方，在排水良好的砂质壤土中生长最好。榆叶梅有一定的耐盐碱能力，在pH为8.8、含盐量为0.3%的盐碱土中也能正常生长，未见不良反应。榆叶梅怕涝，故不宜栽种于低洼处和池塘、沟堰边。

水分管理　榆叶梅喜湿润，也较耐干旱，栽培时注意根据所处生长阶段适时浇水。如3月初浇返青水，仲春浇生长水，初冬浇封冻水。

施肥　榆叶梅喜肥，栽植前可结合整地施底肥；早春开花、展叶后，消耗了大量养分，此时可进行追肥；入冬前结合浇封冻水再追肥一次，以利于越冬。

修剪　榆叶梅可利用修剪为植株整形，选留3个主枝，逐渐培养成自然开心形，以提高观赏价值。在花谢后对过长的枝条进行摘心，还要将已开过花的枝条剪短。

【园林应用】

榆叶梅枝叶茂密，花繁色艳，有较强的抗盐碱能力，是中国北方园林、街道、路边等重要的绿化观花灌木树种。尤其在春季花盛开时，其花形、花色均极美观，各色花争相斗艳，是不可多得的园林绿化植物。

5. 山杏(*Prunus sibirica*)

【形态特征】

又名杏花，蔷薇科杏属乔木，高5~8m。树冠圆形、扁圆形或长圆形，树皮灰褐色，纵裂。多年生枝浅褐色，皮孔大而横生；1年生枝浅红褐色，有光泽，无毛，具多数小皮孔。叶片宽卵形或圆卵形，长5~9cm，宽4~8cm，先端急尖至短渐尖，基部圆形至近心形，叶边有圆钝锯齿，两面无毛或下面脉腋间具柔毛。花单生，直径2~3cm，先于叶开放；花梗短，被短柔毛；花瓣圆形至倒卵形，白色或带红色，具短爪。果实球形，白色、黄色至黄红色，常具红晕，微被短柔毛；果肉多汁，成熟时不开裂；核卵形或椭圆形，表面稍粗糙或平滑；种仁味苦或甜。花期3~4月，果期6~7月。

【生态习性】

产自全国各地，多数为栽培，在新疆伊犁一带野生成纯林或与新疆野生苹果林混生。适应性强，喜光，根系发达，深入地下，具有耐寒、耐旱、耐瘠薄的特点，在-40~-30℃的低温中能安全越冬。

【种苗繁育】

山杏可采用大田式育苗，但应尽可能安排好地育苗，细致管理。忌选用低湿地或盐渍地育苗。山杏生产中常用播种繁殖，播种前种子需要预处理，提前沙藏3个月左右。春季在播种前15d将沙藏处理的种子取出，堆放在背风向阳处催芽。为使种子发芽整齐，催芽时要经常上下翻动，以使温度一致。夜间用麻袋或草帘盖上，以保持一定的温度和湿度。待种子70%破壳漏白时即可开始播种。

幼苗管理　幼苗出土时要经常检查，有的覆土厚使幼苗不能出土，要及时除去上面的厚土。待幼苗长到10~15cm时，在苗木过密处适当间苗，留优去劣。幼苗期要注意蹲苗，尽可能不浇水，一方面促使其根的生长，另一方面可防止立枯病的发生。

施肥　在苗长到25cm时可追肥，以氮肥为主，施肥后及时浇水，浇水后必须松土。

生长期间，中耕除草3次，追肥一次。

【栽培管理】

整地作畦　在选择地块时要注意避开风口地带，以免树体在花期遭到晚霜危害。山杏如果种植在陡坡或缓坡的山上，立地条件差，深翻土壤比较困难，浅翻整地修好树盘即可，同时利用地势蓄水，保证栽培期间水分供给。

栽植　山杏栽植比较简单，按株行距要求先挖好定植穴，穴的大小一般为80cm×80cm×80cm，其表土与底土分放两边，回填时底部放入20~30cm厚的秸秆或杂草、落叶等，然后回填表土。将苗放入栽植穴中间，左右对齐，培土1/3时向上提苗，使根系向下自然舒展，将土踏实，再培土至与地表相平，踩实，注意嫁接口要略高出地面。

作畦灌水　定植后沿定植行作畦并及时灌水，灌水后要覆地膜。

定干　春季定植后即可定干。定干高度一般为60~70cm，剪口下要有4~6个饱满芽。

补植　定植后发现死株要及时补植，以提高果园整齐度。

修剪　山杏修剪应以更新扶壮为主，即剪掉大树上的老枝、枯枝，促进萌发新枝。

【园林应用】

山杏早春开花，颜色醒目，花型小巧精致，先开花后长叶，观赏价值极高。尤其在北方早春大多植物保持冬态时，孤植山杏十分醒目；片植的山杏盛放，可形成“雪霞云蔚”的观赏效果，昭示春天的到来。

6. 连翘（*Forsythia suspensa*）

【形态特征】

又名黄花杆、黄寿丹，木犀科连翘属落叶灌木。枝开展或下垂，棕色、棕褐色或淡黄褐色，小枝土黄色或灰褐色，略呈四棱形，疏生皮孔，节间中空，节部具实心髓。叶通常为单叶，或3裂至三出复叶，叶片卵形、宽卵形或椭圆状卵形至椭圆形，长2~10cm，宽1.5~5cm；先端锐尖，基部圆形、宽楔形至楔形，叶缘除基部外具锐锯齿或粗锯齿；上面深绿色，下面淡黄绿色，两面无毛。花通常单生或2至数朵着生于叶腋，先于叶开放；花冠黄色，裂片倒卵状长圆形或长圆形。果卵球形、卵状椭圆形或长椭圆形，表面疏生皮孔。花期3~4月，果期7~9月。

【生态习性】

产自河北、山西、陕西、山东、安徽西部、河南、湖北、四川，生长在海拔250~2200m的山坡灌丛、林下或草丛中。连翘喜光，有一定程度的耐阴性；喜温暖、湿润气候，也很耐寒；耐干旱瘠薄，怕涝；不择土壤。

【种苗繁育】

连翘生产上主要采用播种繁殖和扦插繁殖。采用播种繁殖时，因连翘种子的种皮较坚硬，故在播前需进行催芽。选择成熟饱满的种子，放到30℃左右温水中浸泡4h左右，捞出后掺3倍湿沙，用木箱或小缸装好，上面封盖塑料薄膜，置于背风向阳处，每天翻动两次，保持湿润，逾10d后种子萌芽，即可播种。播后8~9d即可出苗。

扦插繁殖，南方多于早春露地扦插，北方多在夏季扦插。选1~2年生的健壮嫩枝，剪成20~30cm长的插穗（每个插穗必须带2~3个节位），然后将其下端近节处削成平面。

可用生根激素处理插穗基部。整理苗畦后斜插入畦中，插入深度为1/2~2/3，将枝条最上一节露出地面，然后埋土压实。保持土壤湿润，正常管理，扦插成苗率可高达90%。

【栽培管理】

栽植　栽植连翘前，先在穴内施肥，每穴施腐熟厩肥或适量的复合肥。栽植时要使苗木根系舒展，分层踏实，覆土要高于穴面，以免雨后穴土下沉，不利于成活和生长。

中耕除草　定植后于每年冬季在植株旁要中耕除草一次，植株周围的杂草可铲除或用手拔除。

施肥　定植后，每年冬季结合松土、除草施入腐熟厩肥、饼肥等，在植株旁挖穴或开沟施入，施后覆土，壅根培土，以促进幼树生长健壮，多开花结果。

修剪　栽培期间需适时修剪。定植后在幼树高达1m左右时，于冬季落叶后，在主干离地面70~80cm处剪去顶梢，再于翌年夏季通过摘心促进多发分枝。从不同方向的枝条中，选择3~4个发育充实的侧枝，培育成为主枝。于每年冬季，将枯枝、重叠枝、交叉枝、纤弱枝以及徒长枝和病虫枝剪除。生长期还要适当进行疏剪、短截。

【园林应用】

连翘树姿优美，生长旺盛，早春先花后叶，且花期长、花量多，盛开时满枝金黄，芬芳四溢，令人赏心悦目，是早春优良的观花灌木，可以做成花篱、花丛、花坛等，在绿化美化城市方面应用广泛，是园林造景难得的优良树种。

7. 鸡树条荚蒾(*Viburnum opulus* var. *calvescens*)

【形态特征】

又名奇数条子、佛头花、天目琼花，忍冬科荚蒾属落叶灌木，高达1.5~4m。当年生小枝有棱，无毛，有明显凸起的皮孔；2年生小枝红褐色，近圆柱形；老枝和茎干暗灰色；树皮质薄而非木栓质，常纵裂。叶轮廓圆卵形至广卵形或倒卵形，长6~12cm，通常3裂，具掌状3出脉，基部圆形、截形或浅心形，无毛，裂片顶端渐尖，边缘具不整齐粗齿，叶柄粗壮。复伞形聚伞花序，直径5~10cm，大多周围有大型的不孕花，总花梗粗壮；花冠白色，辐状；裂片近圆形；不孕花白色，有长梗。果实红色，近圆形；核扁，近圆形，灰白色，稍粗糙，无纵沟。花期5~6月，果熟期9~10月。

【生态习性】

产自黑龙江、吉林、辽宁、河北北部、山西、陕西南部、甘肃南部、河南西部、山东、安徽南部和西部、浙江西北部、江西(黄龙山)、湖北和四川。日本、朝鲜和俄罗斯西伯利亚东南部也有分布。生于溪谷边疏林下或灌丛中。鸡树条荚蒾喜略微湿润至干爽的气候环境，最适宜的生长温度为15~30℃，喜半阴。

【种苗繁育】

鸡树条荚蒾可采用绿枝扦插繁殖，在春末至早秋植株生长旺盛时，选用当年生粗壮枝条作为插穗，剪成5~15cm长的一段，每段要带3个以上的节。或在早春气温回升后，选取上一年的健壮枝条进行硬枝扦插。

还可采用压条繁殖。选取健壮的枝条，从顶梢以下15~30cm处，将树皮环剥，然后将湿润土壤置于一块塑料薄膜上，将环剥的部位包扎起来，上、下两端扎紧，中间鼓起，

4~6周后生根。生根后将其剪下，就成为一株新的植株。

【栽培管理】

整地作畦　鸡树条荚蒾栽培可选用疏松、肥沃、透气性较好的土壤，苗畦宜选在地势高燥处。可以深翻表土，并结合整地施入有机肥，以改善土壤养分条件。

水分管理　浇水的原则是“见干见湿，干透浇透”。其根系怕水渍，如果积水，或浇水过于频繁，容易引起烂根。

施肥　栽培期间要及时施肥，一般每月施一次有机肥。开花结果时增施磷、钾肥，冬季施腐熟肥为基肥。

修剪　在冬季植株进入休眠或半休眠状态后，要把瘦弱、病虫、枯死等枝条剪掉，同时结合树形适当疏除过密枝条，以利于枝叶通风透光。

【园林应用】

鸡树条荚蒾的复伞形花序很特别，周围一圈的白色花很大，非常漂亮，但却不能结实，中央的小花貌不惊人却能结出累累红果，两种类型的花使其春可观花、秋可观果，在园林中广为应用。可与山石配植在一起，也可用于风景林、路旁、草坪上、水边及建筑物北侧。种植形式多样，可孤植、丛植、群植。

8. 夹竹桃(*Nerium oleander*)

【形态特征】

又名欧夹竹桃、柳叶桃，夹竹桃科夹竹桃属常绿直立大灌木，高达5m。枝条灰绿色，嫩枝条具棱。叶3~4片轮生，下枝叶片对生，窄披针形，长11~15cm，宽2~2.5cm，顶端急尖，基部楔形，叶缘反卷；叶面深绿，无毛；叶背浅绿色，有多数洼点。聚伞花序顶生，着花数朵；花芳香；花冠深红色或粉红色，栽培品种有白色或黄色，花冠单瓣时为漏斗状。花期几乎全年，夏、秋为最盛。种子长圆形，果期一般在冬、春季，栽培很少结果。

【生态习性】

野生于伊朗、印度、尼泊尔，我国各省份有栽培，尤以南方为多，现广植于世界热带地区。夹竹桃喜温暖湿润的气候，耐寒力不强，不耐水湿，喜光好肥。

【种苗繁育】

夹竹桃萌蘖力强，可选用压条繁殖。于雨季进行，把近地表的枝条割伤后压入土中，约经2个月后生根，即可与母体分离。

还可选用扦插繁殖。选直径1~1.5cm的粗壮枝条剪取插穗，长度15~20cm，带有2~3个芽，上剪口离芽1.5cm左右，去除下部叶片，然后先用木棍插一个小洞，再将插穗插入苗畦。一般插后15~20d即可生根。

【栽培管理】

施肥　夹竹桃喜肥水，可结合整地施入有机肥。生长期间可间隔10d左右追肥，宜选用含氮素多的肥料，施肥原则是稀、淡、少、勤，严防烧烂根部。

水分管理　浇水要适当，保持土壤湿润。冬、夏季浇水不当，会引起落叶、落花甚至死亡。叶面要常用清水冲刷灰尘，保证光合作用充分。

越冬防寒　夹竹桃耐寒力不强，北方在室外地栽的夹竹桃需要用草苫包扎防寒。

修剪　夹竹桃毛细根生长较快，若盆栽，需要3年左右疏根一次，大约疏去1/2或1/3的黄毛根，再重新栽在盆内。夹竹桃顶部分枝有一分三的特性，可根据需要修剪定形。通过修剪，使枝条分布均匀，花大色艳，树形美观。修剪时间应在每次开花后。开谢的花要及时摘去，以保证养分集中供应。

【园林应用】

夹竹桃的叶片如柳似竹，红花灼灼，胜似桃花，花冠粉红至深红或白色，有特殊香气，花期长，是有名的观赏花卉，可盆栽置于室内观赏。同时，夹竹桃有抗烟雾、抗灰尘的能力，对二氧化硫、二氧化碳、氟化氢、氯气等有害气体有较强的抵抗作用，因此也是理想的行道树种，还是工厂绿化的首选。但夹竹桃汁液有毒，须谨防误食。

9. 丁香（*Syringa oblata*）

【形态特征】

又名紫丁香，木犀科丁香属灌木或小乔木，高可达5m。树皮灰褐色或灰色。小枝较粗，疏生皮孔。叶片革质或厚纸质，卵圆形至肾形，长2~14cm，宽2~15cm，宽常大于长，先端短凸尖至长渐尖或锐尖，基部心形、截形至近圆形，或宽楔形，上面深绿色，下面淡绿色。圆锥花序直立，近球形或长圆形；花冠紫色，管圆柱形；裂片呈直角开展。果实倒卵状椭圆形、卵形至长椭圆形，先端长渐尖，光滑。花期4~5月，果期6~10月。

【生态习性】

产自东北、华北、西北以至西南达四川西北部，生长在海拔300~2400m的山坡丛林、山沟溪边、山谷路旁及滩地水边。喜充足阳光，耐半阴。适应性较强，耐寒、耐旱、耐瘠薄，忌积涝、湿热，病虫害较少。以排水良好、疏松的中性土壤为宜，忌酸性土。

【种苗繁育】

丁香以播种繁殖、扦插繁殖为主。采用播种繁殖时，一般在春季进行。播种前将种子浸泡在水中1~2d，捞出后放在湿沙中催芽，保持湿润7d之后播种，盖上1cm左右的土壤，30d后幼苗就会长出。

夏季用绿枝扦插，成活率高。通常在花谢后的一个月进行扦插，选择1~2年生的健壮枝条作为插穗，直接插于土壤中，让其慢慢生根形成新植株。控制温度在25℃左右，30~40d即可生根，当幼根由白色变成黄褐色时，即可移植(图2-5-5)。

(a) 采条

(b) 准备基质

(c) 扦插

图2-5-5　丁香扦插繁殖

【栽培管理】

丁香的栽培流程如图2-5-6所示。

整地作畦　丁香可大田培育，宜栽在向阳、肥沃、土层深厚的地方。清除土中石块、

瓦片、残根断株及其他杂草，同时施入适量的基肥。

栽植　移植选用2~3年生大苗，最好带土球。于春季萌动前栽植，挖穴宜稍大于土球，穴底施腐熟饼肥或堆肥与土壤混匀作基肥。栽时壅土要揿实，且稍高于地面，浇透定根水。

水分管理　栽后当年要除草松土，旱时浇水，保持土壤湿润，但不宜偏湿。地栽丁香，雨季要特别注意排水防涝，若积水过久，丁香易落叶死亡。

图2-5-6　丁香栽培流程

施肥　丁香不喜大肥，切忌施肥过多，否则易引起徒长，影响开花。一般每年或隔年入冬前施一次腐熟的堆肥，即可补足土壤中的养分。

修剪　落叶后可把丁香的病虫枝、枯枝、纤弱枝剪去，并对交叉枝、徒长枝、重叠枝、过密枝进行适当短截，使枝条分布匀称，保持树冠圆整，以利于翌年生长和开花。为使丁香提前开花，可于秋、冬季从离地面30cm处截干，促使萌生健壮枝条，丰满树冠，第二年即可开花。花谢以后，如果不留种，可将残花连同花穗下部两个芽剪掉，同时疏去部分内膛过密的枝条，有利于通风透光和树形美观，以促进萌发新枝和形成花芽。

【园林应用】

丁香花为冷凉地区普遍栽培的花木，花开仲春，芳香袭人，适宜园林绿地造景使用，可孤植、丛植或在路边、草坪、角隅、林缘成片栽植，也可与其他乔、灌木尤其是常绿树种配植，个别种类可作花篱。其吸收二氧化硫的能力较强，对二氧化硫污染具有一定净化作用，可用于工厂、矿区等的绿化。

10. 金银忍冬（*Lonicera maackii*）

【形态特征】

又名金银木，忍冬科忍冬属落叶灌木。高达6m，茎干直径达10cm。全株被短柔毛和微腺毛。叶纸质，形状变化较大，通常卵状椭圆形至卵状披针形，顶端渐尖或长渐尖，基部宽楔形至圆形。花芳香，生于幼枝叶腋；花冠先白色后变黄色，长1~2cm，唇形，筒长约为唇瓣的1/2，内被柔毛。果实暗红色，圆形。种子具蜂窝状微小浅凹点。花期

5~6月，果熟期8~10月。

【生态习性】

产自我国东北、华北、华东、西北、华中、华南等部分省份，朝鲜、日本及俄罗斯也有分布。生于林中、林缘或灌丛中，喜强光，稍耐旱，但在微潮偏干的环境中生长良好。喜温暖的环境，亦较耐寒，在中国北方绝大多数地区可露地越冬。

【种苗繁育】

金银忍冬可选用播种繁殖。每年10~11月种子充分成熟后采种、净种、阴干，干藏至翌年1月中下旬，取出种子催芽。3月中下旬，种子开始萌动时即可播种。苗畦开沟条播，播后20~30d可出苗。

也可选用扦插繁殖。在秋季选取1年生健壮饱满枝条作插穗，插穗长15~20cm，保留顶部2~4片叶，可用生根激素处理基部。将插穗插入干净的细河沙中，深度为其长度的1/3~1/2。插后适当遮阴保湿，待根系足壮后移植于圃地。

【栽培管理】

整地作畦　金银忍冬适宜栽种在温暖湿润、阳坡或半阳坡等荫蔽处，土壤最好为深厚肥沃的砂质壤土或钙质土。可穴状整地，结合整地施入腐熟的有机肥。

栽植　春季(3月上中旬)或秋季落叶后移栽。苗木起挖时应带宿土，注意勿碰伤细根。

水肥管理　定植后需连灌3次透水。成活后，每年适时浇水，根据长势可2~3年施一次基肥，生长旺盛阶段还应每隔半个月追施一次液体肥料。从春季萌动至开花，期间可浇水3~4次，在夏季干旱时也要浇水2~3次，入冬前灌一次冻水。

越冬防寒　金银忍冬喜温暖的环境，亦较耐寒，生长适温为14~28℃，越冬温度不宜低于-15℃。

修剪　金银忍冬每年都会长出较多新枝，秋季落叶后应剪除杂乱的过密枝、交叉枝以及弱枝、病虫枝、徒长枝，并注意调整枝条的分布，以起到整形修剪作用，保持树形的美观，更新枝条。

【园林应用】

金银忍冬树势旺盛，枝叶丰满，初夏开花有芳香，秋季红果缀满枝头，浆果冬季宿存，尤其在降雪后白雪辉映红果，十分美丽，是良好的观赏灌木。在园林绿地中，常将其丛植于草坪、山坡、林缘、路边或点缀于建筑周围，观花、赏果两相宜。

11. 绣球(*Hydrangea macrophylla*)

【形态特征】

又名八仙花，虎耳草科绣球属灌木，高1~4m。茎常于基部发出多数放射枝而形成圆形灌丛；枝圆柱形，粗壮，紫灰色至淡灰色，无毛，具少数长形皮孔。叶纸质或近革质，倒卵形或阔椭圆形，长6~15cm，宽4~11.5cm，先端骤尖，具短尖头，基部钝圆或阔楔形，边缘于基部以上具粗齿；叶柄粗壮，无毛。伞房状聚伞花序近球形，直径8~20cm；具短的总花梗，分枝粗壮，近等长，密被紧贴短柔毛；花密集，多数不育；不育花萼片4，阔卵形或近圆形，粉红色、淡蓝色或白色。蒴果长陀螺状。花期6~8月。

【生态习性】

产自西北、华东、华中、华南、西南等地区，生于海拔360~2100m的山谷、山坡疏林下或山脊灌丛中。喜温暖、湿润和半阴环境，土壤以疏松、肥沃和排水良好的砂质壤土为好。

【种苗繁育】

可选用分株繁殖，在早春萌芽前进行。将已生根的枝条与母株分离，直接栽培，浇水不宜过多，放置在半阴处，待萌发新芽后再转入正常养护。

还可选用扦插繁殖，在梅雨季节进行。剪取顶端嫩枝，长20cm左右，摘去下部叶片，扦插深度为插穗长的1/3~1/2，适温为13~18℃，插后15d生根。

【栽培管理】

栽培基质　绣球的花色对土壤的酸碱度敏感，土壤为酸性时，花呈蓝色；土壤呈碱性时，花呈红色。因此，绣球适宜栽培在酸性(pH 4~4.5)土壤中。

水分管理　绣球叶片肥大，枝叶繁茂，需水量较多，在生长季要浇足水分，使土壤保持湿润状态。夏季天气炎热，蒸发量大，除浇足水分外，还要每天向叶片喷水。绣球的根为肉质根，浇水不能过多，忌积水。

施肥　绣球喜肥，生长期间一般每15d施一次腐熟稀薄饼肥水。为保持土壤酸性，可用1%~3%的硫酸亚铁加入肥液中施用；也可经常浇灌“矾肥水”，可使植株枝繁叶绿；孕蕾期增施1~2次磷酸二氢钾，能使花大色艳。

修剪　绣球生长旺盛，耐修剪。一般可从幼苗成活后长至10~15cm高时即进行摘心处理，使下部腋芽能萌发。开花后应将老枝剪短。

【园林应用】

绣球花大色美，花型丰满，令人悦目怡神，观赏价值很高。在园林绿地中可配植于树荫下，片植于阴向山坡，或在建筑物入口处对植两株、沿建筑物列植一排，或丛植于庭院一角，观赏效果理想；更适于做成花篱、花境；还可盆栽、作切花使用。

12. 梨(*Pyrus* spp.)

【形态特征】

蔷薇科梨属落叶乔木。树冠开展，小枝粗壮，枝撑如伞。叶片卵形或椭圆卵形，长5~11cm，宽3.5~6cm；先端渐尖稀急尖，基部宽楔形，边缘有尖锐锯齿，齿尖有刺芒，嫩时紫红绿色；两面均有茸毛，不久脱落，老叶无毛。春季开花，花色洁白，先于叶开放或同时开放，伞形总状花序；花瓣5，具爪，白色，稀粉红色。果实有圆、扁圆、椭圆、瓢形等。种子黑褐色或近黑色。花期4月，果期8~9月。

【生态习性】

全世界约有25种，分布在亚洲、欧洲至北非，中国有14种。喜温暖，喜充足光照，对土壤的适应性强，以土层深厚、土质疏松、透水和保水性能好、地下水位低的砂质壤土最为适宜，生长中对水的需求量较大。

【种苗繁育】

梨树可用播种育苗，在春季和冬季进行，一般采用条播的方式。还可选用扦插繁殖，主要是在夏季进行。要选择木质较好、已接近成熟的枝条作插穗，插入基质后，定期浇水，保持基质湿润，45d左右就会生根发芽。

【栽培管理】

温度管理　园林栽培主要观花，兼顾观果，所以栽培管理不同于果树生产。梨树喜温，生长发育需要较高温度，休眠期则需一定低温。当土温达0.5℃以上时，根系开始活动，超过30℃或低于0℃时即停止生长。当气温达5℃以上时，芽开始萌动，气温达10℃以上即能开花，14℃以上开花加速。

水肥管理　梨树生长期需水量较多，一般全年灌水3~4次。梨树需要每年施肥，才能保证树体的健壮生长、成花和结果。生长期内，根据叶色变化，叶面喷肥数次，前期喷氮肥，后期氮、磷、钾肥配合施用。

修剪　应根据品种特性、树龄、长势、自然条件和栽培管理水平等因素，进行有针对性的整形和修剪。梨树幼树的修剪要轻剪、拉枝、摘心、短截等，进入结果期以后要多用疏除、回缩等剪法，生长旺盛时可用环剥、环割等方法。

【园林应用】

梨花多在早春开放，冷艳幽香，品格清奇，古人多于细雨微雾中或雨后的幽静处欣赏梨花。梨树树冠大，遮阴效果良好，进入果期观赏效果也极好，是园林绿地造景不可多得的品种。宜于栽培或在水际、篱边、庭院、村旁等处种植，孤植、丛植于开阔地、亭台周边。

13. 黄刺玫（*Rosa xanthina*）

【形态特征】

又名黄刺莓、刺玫花，蔷薇科蔷薇属直立灌木，高2~3m。枝粗壮，密集，披散；小枝无毛，有散生皮刺，无针刺。奇数羽状复叶，小叶7~13片，连叶柄长3~5cm；小叶片宽卵形或近圆形，稀椭圆形，先端圆钝，基部宽楔形或近圆形，边缘有圆钝锯齿；叶轴、叶柄有稀疏柔毛和小皮刺。花单生于叶腋，重瓣或半重瓣，黄色，无苞片，花瓣宽倒卵形。果近球形或倒卵圆形，紫褐色或黑褐色。花期4~6月，果期7~8月。

【生态习性】

常见于东北、华北各地庭园栽培。喜光，稍耐阴，耐寒力强。对土壤要求不严，耐干旱和瘠薄，在盐碱土中也能生长，但以疏松、肥沃土地为佳。不耐水涝，少病虫害。

【种苗繁育】

黄刺玫分蘖力强，且重瓣种一般不结果，主要用分株繁殖。在早春萌芽前、土地解冻后进行，先将枝条重剪，连根挖起，用利刀将根劈开即可定植，定植后需加强肥水管理。对单瓣种也可用播种繁殖。

【栽培管理】

栽植　黄刺玫栽培容易，管理粗放。一般在3月下旬至4月初带土球移植，移植时穴内施入堆肥作基肥，栽后重剪，并浇透水，隔3d左右再浇一次水，便可成活。

水肥管理　成活后一般不需再施肥，但为了使其枝繁叶茂，可隔年在花后施一次追肥。日常管理中及时浇水，雨季要注意排水防涝，霜冻前灌一次防冻水。

修剪　花后要进行修剪，去掉残花及枯枝，以减少养分消耗。落叶后或萌芽前结合分株进行修剪，剪除老枝、枯枝及过密细弱枝，使其生长旺盛。对1~2年生枝应尽量少短剪，以免减少开花数量。

【园林应用】

黄刺玫叶色碧绿，叶形小巧精致，开花数量繁多，花色醒目，是北方良好的观花灌木。可丛植于疏林草地、林缘、建筑附近，与红刺玫、锦带、风箱果、丁香花等搭配成初夏观花景观，效果理想，也可作观花刺篱。

14. 红花羊蹄甲(*Bauhinia blakeana*)

【形态特征】

又名红花紫荆、洋紫荆，豆科羊蹄甲属乔木。分枝多，小枝细长，被毛。叶革质，近圆形或阔心形，长8.5~13cm，宽9~14cm，基部心形，有时近截平，先端2裂为叶全长的1/4~1/3，裂片顶钝或狭圆，上面无毛，下面疏被短柔毛。总状花序顶生或腋生，有时复合成圆锥花序，被短柔毛；花大，美丽；花蕾纺锤形；花萼佛焰状，有淡红色和绿色线条；花瓣红紫色，具短柄，倒披针形。通常不结果，花期全年，3~4月为盛花期。

【生态习性】

原产于亚热带地区，世界各地广泛栽植，可能为自然杂交种。喜温暖湿润、多雨的气候及阳光充足的环境，喜土层深厚、肥沃、排水良好的偏酸性砂质壤土。

【种苗繁育】

红花羊蹄甲可用扦插繁殖。在3~4月选择1年生健壮枝条作插穗，剪成10~12cm小段，并带有3~4个节，将下部叶片剪去，仅留顶端两个叶片插入沙床中。插后及时喷水，覆膜，约50d便可生根发芽。

还可用嫁接繁殖。在春季(4~5月)或秋季(9月)，用阔裂叶羊蹄甲、白花羊蹄甲、琼岛羊蹄甲等为砧木，进行高位芽接。

【栽培管理】

栽植　红花羊蹄甲一般采用大苗带土移植，在2~3月进行，栽在疏松、透气的土壤中。移植前截干，留取主干3~5m，并适当疏枝和截短保持一定树形。

温度管理　红花羊蹄甲喜温暖，气温低于20℃时生长变缓。

水肥管理　栽培期间，春、夏水分宜充足，保持湿度。为使植株花繁叶茂，可在生长期施液肥1~2次。

修剪　华南地区降水多，时常遭遇台风侵袭，应注意树冠透风性修剪，培养抗风树干骨架、树枝结构及树冠形状，从根本上提高红花羊蹄甲的抗风性。还可给新栽、老弱的红花羊蹄甲设立支柱、支架，以增强其抗风能力。

【园林应用】

红花羊蹄甲树形优美，花大色艳，略带芳香，花期长，盛开时繁英满树，终年常绿繁茂，颇耐烟尘，深受当地人民的喜爱，是中国华南地区许多城市的行道树。

15. 叶子花(*Bougainvillea spectabilis*)

【形态特征】

又名九重葛、簕杜鹃、三角梅，紫茉莉科叶子花属藤状灌木。枝、叶密生柔毛，刺腋生、下弯。叶片椭圆形或卵形，基部圆形，有柄。花序腋生或顶生；苞片椭圆状卵形，基部圆形至心形，长2.5~6.5cm，宽1.5~4cm，有鲜红色、橙黄色、紫红色、乳白色等；花被管狭筒形，绿色，密被柔毛，顶端5~6裂，裂片开展，黄色。果实密生毛。花期冬春间。

【生态习性】

原产于热带美洲，我国南方广泛栽培。叶子花喜温暖湿润、阳光充足的环境，不耐寒，土壤以排水良好的砂质壤土最为适宜。

【种苗繁育】

叶子花常采用压条繁殖，在5月初至6月中旬，选择筷子头以上粗细的健壮枝条环剥，然后将黑色软质营养钵剪开，并扎排水孔，装入干湿适度的泥土，套在枝条上固定即可。

【栽培管理】

栽植　叶子花一般春季栽植，南方多为地栽，北方则为盆栽。

光照管理　叶子花喜光，生长期要有充足阳光，盆栽时应在谷雨前后搬出温室，霜降前入室。

水分管理　叶子花喜水，生长旺季每天上午喷水一次、下午浇水一次，春、秋季可酌情2d浇一次水，冬季在室内可控制浇水，促使植株充分休眠，一般不干不浇。

施肥　叶子花喜肥，生长期每周需施氮肥一次，花期增施磷肥2~3次。

修剪　叶子花生长势强，因此每年需要整形修剪，在春季或花后进行，剪去过密枝、干枯枝、病弱枝、交叉枝等，促发新枝。花期落叶、落花后，应及时清理。每5年进行一次重剪更新。同时可利用叶子花的攀缘特性，进行绑扎造型。

【园林应用】

叶子花树势强健，花形奇特，色彩艳丽，缤纷多彩，花开时节格外鲜艳夺目，还具有一定的抗二氧化硫功能，在我国南方常用于庭院绿化，做成花篱、棚架等，或利用其攀缘特性在护坡、建筑墙面等处进行垂直绿化。北方可盆栽观赏，也可作切花。

16. 美丽异木棉(*Ceiba speciosa*)

【形态特征】

又名美人树，木棉科吉贝属落叶大乔木。株高10~15m，树冠呈伞形。树干下部膨大，呈酒瓶状；树皮绿色，密生圆锥状皮刺。掌状复叶，小叶5~9片；小叶椭圆形，叶色青翠。花单生，花冠淡紫红色，中心白色。蒴果纺锤形，内有棉毛。种子多数，近球形。花期冬季，种子翌年春季成熟。

【生态习性】

产自巴西及阿根廷，我国南方城市多有栽培。喜光而稍耐阴，喜高温多湿气候，略

耐旱瘠，忌积水，对土质要求不严，但以土层疏松、排水良好的砂壤土或冲积土为宜。抗风，速生，萌芽力强。

【种苗繁育】

美丽异木棉一般采用播种繁殖，春季(3~4月)进行，伴随种子成熟，宜随采随播。将种子点播在泥炭与沙子混合的苗畦内，深度为种子短径的2倍左右，浇水保持苗畦湿润，7d左右出芽。

【栽培管理】

整地作畦　定植前要把苗畦准备好，选择土层疏松、排水良好、肥沃的壤土或砂质壤土，细致整地，按株行距2m×2m栽植。

栽植　美丽异木棉苗高50cm时可出圃移栽，如果采用容器育苗，可在苗高20cm左右时进行，集中管理20~30d，再定植到田间。

水肥管理　植株栽后浇足水，生长期保持充足水分，每隔两畦要开挖一条深40cm以上的排水沟防积水。美丽异木棉喜肥，可每两个月施肥一次。

设立支柱　幼树枝干脆弱，应设立支柱扶持，避免强风吹倒折枝。

【园林应用】

美丽异木棉树形高大，树干直立，树冠遮阴效果好，冬季盛花期满树姹紫，秀色照人，是优良的观花乔木，也是庭院绿化和美化的高级树种，可孤植于开阔地带，亦可用作高级行道树。其有很强的抗风能力，适宜在我国东南沿海城市使用。

17. 紫叶李(*Prunus cerasifera* f. *atropurpurea*)

【形态特征】

又名紫叶樱桃李、红叶李，蔷薇科李属灌木或小乔木，高可达8m。多分枝，枝条细长，开展，暗灰色，小枝暗红色，无毛。叶片椭圆形、卵形或倒卵形，长3~6cm，宽2~4cm，先端急尖，基部楔形或近圆形，边缘有圆钝锯齿，有时混有重锯齿，上面深绿色，中脉微下陷，下面颜色较淡。花1朵，稀2朵，花梗长，花直径2~2.5cm，花瓣白色，长圆形或匙形。核果近球形或椭圆形，黄色、红色或黑色，微被蜡粉，黏核；核椭圆形或卵球形，表面平滑或粗糙或有时呈蜂窝状。花期4月，果期8月。

【生态习性】

紫叶李是园艺变型，原种产自新疆，现全国各地都有栽培。喜阳光、温暖湿润气候，有一定的抗旱能力。对土壤适应性强，不耐干旱，较耐水湿，在肥沃、深厚、排水良好的黏质中性、酸性土壤中生长良好，不耐碱。

【种苗繁育】

紫叶李生产中常采用扦插繁殖。在深秋落叶后，从树龄3~4年的母株上剪取无病虫害的当年生枝条作为插穗。将枝条剪成长40~50cm的小段，按100~200枝打捆，埋入湿沙贮藏。在扦插时，将枝段剪成长10~12cm、有3~5个芽的插穗，下端浸入清水中浸泡15~20h，再用生根粉蘸根，插入苗畦，浇透水、覆膜即可。

【栽培管理】

整地作畦　紫叶李可在4月下旬栽植。选择排灌和交通运输方便，且土层深厚、肥沃、疏松的砂壤土地段整地作畦。整地前要施入腐熟农家肥作基肥，并进行土壤消毒，然后深耕、细耙、整平土地作畦。

栽植　选阴雨天或晴天的16:00后进行，起苗前苗畦灌足水，现起苗现栽植，以提高成活率。栽植株行距为20cm×30cm，栽后浇足水。育苗地保持不干不湿，并加强病虫害防治。

施肥　6月初，阴雨天前或土壤干旱灌溉前，可追施化学肥料，以促进苗木生长。

修剪　当年移植苗平均高度可达1.5m左右，地径1.5cm。在冬季植株进入休眠或半休眠后，要把瘦弱枝、病虫枝、枯死枝、过密枝等剪掉。

【园林应用】

近些年，彩叶树种越来越受到人们的喜爱，紫叶李因叶片在整个生长季节都为紫红色，在非花期能够丰富园林色彩，尤其在北方城市，能打破原来仅秋季才能出现叶色斑斓的局面，提高了园林景观的观赏价值。宜于建筑物前、园路旁或草坪上栽植。

考核评价

查找资料、实地调查后，小组讨论，制订并实施木本花卉生产实施方案，完成工作单2-5-1。

工作单2-5-1　常见木本花卉园林应用及栽培技术要点

序号	种类	观赏特性	园林应用	繁殖方法	栽培技术要点

项目3

盆花生产

任务 3-1 认识盆花生产技术要点

任务目标

1. 了解盆花的特点、形式和种类。
2. 熟悉常见的培养土的配制材料和培养土的种类。
3. 掌握不同盆花营养土的配制、消毒方法。
4. 能熟练掌握花卉上盆、换盆、翻盆、转盆和倒盆等常用盆栽操作方法。
5. 能掌握盆花生产与水分、养分、整形和修剪等日常管理的关系，并能进行实践运用。

任务描述

花卉盆栽是最为常见的应用形式之一。本任务是以小组或个人为单位，对学校、花卉市场、广场、公园等进行花卉种类及应用形式的调查，识别常见盆花种类，并能进行常见盆花的生产。

知识准备

一、盆花生产的特点

将花卉栽植于花盆容器中的生产栽培方式，称为花卉盆栽。栽植在花盆容器中的花卉，称为盆花。

1. 盆花生产的优点

- 盆花生产可以克服土壤、日照、气温、降水等自然环境条件对花卉栽培的不良影响。
- 盆花移动方便，便于花卉的搬移、运输、应用和装饰。
- 盆花生产可以通过设施进行集约化栽培，提高花卉质量和花卉产量。
- 盆花生产可以利用不适宜作物栽培的土地，做到节约用地。

2. 盆花生产的缺点

- 由于盆花容器较小，养分含量少，水分变化大，易受不良生产环境影响，生产中技术管理水平要求高。
- 盆花生产需要建设必要的园艺生产基础设施，为盆花创造适宜的生长发育环境，因此增加了资金投入。
- 盆花生产不适宜栽培大型观赏植物。

二、盆花基质准备

1. 培养土的材料及种类

培养土也称为营养土，是为了满足植物持续生长发育对营养的需求而人工配制的栽培基质，具有有机质含量高、养分全、疏松通气、保水保肥能力强等特点。

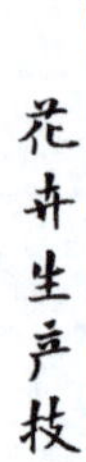

(1)常用配制培养土的材料

园土　又称菜园土、田园土，这是普通的栽培土。

腐叶土　又称腐殖质土，是将林冠下未经冲刷的表层土壤，或是利用各种植物的枯枝落叶、杂草等掺入园土，加水和腐熟人粪尿，经过堆积、发酵腐熟而形成的土壤。其pH呈酸性，需经暴晒或消毒过筛后才能使用。

河沙　排水透气性好，掺入黏重土中，可改善土壤的物理结构，增加土壤排水、通气性。缺点是没有肥力。

砻糠灰和草木灰　砻糠灰是稻壳燃烧后的灰，草木灰是稻草或其他杂草燃烧后的灰。二者都含有丰富的钾肥。

骨粉　是把动物骨骼磨碎、发酵制成的肥粉，含有大量的磷肥。每次加入量不得超过总量的1%。

泥炭　是沼泽发育过程中的产物，含有大量水分和未被彻底分解的植物残体、腐殖质以及一部分矿物质。

珍珠岩　是由珍珠岩矿砂经预热，瞬时高温焙烧膨胀后制成的一种内部为蜂窝状结构的白色颗粒状物。

蛭石　是以生蛭石片经过高温加热膨胀后形成的层状物质。

其他如塘泥、甘蔗渣、椰糠、山泥、砻糠、香菇渣、厩肥、苔藓、针叶土、草皮土、木屑、锯末、玉米芯、花生壳、炉渣等，均是配制培养土的好材料。

(2)盆花常用培养土的种类

盆花种类不同，其适宜的培养土亦不同。即使是同一种花卉，不同的生长发育阶段，对培养土的质地和肥沃程度要求也不相同。例如，播种和弱小的幼苗移植，必须使用疏松的培养土，不加肥分或只有微量的肥分。大苗及成长的植株，则要求较致密的土质和较多的肥分。

①一般盆花常规培养土

常用盆栽培养土　蛭石(河沙)：园土：腐叶土：干燥腐熟厩肥=1：2：1：0.5，每4kg上述混合土加入适量骨粉。

疏松型培养土　腐叶土：园土：河沙=3：1：1或泥炭：珍珠岩：蛭石=1：1：2。

质地中性培养土　腐叶土：园土：河沙=2：2：1或泥炭：珍珠岩：蛭石=1：2：1。

黏性培养土　腐叶土：园土：河沙=1：3：1或泥炭：珍珠岩：蛭石=2：1：1。

②其他各类盆栽培养土

扦插成活苗上盆培养土　珍珠岩(河沙)：园土：腐叶土(喜酸性植物可用山泥)=2：1：1。

移植小苗培养土　蛭石(河沙)：园土：腐叶土=1：1：1。

较喜肥的盆花培养土　蛭石(河沙)：园土：腐叶土：干燥腐熟厩肥=2：2：2：0.5。

木本花卉上盆培养土　蛭石(河沙)：壤土：泥炭：腐叶土：干燥腐熟厩肥=2：2：2：1：0.5。

仙人掌和多肉植物培养土　蛭石(河沙)：园土：陶粒或粗砂：腐叶土=2：2：1：0.5，加适量骨粉和石灰。

2. 培养土配制(图 3-1-1)

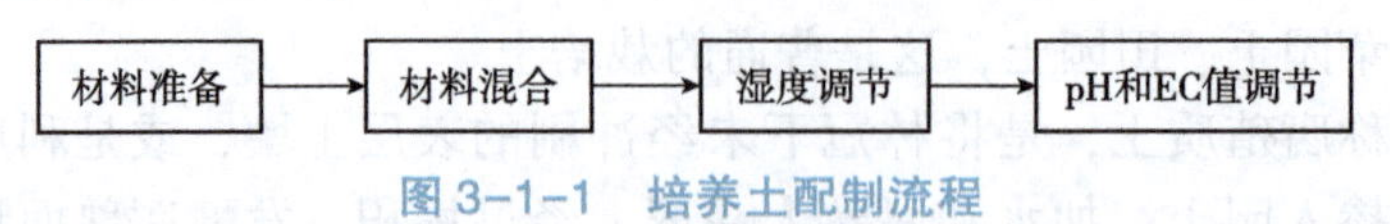

图 3-1-1　培养土配制流程

材料准备　根据培养土配方，选择相应的材料并进行简单处理。

材料混合　将所选择的材料充分搅拌，混合均匀。

湿度调节　根据盆花的习性，调节培养土的含水量。

pH 和 EC 值调节　对培养土进行 pH 快速测定，并根据盆花对培养土酸碱性要求进行 pH 调节。

对于生产中高档盆花的，还需要进行 EC 值测定和调整。

3. 培养土消毒

为了保证盆花的健康生长，减少病虫危害，必须对盆栽培养土进行消毒。培养土的消毒分为物理消毒和化学消毒两种方式(图 3-1-2)。

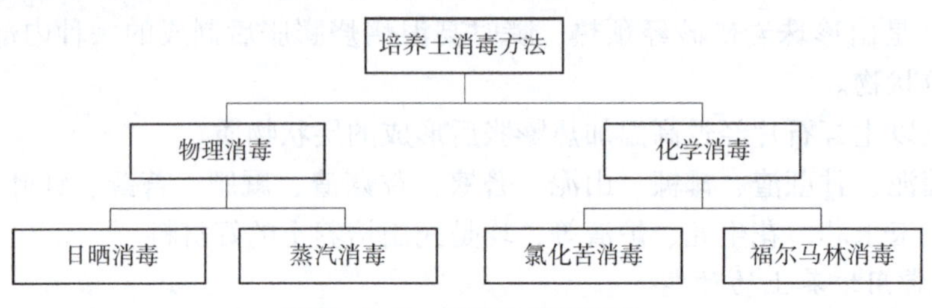

图 3-1-2　培养土消毒方法

(1)物理消毒

物理消毒主要有日晒消毒和蒸汽消毒两种方法。

①日晒消毒　将配制好的培养土放在清洁的水泥地或铁板上薄薄地摊开，在烈日下暴晒 2~3d。在夏季，暴晒可以杀死大量病菌孢子、菌丝、害虫虫卵以及线虫等。此法简便易行，但消毒不彻底。

②蒸汽消毒　将配制好的培养土用塑料薄膜进行覆盖或放入密闭容器中，通入水蒸气，待蒸汽温度达到 60℃时保持 45min，或蒸汽温度达到 80℃时保持 30min，或蒸汽温度达到 100℃时保持 10min，即可达到消毒目的。

此外，北方地区培养土消毒也可以采用低温冷冻法。

(2)化学消毒

培养土化学消毒主要是利用高效低残留化学药剂杀除培养土中的病原菌、害虫及虫卵。

①氯化苦消毒　氯化苦是一种高效的剧毒熏蒸剂，它既可杀菌，也可以杀虫。消毒时将培养土一层层堆放，每层 20~30cm，每堆一层每平方米均匀地喷洒氯化苦 50mL，最高堆 3~4 层，堆好后再用塑料薄膜严密覆盖。在气温 20℃以上保持 10d，然后揭去薄膜，并且将培养土翻动多次，使氯化苦充分挥发后即可使用。

②福尔马林消毒　对配制好的培养土进行翻动并喷洒 40%福尔马林溶液，每立方米培养土喷洒 400~500mL，然后用塑料薄膜严密覆盖熏蒸 48h，揭去薄膜翻动培养土，待药物挥发散尽后使用。

除采用以上药剂进行化学消毒外，也可以采用其他杀菌剂、杀虫剂进行消毒。

配制好的培养土如果没有及时用完，应贮藏好以备日后使用。培养土适宜在室内或室外覆盖贮藏，注意通风，否则会因养分淋失和结构破坏失去优良性状。贮藏前可稍干燥，防止变质。

三、花卉盆栽形式

花卉盆栽形式如图 3–1–3 所示。

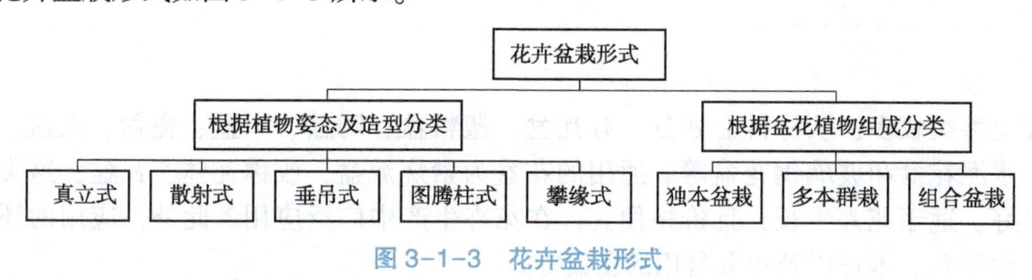

图 3–1–3　花卉盆栽形式

1. 根据植物姿态及造型分类

(1) 直立式盆栽

植物本身姿态修长、高耸，或有明显挺拔的主干，可以形成直立性线条。常用作背景或视觉中心，以增强装饰布局的气氛。如盆栽的南洋杉、龙柏、龙血树、旱伞草、散尾葵、发财树等。

(2) 散射式盆栽

植株枝叶开散，占有的空间大，多数观叶、观花、观果的植物盆栽属此类。适于室内单独摆放，组成带状或块状图形，大型的如苏铁盆栽，小型的如肾蕨盆栽等。

(3) 垂吊式盆栽

茎叶细软、下垂或蔓生花卉如吊兰、吊金钱、常春藤、绿萝、鸭跖草和蔓性天竺葵等，可作垂吊式栽培，放置于几架高处，或嵌放在街道建筑的墙面，使枝叶自然下垂，也可栽于吊篮悬挂于窗前、槽下、灯杆等，其姿态潇洒自然，装饰性强。

(4) 图腾柱式盆栽

对一些攀缘性和具有气生根的花卉，如绿萝、黄金葛、合果芋、喜淋芋等，盆栽后于盆中央竖立一直柱，柱上缠绕吸湿的棕皮、保湿棉等软质材料，将植株缠附在立柱的周围，气生根可持续吸水供生长所需，全株形成直立柱式，用于装饰门厅、甬道、厅堂角隅。

(5) 攀缘式盆栽

攀缘性花卉可以盆栽后经牵引，使其附覆于室内窗前墙面或阳台栏杆上。

2. 根据盆花植物组成分类

(1) 独本盆栽

指一个花盆中栽培一株花卉，一般为具有特定观赏价值的花卉，如菊花、仙客来、瓜叶菊、彩叶凤梨、君子兰、龙血树、杜鹃花、山茶和梅花等。独本盆栽适于单独摆放装饰或组合成线状排列。

(2) 多本群栽

指两株以上相同的植物栽植在同一容器内，形成群体美。对一些体量过小、无特殊姿态或极易分蘖的花卉适于多本群栽，如鹤望兰、白鹤芋、广东万年青、蝴蝶兰、大花蕙兰、豆瓣绿、虎尾兰、文竹、棕竹、旱伞草等。多本群栽可以单独摆放，也可进行组合摆放。

(3)组合盆栽

是指将几种生态习性相似的不同花卉通过艺术配置的手法栽种于同一容器内形成的盆栽形式，也称为“迷你花园”，是目前较流行的一种盆栽形式。

四、花卉盆栽基本方法

1. 选盆

花盆种类较多，从材料上划分，有瓦盆、塑料盆、陶盆、木盆、瓷盆、纸盆、竹质花盆、水泥花盆和玻璃钢花盆等。通用的花盆为素烧泥盆，或称瓦钵、瓦盆，这类花盆通透性好，适于花卉生长，且价格便宜，在花卉生产中广泛应用。此外，应用的还有紫砂盆、水泥盆、木桶以及作套盆用的瓷盆等。

花盆的形状多样，大小不一，常依花卉种类、植株高矮和栽培目的不同而分别选用。在选择花盆时，要注意以下几点：首先，要考虑适用性，即被选择的花盆是否能满足花卉生长发育的需要，否则不能采用；其次，要考虑美观性，即所选择的花盆要适合盆花的摆放或陈列，最好能起到画龙点睛、衬托盆花的作用；再次，要考虑实用性，目前，盆花生产一般都具有一定的规模，因此在选择花盆时，一定要充分考虑盆花的运输和花盆的损坏等因素；最后，还必须考虑经济性，要尽量选择价廉物美的花盆，以便降低盆花的生产成本。

近年来，塑料盆大量用于花卉生产，它具有色彩丰富、轻便、价格低廉、不易破碎和保水能力强等优点。一般盆花工厂化生产均选择软花盆(营养钵)和塑料花盆，而机关、单位摆放及家庭观赏使用的一般是瓷盆、紫砂盆、木盆或泥质花盆。

应按照盆花不同的生长发育时期来选择不同规格的花盆。在幼苗期一般选用育苗盘、小营养钵；待幼苗长至具有3~5片叶时，选用直径为8~10cm的盆上盆；以后每次换盆时应选择比原来的盆直径大3~5cm的花盆，直至培育成商品盆栽。需要限制其生长时，则可采用同样大小的盆进行换盆。

2. 上盆

将幼苗移植于花盆中的过程称为上盆。播种苗长到一定大小、扦插苗生根成活后以及露地栽培的花卉需要移入花盆中栽植的过程都称为上盆(图3-1-4)。

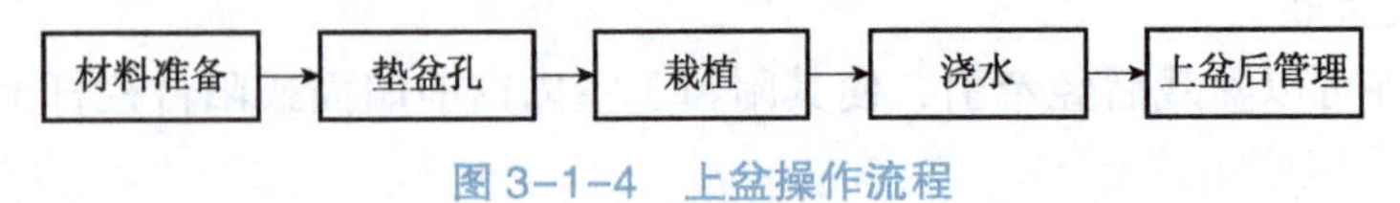

图3-1-4 上盆操作流程

材料准备 花卉上盆前，要先准备好人工配制并经过消毒的培养土，再准备好需要上盆的小苗及栽培工具。选用的花盆如果是旧盆，应预先浸洗、消毒，除去泥土和苔藓，晾干后再用；如果为新瓦盆、紫砂盆等，亦应先行浸泡退火再使用；幼苗需要剪除主根，摘除病虫叶、损伤叶；栽培基质需经充分消毒。

垫盆孔 若盆底排水孔较大，须将盆底排水孔用碎瓦片或专用垫孔片盖住，以免基质从排水孔流出，并利于排水。垫盆孔时应将凹面向下，凸面朝上。盖住盆孔后，若花盆较大，可以先在盆底垫些粗粒基质或煤渣、粗砂、陶粒、碎石块、瓦砾等。若用盆孔小的塑料盆或小盆，可不必放碎瓦片或垫孔片，直接上盆或铺一层粗粒基质。

栽植 “三填两墩一提苗”。盆中先加1/3培养土，然后将花苗放入盆的中央，扶正，再沿盆周加1/3培养土并提盆墩实；将花苗轻轻上提，使根系自然舒展，再继续填1/3培养土并提盆墩实，使盆土下沉紧实，以使根系与土紧密接触，盆土松紧适宜。花苗上盆后，根据盆大小，土面距盆沿应保留1~3cm的距离，以方便浇水施肥。

浇水 花苗上盆后应当及时浇透水。一般浇3次水，第一次用喷壶浇水至盆沿，待水渗透下去后再浇第二次水；第二次水同样浇至盆沿，有水从排水孔流出即可；第三次用喷壶轻轻淋洗花苗，洗去沾染在花苗上的培养土。

上盆后管理 花苗上盆浇水后若需缓苗，可以将盆花放在庇荫处，待缓苗后转入正常的管理。如果上盆时花苗原来的土团没有破坏，上盆后也可以直接放置在充足光照下养护。如果发现花苗倒伏或被压，应当及时扶苗。

3. 换盆

随着花卉的生长发育，原有花盆不再适应花苗的生长，需要将盆栽的花卉由小盆换到另一个较大花盆中的操作过程，称为换盆。

(1)换盆时间

花苗生长发育受到花盆大小影响时进行。

(2)换盆次数

一、二年生草花因其生长迅速，故从生长到开花，一般要换盆2~3次；多年生宿根花卉一般1~2年换盆一次；木本花卉2~3年换盆一次。

(3)换盆操作流程(图3-1-5)

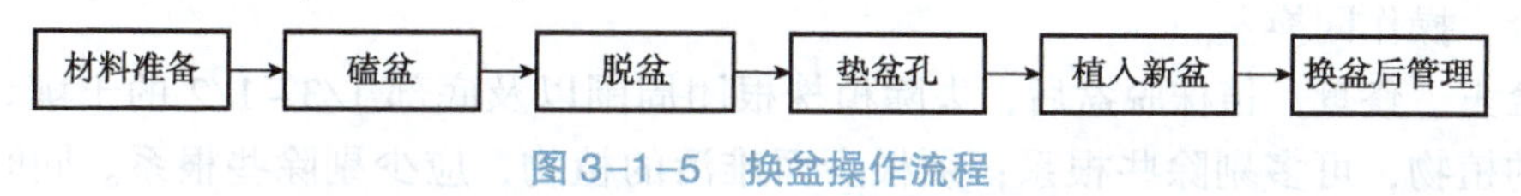

图3-1-5 换盆操作流程

材料准备 准备好需要换盆的盆花、培养土、工具、花盆等。提前控制浇水，保持盆土微干。

磕盆 原盆若为塑料盆或营养钵，可用手轻轻揉搓盆侧，使盆与盆土脱离；若为瓦盆、瓷盆等，则用手拍打盆四周，或倾斜提起花盆使盆底一侧轻轻碰触地面，通过震动使花盆与盆土脱离，或用左手托住花苗基部，将花盆倒扣于其他花盆盆沿轻磕，使花盆与盆土脱离。

脱盆 通过磕盆使花盆与盆土脱离后，用左手托住花苗基部，将花盆倒立，右手大拇指通过排水孔下按脱下花盆，取出花苗及土团。若植株较大，应由两人合作完成。其中一人用手握住植株的根颈部，另一人用手抱住花盆，再用木棒轻磕盆沿，将植株脱出。

垫盆孔 操作同上盆。

植入新盆 在大一号的花盆底部填装少许培养土，然后将取出的花苗及土团放置在盆内，沿盆四周填装培养土并墩实。注意不要破坏土团和损伤根系。

换盆后管理 换盆后，及时浇透水。浇水方法同上盆。

4. 翻盆

盆栽多年的花卉，为了改善其营养状况和生长空间，必须将植株从花盆中取出，经分株或换土后，再栽入盆中，此过程称为翻盆。

(1)翻盆时间

多年生宿根花卉和木本花卉的翻盆一般在休眠期(即停止生长之后至开始萌动生长之前)进行，常绿花卉可以在雨季进行。生长迅速、冠幅变化较大的花卉，可以根据生长状况以及需要随时进行翻盆。观花盆花一般选择在花后期进行翻盆。

(2)翻盆次数

多年生宿根花卉一般1~2年翻盆一次，木本花卉2~3年翻盆一次。

(3)翻盆操作流程(图3-1-6)

图3-1-6 翻盆操作流程

材料准备 准备好需要翻盆的盆花、培养土、工具等。提前控制浇水。

磕盆 操作同换盆。

脱盆 操作同换盆。

去盆土、修剪 植株脱盆后，去除植株根团周围以及底部1/3~1/2的土壤。须根多而易活的植物，可多剔除些根系；须根少而难活的植物，应少剔除些根系。同时剪去衰老及损伤的根系，并对植株地上部分的枝叶进行适当的修剪或摘除。

分株 萌蘖能力强或丛生状生长的花卉，可结合翻盆分成2~3丛，分别进行盆栽。

垫盆孔 操作同上盆。

栽植 操作同上盆。

翻盆后管理 操作同换盆。

5. 转盆

盆花在一个位置放置时间过长后，由于植株的趋光性，会使植株向光线侧偏移，造成盆花植株偏斜。因此，每隔一段时间须将花盆转换一下方向，使植株均匀受光生长。

6. 倒盆

由于各种原因调换盆花在栽培地摆放位置的操作过程，称为倒盆。

倒盆的主要原因有以下两种：一是盆花经过一段时间的生长，冠幅增大，造成植株间相互拥挤，通风透光不良，为了改善植株间的通风透光性，使植株生长发育良好，同时有效预防病虫害的发生，须及时调整盆花之间的距离。二是由于盆花放置的位置不同，造成光照、温度、通风等环境条件各异，使盆花生长发育不一致，生产的盆花规格大小

有较大的差异，为此需要经常调换花盆的位置，将生长旺盛的植株移到环境条件较差的地方，而将生长发育较差的盆花移到环境条件较好的地方，调节其生长。

五、盆花繁殖方法

采用分株繁殖、播种繁殖或扦插繁殖，流程如图3-1-7至图3-1-9所示。

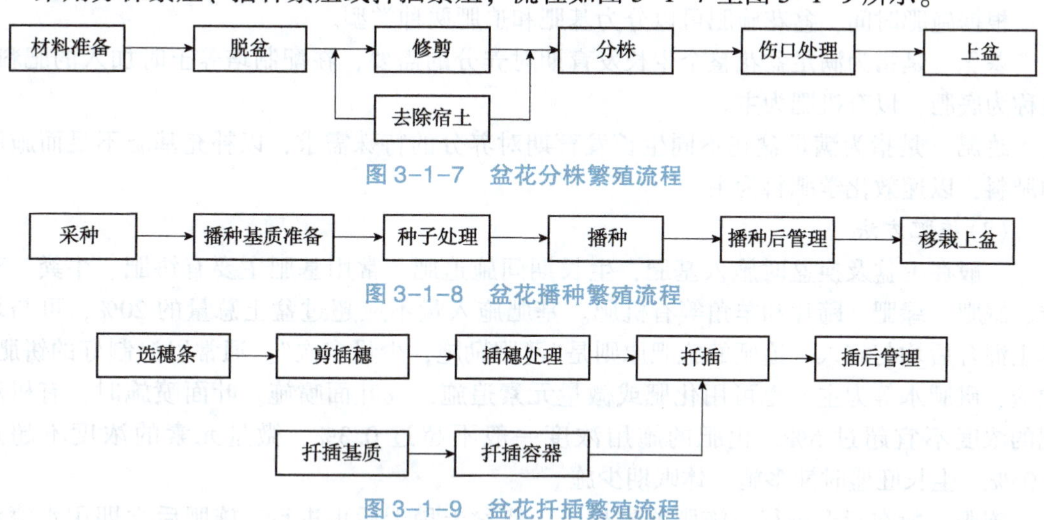

图3-1-7 盆花分株繁殖流程

图3-1-8 盆花播种繁殖流程

图3-1-9 盆花扦插繁殖流程

六、盆花管理

1. 水分管理

(1) 浇水的水质及次数

盆花浇水以天然雨水为上，其次是江、河、湖泊中的水，再次为自来水和井水。用井水时应特别注意水质和水温。如果水中含盐量较高，尤其是浇喜酸性土壤的花卉时应先行淡化处理。无论是井水还是含氯的自来水，均应在贮水池存放24h之后再用。

浇水的次数和浇水量要根据花卉的种类、习性、生长阶段、季节、天气状况和栽培基质等多种因素灵活掌握。

(2) 浇水原则

水生花卉、湿生花卉生长期间应当保持充足的水分，原则是“宁湿勿干”；旱生花卉水分管理原则是“宁干勿湿”，特别是温度较高时期；中生花卉浇水的原则是“不干不浇，浇则浇透，浇透勿漏，干湿相间，宁干勿湿”。

(3) 浇水时间

盆花浇水时间一般以用水的水温与气温最接近的时候为宜，温差控制在5℃范围内，同时受生产条件和劳动力安排影响。

(4) 浇水方式

根据花卉的种类和生产方法，浇水的方式有：喷雾、喷灌、滴灌、浇灌和浸灌等。可根据具体的生产条件选择适宜的方式进行浇水。

2. 肥料管理

盆花长期生长在盆钵之中，根系扩展受盆土限制，生长发育中需要的营养元素主要由盆栽培养土来提供，但盆土中营养元素的量往往不能满足盆花持续生长对养分的需求，因此施肥对其生长和发育就显得至关重要。

(1)肥料类型

根据施肥时间，盆花施肥可以分为基肥和追肥两种类型。

基肥　是指为满足盆花整个生长发育期对养分的需要，在配制培养土时加入的肥料，也称为底肥，以有机肥为主。

追肥　是指为满足盆花不同生长发育期对养分的特殊需求，以补充基肥不足而施用的肥料，以速效化学肥料为主。

(2)施肥方法

一般在上盆及换盆时施入基肥，生长期间施追肥。常用基肥主要有饼肥、牛粪、鸡粪、厩肥、绿肥、蹄片和羊角等有机肥。基肥施入量不应超过盆土总量的20%，可与培养土混合后均匀施入。追肥的施肥原则是“薄肥勤施，少量多次”。通常以沤制好的饼肥、油渣、矾肥水等为主，也可用化肥或微量元素追施，或叶面喷施。叶面喷施时，有机液肥的浓度不宜超过5%，化肥的施用浓度一般不超过0.3%，微量元素的浓度不超过0.05%。生长旺盛时期多施，休眠期少施。

施肥一般在晴天进行。施肥前先松土，待盆土稍干后再进行。施肥后立即用水喷洒叶面，以免残留肥液污染叶片，第二天务必再浇一次水。根外追肥通常应在中午前后进行，不宜在低温下进行。另外，由于气孔多分布于叶背面，叶背吸肥力强，因此液肥应多喷于叶背面。

盆花的用肥应合理搭配，否则易发生营养缺乏症。苗期以营养生长为主，需要多施氨肥，花芽分化和孕蕾期需要多施磷、钾肥；观叶植物不能缺氮，观茎植物不能缺钾，观花和观果植物不能缺磷。此外，缓释型颗粒肥料已在专业化盆花生产中推广应用。其优点是养分可逐步释放，使用简单便利，营养丰富，并可视植物不同生长阶段选用成分和释放周期不同的型号，但成本较高。

3. 整形与修剪

整形也就是整理形状，是指根据花卉生长发育特性及人们对花卉观赏美学的要求，对花卉采取一定的技术措施，以培养出符合人们观赏需要的结构和形态的一种操作。修剪是剪除植物体一部分，是指对植株的某些器官如根、芽、枝、叶、花和果实等进行部分摘除、疏枝或剪截的操作。整形主要是通过修剪技术来完成的，而修剪又是在整形的基础上实施的。

整形与修剪是盆花养护管理中的一项重要的技术措施。通过整形和修剪可调整植株生长势，塑造良好的株形，促进花芽分化，提高盆花的观赏价值和商品价值。盆花栽培中应根据各种盆花的生长发育规律和栽培目的，及时对盆花进行整形与修剪。

(1)整形的方法

整形的方法有支缚、绑扎和诱引等，分自然式和人工式两种类型。自然式是利用植物的自然株形，稍加人工修剪，使分枝布局更加合理、美观。人工式则是人为地对植物进行整形，强制植物按照人为的造型要求生长。在确定整形形式前，必须对植物的特性

有充分的了解。花枝细长的小苍兰、大丽花等常设支柱；攀缘性植物如香豌豆、球兰、旱金莲常绑扎成屏风形、直立形、球形，绿萝、喜淋芋绑扎成柱形；将叶子花绑扎成圆球形、蘑菇形；将蟹爪兰绑扎成圆盘形；对梅花和一品红进行曲枝作弯降低植株的高度；等等。

(2)修剪的技术措施

①摘心与剪梢　摘心是指摘去嫩枝顶部的操作，剪梢是指用剪刀剪除已木质化的枝梢顶部。摘心与剪梢均可促使侧枝萌发，增加枝条数量，降低植株高度，使植株矮化、株形圆整、开花整齐，同时还可以起到抑制生长、推迟开花的作用。

球根类花卉、攀缘性花卉、兰科花卉以及植株矮小分枝性强的花卉，均不宜摘心。

②摘叶、摘花与摘果　在植株生长过程中，当叶片生长过密影响通风透光，或出现黄叶、枯叶、破损叶或病虫危害叶时，应进行摘叶。摘叶不仅可以改善通风透光条件，促进植株生长，减少病虫害的发生，还能促进新芽的萌发和开花。如茉莉花可通过摘除老叶的方法使新芽萌发的时间提早，天竺葵通过摘叶能增加开花的数量及提高开花质量。

摘花　一是指摘除残花，如杜鹃花开花之后，残花久存不落，影响嫩芽及嫩枝的生长，需要及时摘除；二是指摘除生长过多以及残、缺、僵等不美之花朵。

在观果花卉栽培中，有时会挂果过密，为了果实生长良好，调节营养生长与生殖生长之间的关系，需将果实摘除一部分，以减少养分的消耗。

③抹芽与除蕾　抹芽即剥除侧芽，其目的是减少过多的侧枝，以免阻碍通风透光，分散养分，从而使留下的枝条生长健壮，提高开花的质量。除蕾是指在花蕾形成后为了保证主蕾开花的营养供应而剥除侧蕾，以提高开花质量。有时为了调整开花的速度，使全株花朵整齐开放，可以分次剥蕾，花蕾小的枝条早剥侧蕾，花蕾大的枝条晚剥侧蕾，最后使每个枝条上的花蕾大小相似，开花大小也近似。

④去蘖　是指除去植株基部附近的根蘖或嫁接苗砧木上发生的萌蘖，使养分集中供给植株，促使盆花生长发育良好。

⑤剪枝　其主要有疏枝和短截两种方法。

疏枝是指将枝条从基部剪去，疏除的主要是病虫枝、伤残枝，以及不宜利用的徒长枝、竞争枝、交叉枝、并生枝、下垂枝和重叠枝等。疏枝能使冠幅内部枝条分布趋向合理，均衡生长，改善通风透光条件，加强光合作用，增加养分积累，使枝叶生长健壮，减少病虫害等。但疏枝对全株生长有削弱作用，疏枝程度依据花卉种类、生长阶段而异。萌发力强的可以多疏枝，反之则要少疏枝。为了促进幼苗生长迅速，宜少疏枝。

当年生枝条上开花的花卉种类应在春季修剪，如扶桑、倒挂金钟、叶子花等；在2年生枝条上开花的种类宜在花后短截枝条，使其形成更多的侧枝，如山茶、杜鹃花、梅花等。留芽的位置要根据希望枝条生长的方向来确定。如欲使其向上生长，则留内侧芽；欲使其向外倾斜生长，则留外侧芽。修剪时应使剪口呈斜面，芽在剪口的对方，距剪口斜面顶部1~2cm。

考核评价

查找资料后，小组讨论，制订并实施盆花生产实施方案，并完成工作单3-1-1至工作单3-1-4。

工作单3-1-1　营养土配制

组别：　　　　　　　　组长：　　　　　　　　组员：　　　　　　　　时间：

营养土配制步骤		营养土配制方法	结果考核
××营养土配制	营养土材料准备		
	营养土材料混合		
	调节含水量		
	调节pH		
	营养土消毒		
	营养土贮藏		
评判成绩			

工作单3-1-2　花卉小苗上盆

组别：　　　　　　　　组长：　　　　　　　　组员：　　　　　　　　时间：

小苗上盆步骤		小苗上盆方法	结果考核
××(花卉)小苗上盆	材料准备		
	起苗		
	栽植		
	浇水		
	上盆后管理		
评判成绩			

工作单3-1-3　盆花换盆

组别：　　　　　　　　组长：　　　　　　　　组员：　　　　　　　　时间：

盆花换盆步骤		盆花换盆方法	结果考核
××(花卉)换盆	材料准备		
	脱盆		
	栽植		
	浇水		
	换盆后管理		
评判成绩			

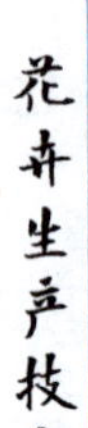

工作单 3-1-4　盆花翻盆

组别：　　　　　　　　组长：　　　　　　　　组员：　　　　　　　　时间：

盆花翻盆步骤		盆花翻盆方法	结果考核
××(花卉)翻盆	材料准备		
	脱盆		
	去宿土		
	修剪(分株)		
	栽植		
	浇水		
	翻盆后管理		
评判成绩			

任务3-2　年宵盆花生产

任务目标

1. 了解年宵盆花的概念。
2. 识别常见的年宵盆花20种以上。
3. 熟悉常见年宵盆花的形态特征、生态习性及品种分类。
4. 根据年宵盆花的习性，能够运用所掌握的花卉生产技术进行常见年宵盆花的繁殖、栽培管理和花期调控，生产出合格的年宵盆花。

任务描述

年宵盆花是盆花的一种类型，主要应用于元旦、春节、元宵节等传统节日，用以烘托节日气氛。本任务是以小组或个人为单位，对学校、花卉市场、广场、公园等进行年宵花种类及应用形式的调查，识别常见年宵盆花，并能进行常见年宵盆花的生产。

知识准备

一、年宵盆花概念

“年宵盆花”一词最初从广东沿海一带流传而来，从圣诞节、元旦到春节甚至情人节，期间销售的各种花卉，称为年宵盆花。近年来，年宵盆花已经逐渐深入人们的生活，节日期间人们习惯用各色花卉来装饰房间，增添节日的喜庆气氛，特别是春节购花、赏花、逛花市已经成为一种时尚。

二、年宵盆花常见花卉种类

年宵盆花花卉大部分为观花类，花色鲜艳，自然花期在年宵前后。

目前，市场上常见的年宵盆花种类有大花蕙兰、蝴蝶兰、文心兰、卡特兰、石斛兰、飘香藤、铁线莲、比利时杜鹃、山茶、一品红、仙客来、观赏凤梨、彩色马蹄莲、花烛、百合、月季、牡丹、君子兰、丽格海棠、风信子、墨兰、佛手等，较新奇的有食虫植物猪笼草、寓意财源广进的金钱树、花朵似袋鼠的袋鼠花等，可谓琳琅满目。这些花卉以美丽的外观、奇特的习性、吉祥的名字和丰富的寓意吸引了众多的市民。

三、年宵盆花特点

花形多变　即改变传统花形，大花变小花，或小花变大花，给人耳目一新的感觉，使人兴趣倍增。如用木瓜嫁接的海棠，花直径比普通品种的花大逾1倍；袖珍盆栽碗莲的直径只有池栽碗莲的1/2。

造型多样　如灵芝盆景、食用仙人掌盆景、银杏盆景、石榴盆景、枣树盆景、桃树盆景、苹果树盆景等多种造型的盆景花卉。

一花多色　即一种花卉具有多种颜色。如荷花除了白色和粉红色两种颜色，还有红色、桃色、紫红、浅黄、橙色等多种颜色。

花期异常　可分为3种情况：一是一年两次或多次开花；二是将正常花期一次性延长；三是花期错季，即通过先进的科学技术将花期提前或延后。

任务实施

常见年宵盆花生产：

年宵盆花

1. 大花蕙兰（*Cymbidium hubridum*）

又名喜姆比兰、蝉兰、东亚兰，兰科兰属园艺种，由独占春、虎头兰、象牙白、碧玉兰、美花兰、黄蝉兰等大花型原生种经过多代杂交选育而来。原产于印度、缅甸、泰国、越南和中国南部等地。大花蕙兰被称为"和美富贵之花"，寓意丰盛祥和、高贵雍容，与蝴蝶兰、红掌和凤梨一并被称为"四大年宵盆花"。

【形态特征】

多年生常绿草本。根系发达，根多为圆柱状，肉质，粗壮肥大，大多呈灰白色，无主根与侧根之分，前端有明显的根冠。株高30~150cm，假鳞茎粗壮，长椭圆形，属合轴性兰花。假鳞茎上通常有12~14节，每个节上均有隐芽。隐芽依据植株年龄和环境条件不同可以形成花芽或叶芽。叶丛生，带状，革质；叶片两列，叶色受光照强弱影响很大，可为黄绿色至深绿色。花序较长，小花数一般大于10朵，花色有红、黄、翠绿、白、复色等色。花期10月至翌年4月。果实为蒴果。

【生态习性】

大花惠兰喜凉爽、昼夜温差大，生长适宜温度为10~25℃。花芽分化对温度要求十

分严格，白天25℃，夜晚为15℃；越冬温度不宜过高，夜间在10℃左右比较合适。花芽耐低温能力较差，若温度太低，花及花芽会变黑腐烂，甚至植株会受到冻害。若夜间温度高至20℃，虽叶丛繁茂，但花芽枯黄不开花。

大花蕙兰对水质要求较高，喜微酸性，pH为5.4~6.0。喜欢较高的空气湿度，最适宜的空气相对湿度为60%~70%。稍喜光，喜半阴的散射光环境。喜肥，要求疏松、透气、排水良好的栽培基质。

【品种及分类】

大花蕙兰的品种类型非常丰富，目前比较流行的品种按花色可分为：

红色系　如'红霞''亚历山大''福神''酒红''新世纪'。

粉色系　如'贵妃''梦幻''修女'。

绿色系　如'碧玉''幻影''往日回忆''世界和平''钢琴家''翡翠''玉禅'。

黄色系　如'黄金岁月''龙袍''明月''幽浮'。

白色系　如'冰川''黎明'。

橙色系　如'釉彩''梦境''百万吻'。

咖啡色系　多见于垂花蕙兰系列，如'忘忧果'。

复色系列　'火烧'。

【种苗繁育】

可采用分株、组织培养等方式繁殖，商品化生产中多采用组织培养繁殖。

分株繁殖　分株宜选择植株开花后、新芽尚未长大之前进行。分株前基质应适当干燥，根略发白、绵软时操作。生长健壮者通常2~3年分株一次。分株时将植株从原来花盆中脱出，要抓住没有嫩芽的假鳞茎，避免碰伤新芽。剪除枯黄的叶片、过老的鳞茎和已经腐烂的老根，用消过毒的锋利刀片将假鳞茎切开，伤口涂上硫黄粉，干燥1~2d后单独上盆，分株后每丛苗应带有2~3个假鳞茎，其中一个必须是上一年新形成的。

【栽培管理】

大花蕙兰栽培管理流程如图3-2-1所示。

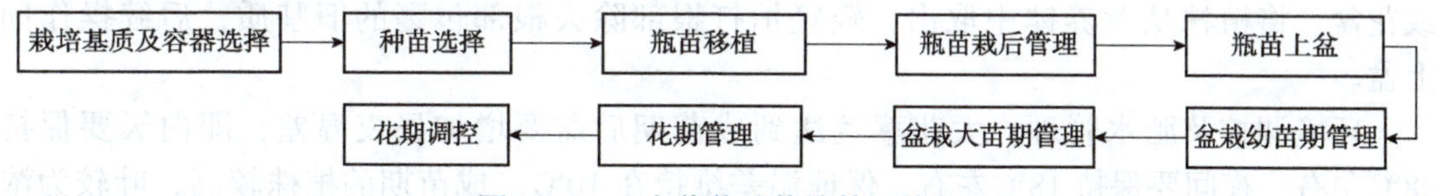

图3-2-1　大花蕙兰栽培管理流程

栽培基质及容器选择　栽培基质选择疏松、透气、排水良好、保肥水性能好的材料最为理想。较为常用的基质有水苔、树皮、椰子壳、蛇木屑、碎石、陶粒等，可以单独使用，也可以混合使用。建议在幼苗期单独用水苔，在中苗、大苗期用椰子壳和碎石(20%~30%)混合栽培。树皮颗粒应用标准：幼苗时用直径2~5mm的颗粒，中苗时用直径5~10mm的颗粒，大苗时用直径8~18mm的颗粒。

大花蕙兰瓶苗栽植时主要选用水苔为栽培基质。栽植前将水苔放入清水中浸泡12h，然后捞出脱水，以用手挤压刚刚滴水为宜。

选择容器时，小苗叶长≤10cm时，用8cm×8cm的营养钵；中苗叶长10~20cm时，用12×16cm的营养钵；大苗叶长20cm以上时，用15cm×25cm的营养钵。

种苗选择　根系粗壮，白色，无死根或坏根；鳞茎粗壮，有光泽；叶面无损伤，无病害。可选择瓶苗，最好为分生苗，其次为种子苗。要求品种纯正、苗体健壮、无病害。

瓶苗移植　瓶苗应及时移栽，移植时间全年均适宜，以3~4月最佳。移栽时先将处理过的水苔平铺于育苗盘中，距离盘沿1.5cm左右；然后用镊子将瓶苗取出，洗净基部培养基；再用多菌灵800~1000倍液消毒，按株行距8cm×10cm栽入基质中，用手轻轻压扶，且根系要舒展。一般基质以埋住根部以上0.5cm为宜。

瓶苗移栽后管理　瓶苗栽植后，温度保持在25℃±2℃，湿度保持90%以上。进行必要的遮阴，室内需保持2000~30 000lx的光照。日常用EC值低于0.5mS/cm、pH在5.6~6.2的偏酸性软水进行浇灌，一般每隔4~6d浇灌一次。施肥以氮肥为主，一般常用N：P：K为5：1：2的复合肥，施用时可结合浇水进行，一般7~10d喷施一次浓度为0.1%的液态肥。

瓶苗上盆

选盆：选择15孔穴盘或8~10cm的营养钵。

上盆时间：瓶苗栽植20周左右，株高在10~20cm时进行。

上盆方法：先向营养钵中添加1/3树皮块，然后将适量的水苔铺开后平放于右手中，用左手将起出的小苗竖直拿于胸前，用右手的水苔将根部包裹住，竖直放入营养钵中，最后用树皮块将营养钵填满固定小苗，用手轻轻压扶震荡即可。

盆栽幼苗期管理　白天温度保持23~26℃，夜间保持18℃左右。湿度保持在75%~85%。适当增加光照，促进植株的光合作用以保证植株健壮生长，光照强度应保持在30 000~35 000lx。幼苗期浇水由喷洒改为灌根，一般每隔5~7d浇灌一次，较为炎热的季节2~3d浇灌一次，温度过高或湿度过低时还应向叶面喷洒清水。施肥以氮肥为主，使用N：P：K为3：1：1的复合肥。施肥应结合浇水进行，10~12d浇灌浓度为0.1%的肥水一次。

盆栽大苗期管理

换盆：当叶片长度达到20cm以上时，需适时进行换盆。选择15cm×25cm的营养钵或花盆。将植株从营养钵中取出，轻轻拍打根部除去根部包裹的旧基质，后续操作同上盆。

环境调控及肥水管理：大花蕙兰达到成苗期后需要增加昼夜温差，即白天要保持28℃左右，夜间要保持18℃左右，保证温差维持在10℃。成苗期的植株较高，叶较为浓密，极易感染病害，管理中要适当降低湿度，一般相对湿度保持在70%~75%。光照保持在40 000~45 000lx为宜。进入成苗期后植株水肥需求量迅速增加，一般每隔4~5d浇灌一次清水，蒸发量较大时2~3d浇灌一次，同时每天10:00左右对植株进行喷雾一次，以减缓蒸发速度，保证植株对水分的充分吸收。施肥以磷、钾肥为主，一般使用N：P：K为1：2：3的复合肥。可结合浇水施肥，浓度为8%的肥水每隔7~10d浇灌一次。在植株生长较旺盛的季节应适当缩短肥水施用时间或适当增加施肥用量，以保证植株正常的生长。在严寒和低温时期要注意控水控肥，适当增加磷、钾肥的用量，以提高植株自身的防御能力。

花期管理　开花期间适当降低温度可以获得较长的花期，白天温度保持在24~25℃，

夜间温度保持在17~18℃为宜。湿度保持在80%~90%，以保障花朵鲜艳，防止花瓣干枯。光照保持在35 000~40 000lx为宜。浇水按常规进行，一般6~7d浇清水一次，可以进行叶面喷水，但要谨防将水溅到花瓣上。进入开花期以后，不再追加任何肥料。

花期调控

生理调控：是通过一系列培养措施满足或抑制植株自身的生理需求，从而达到调控花期的目的。花期生理调控主要表现在两个方面：一方面是催花。一般在6~10月，植株由营养生长向生殖生长转化，这时增施磷、钾肥，适当控水，保持土壤干燥，可降低细胞自由水含量，抑制营养生长。同时，春、夏营养生长期要进行抹芽，每个球茎基部只保留1~2个发育正常、长势健壮的腋芽，以加速生殖生长，达到促花催箭的目的。另一方面是花期延后。通过增施氮肥、增加浇水量等生产措施，来减缓植株由营养生长向生殖生长转化，从而抑制花芽的形成，达到延迟开花的目的。

环境调控：是通过对温度、湿度、光照等环境因子的调控来影响植株的花芽分化，从而达到调控花期的目的。花期环境调控也主要表现在两个方面：一方面是催花。把成苗放入单一温室，将白天温度控制在20~25℃，夜间温度控制在15℃左右，湿度控制在70%左右，光照控制在40 000lx左右，同时适当延长肥水浇灌时间，在这样的环境中培养45d左右即可达到促花催箭的目的。另一方面是延迟花期。在植株达到花芽分化期前，将温室的温度白天保持在28℃左右，夜间保持在20℃左右，即可抑制花芽分化，达到延迟开花的目的。

2. 蝴蝶兰（*Phalaenopsis aphrodite*）

又名蝶兰、台湾蝴蝶兰，兰科蝴蝶兰属多年生草本。蝴蝶兰约100种，具有“兰中皇后”的美誉。

【形态特征】

附生，茎短，常被叶鞘所包，具有肉质根和气生根。叶片基生，肉质，常3~4枚或更多，椭圆形、长圆形或镰刀状长圆形，长10~20cm，宽3~6cm。花序侧生于茎的基部，长达50~100cm，不分枝或有时分枝；花柄绿色，花序轴紫绿色，多少回折状；花大，白色，形似蝴蝶，花期长；花苞片卵状三角形，中萼片近椭圆形，侧萼片歪卵形，花瓣菱状圆形，侧裂片直立，具红色斑点或细条纹。花期4~6月。

【生态习性】

蝴蝶兰自然分布于低纬度热带海岛。喜高温、高湿度、通风透气的环境。耐半阴，忌烈日直射。不耐涝，忌积水。畏寒冷，生长适宜温度白天为25~28℃，夜间为18~20℃，越冬生长温度不低于15℃，低于10℃将停止生长，低于5℃容易死亡。适宜的湿度范围为60%~80%。

【品种及分类】

台湾蝴蝶兰（*P. amabilis* var. *aphrodite*） 为蝴蝶兰的变种。叶大，扁平，肥厚，绿色，并有斑纹。花径有分枝。

斑叶蝴蝶兰（*P. schilleriana*） 别名席勒蝴蝶兰，为同属常见种。叶大，长圆形，长70cm，宽14cm，叶面有灰色和绿色斑纹，叶背紫色。花多达170朵，淡紫色，边缘白色。花期春、夏季。

曼氏蝴蝶兰(*P. mannii*) 别名版纳蝴蝶兰，为同属常见种。叶长30cm，绿色，叶基部黄色。萼片和花瓣橘红色，带褐紫色横纹；唇瓣白色，3裂；侧裂片直立，先端截形；中裂片近半月形，中央先端处隆起，两侧密生乳突状毛。花期3~4月。

菲律宾蝴蝶兰(*P. philipionensis*) 为同属常见种。花茎长约60cm，下垂；花棕褐色，有紫褐色横斑纹。花期5~6月。

滇西蝴蝶兰(*P. stobariana*) 为同属常见种。萼片和花瓣黄绿色，唇瓣紫色，基部背面隆起呈乳头状。

【种苗繁育】

蝴蝶兰常用的种苗繁育方法有：组织培养法和分株法。

【栽培管理】

蝴蝶兰栽培管理流程如图3-2-2所示。

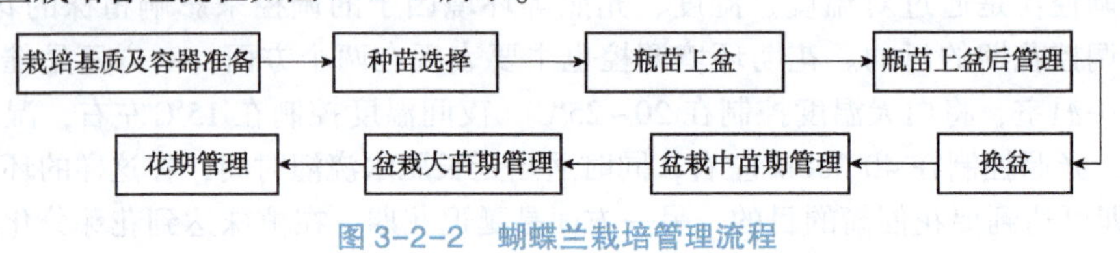

图3-2-2 蝴蝶兰栽培管理流程

栽培基质及容器准备 栽培基质采用优质水苔。有条件的第一次用80℃热水浸洗30~40min，再用冷水浸洗30min以上，除去杂质，用离心机或压干机脱水，以用力挤压水苔不出水为宜。

种植小苗宜用直径5~6cm的透明营养钵或28cm×54cm的50孔育苗盘。种植中苗宜用直径8~9cm的透明营养钵或27cm×45cm的15孔育苗盘和约1cm×1.5cm×2cm的泡沫块。种植大苗宜用直径10~12cm的透明营养钵或32cm×43cm的12孔育苗盘和1cm×1.5cm×2cm的泡沫块。

种苗选择 植株健壮，无病虫害；叶片3~5片，叶宽1.5~2.5cm；根3~5条，根长1.5~5.0cm，根系健壮有活力，无污染。根据需要可周年种植，春节上市的，种苗种植适期为3月上旬至5月上旬。

瓶苗上盆 种植时将水苔抖松，先垫少量水苔于根系下，再用水苔将苗根包住，竖直植于容器中央。水苔低于盆沿约0.8cm，捏压软盆感觉结实有弹性为宜，每10kg水苔种植2000~2200株。定植后叶片朝育苗盘对角线摆放，定植当天喷施针对细菌和真菌的广谱性杀菌剂。

瓶苗上盆后管理 小苗生长适宜温度为22~30℃，适宜湿度为70%~85%，适宜光照强度为8000~18 000lx。因此，定植20d内应保持温度在20~28℃，湿度在80%~90%，光照强度在4000~8000lx。

定植后适当控制水分，待盆中水苔较干、盆底或盆壁仅见少量水珠时，用25：5：15(N：P：K，下同)水溶性液肥4000~5000倍液等促根壮苗液肥浇半透水。定植20~25d，待植株长出新根后，用20：20：20水溶性液肥3000~4000倍液浇灌。冬、春季及阳光不足时节每隔7~10d浇一次半透水，夏、秋季及干燥天气每隔5~8d浇一次透水。每天检查，及时淘汰病苗、弱苗，调整叶片受光面，避免新叶互相遮挡，并做好兰株导根工作。

换盆　苗龄4~6个月，两叶距10~15cm，叶宽4~5cm，叶数4~5片时进行换盆。小苗换盆前先控制水分使水苔保持轻微湿润，然后按苗的大小分级。取苗时用手轻轻挤压软盆四周，使根系与盆壁分开，取出带基质的小苗。在营养钵中放入2~3个小泡沫块，用水苔包裹小苗根部，水苔低于盆沿约1.8cm，每10kg水苔种植1000~1200株。定植后将叶片朝育苗盘对角线摆放，换盆当天喷施针对细菌和真菌的广谱性杀菌剂。

盆栽中苗期管理　生长期适宜温度为22~30℃，适宜湿度为70%~85%，适宜光照强度为10 000~20 000lx。刚换盆的兰苗25d内应保持温度在20~28℃，湿度在80%~90%，光照强度在8000~15 000lx。

换盆后适当控制水分，待盆中水苔较干时，用20：20：20水溶性液肥3000~4000倍液浇一次半透水。换盆25~30d后，植株有新根长出，部分新根已达盆壁，待水苔较干时可浇第二次肥水。冬、春季及阳光不足时节，每隔10~15d用20：20：20水溶性液肥2000~3000倍液浇一次半透水，夏、秋季及干燥天气每隔7~10d用20：20：20水溶性液肥2000~3000倍液浇一次半透水，夏季每月间施一次约15：20：25水溶性液肥3000倍液，冬季每月施氮肥1~2次。每天检查兰苗，及时淘汰病苗、弱苗，调整叶片受光面，避免叶片互相遮挡，并做好兰株导根工作。

需保持营养生长的种苗，冬、春季应剪除花蕾或只留1个花蕾，待室外夜间气温稳定回升至20℃以上且天气晴朗时用已消毒的剪刀剪除花梗。

盆栽大苗期管理　兰苗再经过4~5个月的栽培，两叶距16~22cm，叶宽4~6cm，叶片4~6片时再次换盆。在营养钵中放3~4个小泡沫块，用水苔包裹苗根，水苔低于盆沿约2.0cm，每10kg水苔种植450~500株。换盆后按叶片朝育苗盘对角线摆放，换盆当天喷施针对细菌和真菌的广谱性杀菌剂。生长期温度、湿度、光照及肥水管理同中苗期。每天检查基质干湿情况并及时浇肥水。浇肥水后，隔天应检测基质EC值及pH，保持基质EC值在0.8~1.2mS/cm，pH在4.0~7.2。

花期管理　苗龄16~18个月后，兰苗需经过30~40d的凉温处理，以促进花芽分化和现蕾开花。适宜的昼、夜温度分别为25~26℃、16~18℃，湿度为70%~90%，光照强度为15 000~25 000lx。一般在上市前130~150d进行凉温促花。

凉温促花前10~15d应适当减少氮肥施用量和控制水分，并喷施1~2次磷酸二氢钾1000倍液。凉温促花期间先用9：45：15的水溶性液肥2000~2500倍液浇1~2次，促进花芽分化。凉温促花20~25d后，用10：30：15的水溶性液肥2000~2500倍液浇灌，促进抽梗和花芽的继续分化。

花梗长至10~25cm时，用15：20：25的水溶性肥液2000~2500倍液浇灌，8~10d浇一次。每隔2~3周增施一次农用氨基酸1000倍液等有机液肥。花蕾饱满即将绽放时，应保持光照、温度和湿度相对稳定，并保持温室空气流通。

当花梗长至25~30cm时，根据该品种的花梗长度，选用直径2.88mm、适当长度的包塑铁丝竖直插在花枝旁，并用扎线或塑料夹固定花梗较成熟部位。

根据花苞的发育情况及时进行分类调控。如要进行提早定型，可在花苞接近开放时将铁丝从第一个花苞下约4cm处朝植株方向弯曲，用扎线或塑料夹将花枝固定在铁丝上，使花朵有较好的向光性。

3. 君子兰(*Clivia miniata*)

又名大花君子兰、剑叶石蒜、大叶石蒜，石蒜科君子兰属。株形端庄优美，叶片苍翠挺拔，花大色艳，果实红亮，叶、花、果并美，有一季观花、三季观果、四季观叶之效。

【形态特征】

根肉质纤维状，乳白色，粗壮。茎基部宿存的叶基部扩大互抱成假鳞茎状。叶片从根部短缩的茎上呈二列迭出，排列整齐，宽阔呈带形，顶端圆润，质地革质，深绿色，具光泽，全缘。花莛自叶腋中抽出，伞形花序顶生，花直立，小花7~30朵，有柄，花漏斗状，黄或橘黄色、橙红色，有数枚覆瓦状排列的苞片。浆果绿色，成熟时紫红色。盛花期自元旦至春节，以春、夏季为主，可全年开花，有时冬季也可开花，也有在夏季(6~7月)开花的，果实成熟期10个月左右。

【生态习性】

原产于非洲南部。喜冬季温暖、夏季凉爽的半阴湿润环境。忌炎热，不耐寒，生长的最佳温度在18~28℃，10℃以下或30℃以上时生长受抑制；畏强烈阳光直射，喜肥沃、疏松、通气良好的微酸性土壤；不耐水湿，稍耐旱。叶片萌发与新根生长有一定的相关性，新根萌发时，新叶也会随着长出。

【品种及分类】

同属常见栽培种：

垂笑君子兰(*C. nobilis*)　叶片硬，粗糙，呈细条带状，叶端钝。伞形花序有小花20~60朵，下垂状，暗橘色，花瓣尖端为绿色，但也有粉黄色到暗红的花。

细叶君子兰(*C. gardenii*)　也称花园君子兰、加登君子兰，植株高度一般达80~130cm。叶片呈鲜绿色，长35~90mm，宽25~6mm，非常狭长，叶端尖。花期长，从深秋到冬季。花色一般呈橘红色、白色、黄色，花瓣尖端有非常明显的绿色。花朵呈弧状下垂，不像有茎君子兰和垂笑君子兰那样下垂得很。

有茎君子兰(*C. caulescens*)　植株高度在50~150cm。成熟兰有地上茎，长度达1m，特殊情况下也有长达3m的。软平而尖的叶片呈弓状，长30~60cm，宽35~70mm。一般在春、夏季开花。花朵下垂如垂笑君子兰，花色为橘红色，瓣尖为绿色。

奇异君子兰(*C. mirabibis*)　原产于南非，适应于半干旱的地中海气候。叶片中央有一白色条纹，使之区别于其他君子兰品种。种子只需5个月即可成熟。

沼泽君子兰[*C. robust*(*swamp*)]　一种大型君子兰，高1.8m。在沼泽区，极个别根系可长达4.5m。叶片长度为30~120cm，宽3~9cm，叶基往往无色，叶片柔韧且有着平滑的边缘，叶尖为圆形，叶片中央有淡白色条纹。3~8月(南非的秋冬季节)开花，小花15~40朵，橘红色，花冠先端绿色。浆果圆球状，红色，成熟期达12个月。

常见园艺品种：‘大胜利’‘青岛大叶’‘黄技师’‘和尚’‘圆头’‘花脸’‘鞍山兰’‘横兰’‘雀兰’‘缟兰’等。

【种苗繁育】

主要采用播种繁殖，较少利用老株基部发生的侧芽进行分株繁殖。

(1)播种繁殖

授粉　君子兰是异花授粉植物，为促进结实，应进行人工授粉。在植株花被开裂后2d左右，雌蕊的柱头上有黏液分泌时，即可进行授粉。为了保证授粉成功，需要连续授粉两次，间隔24h。花粉在培养皿中一般可保存7d左右。授粉后经250~300d种子可成熟。

播种基质准备　细沙、腐叶土、泥炭或播种用营养土等均可作为播种基质。

种子处理　播种前，将种子放入30~35℃的温水中浸泡20~30min后取出，晾1~2h。用10%磷酸钠溶液浸泡20~30min，取出洗净后再在清水中浸10~15h，效果更好。

播种　点播，将种子的胚向下插入基质中，种子间距以方便播种为宜，播后覆盖2~3cm泥炭、腐叶土、蛭石或细沙即可。

播种后管理　播种后置于室温15~30℃、湿度90%左右的环境中，10~15d可发芽。发芽过程中，基质要保持湿润，注意通风。

移栽上盆　播后50~60d，当幼苗长出第一片真叶、苗高8cm左右时可以移栽上盆。

(2)分株繁殖

分株繁殖一般在春季进行，可结合换盆进行。分株时，先将君子兰母株从盆中脱出，去掉宿土，找出可以分株的腋芽。如果子株生在母株外沿，株体较小，可以一手握住母株鳞茎部分，另一手捏住子株基部将子株掰下来；如果子株粗壮，不易掰下，可以用锋利的小刀将其切割下来。子株取下后，应立即用干木炭粉涂抹伤口，以吸干流液，防止腐烂。把子株的下半部插入河沙，深度以埋住子株的基部假鳞茎为度，然后放于25℃左右的条件下催根。栽好后随即浇一次透水，待14d后伤口愈合时，再加盖一层培养土。一般须经1~2个月长出新根，1~2年开花。

【栽培管理】

土壤与施肥　栽培君子兰可以用腐叶土，也可以用充分腐熟的厩肥过筛后掺入一定比例的河沙配制成基质。君子兰较喜肥，可于栽培前在培养土中加入腐熟有机肥(如腐熟的饼肥等)。北方可将芝麻、紫苏、蓖麻等油料种子炒熟捣碎后作基肥用，肥效时间长，施用后叶色亮绿，效果很好。生长期内根据需要每10~15d追施稀薄液肥(如豆饼的发酵水)一次。

水分管理　君子兰在生育期间需充分供水，但不得过量。一般夏季每天浇一次透水，冬季适当控制水量，不干不浇，浇则浇透。

遮阴　君子兰夏季怕日光暴晒，应搭设荫棚进行遮阴。冬季因气温较低，日光较弱，可以接受充分日照。

其他管理　君子兰在栽培过程中，叶片常常会积落一层灰尘，应用软湿布擦拭，以保持清洁。成龄君子兰在开花期，有时花箭未长出假鳞茎小花就开放了，这种现象称为夹箭。其主要原因：一是温度太低。君子兰抽箭温度为20℃左右，若是温度长期低于15℃，其花箭很难长出。二是营养不足。君子兰孕蕾和开花时对磷、钾肥的需求量较大，若是缺乏，就会使君子兰抽莛力量不足，从而出现夹箭现象。三是盆土板结不透气。君子兰孕蕾期根系需氧量大，如果盆土过细或长期处于湿度较大的状态，就会降低盆土通透性，从而出现缺氧，造成夹箭现象。四是恒温莳养。君子兰开花需要5~8℃的昼夜温差，如果白天、黑夜都让植株处于一个基本相同的温度下，就会影响君子兰的营养积累，开花期就很容易出现夹箭现象。五是根系损伤。君子兰根系受损或者烂根，会造成营养吸收渠道受阻，影响植株抽莛开花。六是品种不良。有些品种的君子兰天生夹箭。针对以上情况，需分别采取不同措施。

4. 观赏凤梨类(*Bromeliaceae* spp.)

观赏凤梨类为凤梨科观赏植物的统称。

【形态特征】

凤梨科植物多数具短的茎。单叶，常呈莲座状互生于短茎上；角质层很厚，叶表皮和叶肉中常有贮水组织，颜色丰富多彩，有红、黄、绿、粉红、褐、紫等色，不少种类具有色彩相间的纵向条纹或横向条纹或横向斑带；大多数种类的叶片基部相互紧叠，排列成莲座丛，形成一个透水的组织，承担着"贮水器"或"水槽"的作用。花茎颇长，从中央抽出；花两性，有时单性，为单性或复合的穗状、总状或头状花序，具苞片，罕有花单生；花朵常被美艳的鲜红或粉红色的苞片包着，在开花前以及整个开花期间，颜色往往会变得很鲜艳。

【生态习性】

凤梨科植物主要分布于南美洲、大西洋东部到太平洋西部，以及西印度群岛、加勒比海诸岛屿热带高温、高湿地区。可分为：附生凤梨，幼株生长时，纤细坚韧的根附在树皮之上，沿着树干的表面伸展，栽培的凤梨科植物大多数是这一类；地生凤梨，一般都生于开阔、温暖和阳光充足的地方，全无荫蔽，叶缘往往长着尖刺和有钩的锯齿；岩生(空气)凤梨，依靠叶吸收水和养分，具有较强的吸湿性和耐旱性。

【品种及分类】

凤梨科植物是非常庞大的一群，约有46属2000多种，其中一部分可供园艺栽培。目前中国引种栽培的主要有：

果子蔓属(*Guzmania*)　果子蔓凤梨(*G. lingulata*)，又名星凤梨、红杯凤梨、姑氏凤梨；松果凤梨(*G. conifera*)，又名圆锥果子蔓、圆锥擎天、火炬凤梨、咪头。

水塔花属(*Billbergia*)　水塔花(*B. pyramidalis*)，又名红笔凤梨、火焰凤梨；垂花水塔花(*B. nutans*)；'斑叶'水塔花(*B. pyramidalis* 'Variegata')，又名斑叶红笔凤梨、白边水塔花，为水塔花的变异品种；红色秀丽水塔花(*B. amoena* var. *rubra*)；美丽水塔花(*B. decora*)；等等。

凤梨属(*Ananas*)　金边凤梨(*A. comosus* var. *variegata*)，又名艳凤梨、五彩凤梨、美艳凤梨、赫凤梨、斑叶红心凤梨。

蜻蜓凤梨属(*Aechmea*)　又名美叶光萼荷属，引种栽培的为蜻蜓凤梨(*A. fasciata*)，又名美叶光萼荷、银纹凤梨。

铁兰属(*Tillandsia*)　又名花凤梨属、木柄凤梨属、第伦斯属，引种栽培的为铁兰(*T. cyanea*)、银叶花凤梨(*T. argentea*)、蛇叶凤梨(*T. eaput*)。

丽穗凤梨属(*Vriesea*)　鹦哥丽穗凤梨(*V. carinata*)，又名黄金玉扇、莺歌凤梨、黄苞莺哥、虾爪、莺哥丽穗凤梨、岐花鹦；丽穗凤梨(*V. splendens*)，又名虎纹凤梨、虎纹凤梨；彩苞凤梨(*V. poelmanii*)，又名火剑凤梨、火炬、大鹦哥凤梨。

【种苗繁育】

观赏凤梨类可采用播种繁殖、分株繁殖、扦插繁殖和组织培养繁殖等，日常生产中常采用吸芽扦插繁殖，商业生产采用组织培养繁殖。

观赏凤梨类开过花的植株不再开花，花谢后就会逐渐枯萎。但在开花期前后，从株基部的叶间会萌发出2~3株小植株，这些小植株称为吸芽。吸芽扦插通常有以下两种获得吸芽的方法：一是将母株开花后长出的吸芽用刀切下；二是破坏生长点，促发吸芽，具体做法是“一刀、二心”。一刀：就是用一把锋利的刀进行切割。二心：一是剖心，将利刀对准生长点刺穿叶筒，纵剖1~2刀(剖两刀时切口呈“十”字形)，切口长度3~5cm，1~2个月后，每株基部可长出吸芽10个左右；二是钻心，即用直径为3mm的铁杆，从上至下将凤梨心部钻穿，以破坏生长点，1~2个月后，基部同样可长出吸芽。注意无论是采用剖心还是钻心繁殖法，在15d以内心部严禁进水，否则心部极易腐烂。

当吸芽长至12~15cm高时即可切下，除去基部3~4片小叶，置于阴凉处晾干，约需2d，然后扦插于沙床。切忌插入装沙的花盆中，否则茎基部极易腐烂。沙床应处在光照强度为8000~10 000lx、温度为18~28℃的环境中，根部温度最好控制在20℃左右。1个月后长根，再过1~2个月待根系长好后，移植到9cm的花盆中。

【栽培管理】

观赏凤梨类栽培管理流程如图3-2-3所示。

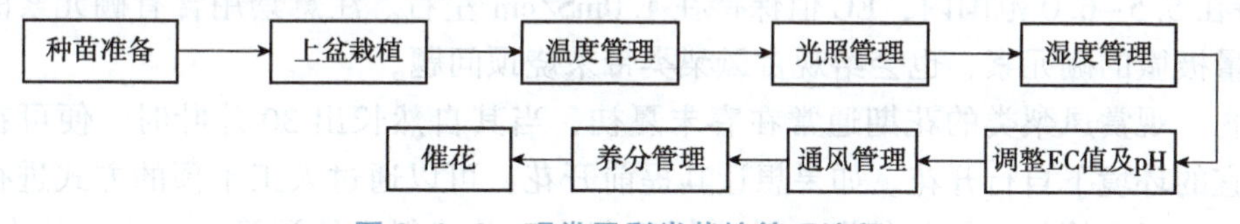

图3-2-3 观赏凤梨类栽培管理流程

种苗准备 选择株型紧凑、健壮、生长势强、抗逆性强、适宜本地区栽培、观赏价值高的优质组培苗。种苗在运输过程中由于搬运、震动会将根部的基质撒落到各处，因此种苗栽植前要清洗干净，尤其是叶腋中不能有任何基质残留。洗后晾0.5d，2d内必须上盆，定植前用50%多菌灵1000倍液浸根。

上盆栽植 基质一般采用90%进口泥炭+10%珍珠岩。观赏凤梨类喜欢偏酸性介质，基质的pH以5.5~6.5为宜。先定植在7~9cm的盆中，深度以1~2cm为宜，如果种植得过深，幼苗发叶时土壤会进入到苗心部位，对幼苗的生长起到阻碍作用。上盆后立即浇透水，保证根系与土壤充分结合。生长4~6个月，根系将基质完全包住后，根据成品的需要，换入12~16cm花盆。

温度管理 观赏凤梨类生长的适宜温度在20~30℃，生长的最佳日温为25℃左右，最佳夜温为18~22℃。观赏凤梨类不耐寒，生长最低温度在14~16℃。

光照管理 光照是观赏凤梨类栽培的一个极为重要的影响因子，对其形态、花色、花型及生长速度起到决定性作用。在苗期，光照强度控制在15 000~18 000lx较为合适，3个月后可逐渐增加光照强度，成苗的光照强度一般在20 000~25 000lx。光照既不宜过弱，也不能过强。光照太弱，会使植株色泽暗淡，花序纤细失色；光照过强，则叶片上会产生斑点，甚至会灼伤叶片。因此，应当在晴天早晨、傍晚及阴天充分利用光照，并通过遮阴系统在晴天进行有效遮阴防晒。

湿度管理　观赏凤梨类喜温暖、潮湿，湿度以70%~85%为宜，且在苗期湿度控制在80%~85%较好。在此环境下，植株饱满圆润、色泽亮丽。当湿度过低时(低于50%)，叶片会出现无法伸展、向内卷曲现象，严重时会枯萎凋零。当湿度过高时，叶片会有褐色斑点出现，甚者会有烂心现象。在温度过高的夏季，应根据气温、光照情况，每1~2h向叶面喷雾5~10min，还可以通过在地面或植床下方洒水来增加空气湿度。

调整EC值及pH　观赏凤梨类对盐分特别敏感，尤其对钙盐和钠盐最为敏感，要求浇灌用水的含盐量越低越好。含盐量过高，将导致叶片色泽晦暗，影响光合作用，并且是根腐病以及心腐病的重要诱因之一。因此，在浇水时，应控制EC值在0.3mS/cm以下，并且pH 5.5~6.5。

通风管理　夏季高温多雨时节，温室内会闷热潮湿，如果湿度高于最佳湿度上限，应及时通风换气。通风不良会造成缺氧及二氧化碳过量，使植株生长缓慢，叶片狭长，花穗短，无光泽，且容易发生病害。在通风良好的栽培场所，观赏凤梨类叶片宽而肥厚，花穗大而长，花色鲜艳。

养分管理　肥料通常以氮、磷、钾复合肥为主，氮、磷、钾比例以2∶1∶4最佳，浓度应控制在0.1%~0.2%。此外，镁对叶绿素和酶的合成起到促进作用，因此应在肥料中添加镁肥，含量以1.2%为宜。应遵循“薄肥勤施”的施肥原则，做到随水施肥，肥液的pH保持在5.5~6.0范围内，EC值保持在1.0mS/cm左右。注意禁用含有硼元素的肥料，即使含量极微的硼元素，也会给观赏凤梨类带来烧顶问题。

催花　观赏凤梨类的花期通常在春末夏初，当其自然长出30片叶时，便可在温度、湿度适宜的环境下自行开花。如果想让其提前开花，可以通过人工干预的方式进行催花。首先，用一根皮管将乙炔气体瓶与储水桶连起来，并确保皮管浸没在水中；其次，采用0.5Pa的压力将乙炔气体释放到水中，速度应缓慢均匀，通常200L的储水桶持续充气45min为宜；最后，当水中具有强烈的气味时，将乙炔水溶液灌入叶杯中，以刚好填满为好。催花处理的最佳时间是光照强度较低的早晨。也可以用乙烯利溶液来处理。间隔2~3d重复进行3次后，再过3~4个月便可开花。

另外，催花时以室温20℃左右效果较好，一般不低于15℃；进行催花的凤梨植株至少要有20片充分发育的叶片；催花要与肥水管理紧密结合，催花前14d停止施肥，催花后14d可再次施肥，肥料以钾肥为主，不宜施用氮肥；催花时要保持乙炔气阀处于打开状态，保持水中的乙炔浓度，以保证催花效果。

5. 铁线莲(*Clematis florida*)

又名铁线牡丹、番莲、金包银、山木通、番莲、威灵仙，毛茛科铁线莲属。享有“藤本花卉皇后”之美称，是一种很有前景的观花藤本植物。近年来，从国外引入了大量的藤本铁线莲新品种，其观赏性强，花期长，可应用于盆栽造型、花架、篱垣、凉亭等进行观赏。

【形态特征】

多年生草质藤本，长1~2m。茎棕色或紫红色，具6条棱，节部膨大。叶对生，二回三出复叶；小叶卵形至卵状披针形，全缘，不分裂或具1~2裂片，网脉明显。花单生于叶腋，具长花梗，中下部有一对叶状苞，花萼花瓣状，雄蕊多数；花丝宽线形，羽状花柱结果时不延伸；花瓣乳白色，背面有绿色条纹。花期1~2月，果期3~4月。园艺品种多，有重瓣、大花、多色等品种。

【生态习性】

原产于中国。喜肥沃、排水良好的碱性石灰质壤土，忌积水或夏季干旱而不能保水的土壤。耐寒性强，可耐-20℃低温。

【品种及分类】

国内铁线莲属植物大约有155种，广泛分布于全国。

主要变种：重瓣铁线莲(*C. florida* var. *plena*)。

早花种：舟柄铁线莲(*C. dilatata*)、阿尔卑斯铁线莲(*C. alpina*)、长瓣铁线莲(*C. macropetala*)、小木通(*C. armandii*)、绣球藤(*C. montana*)、金毛铁线莲(*C. chrysocoma*)。

大花杂交种：大花重瓣(*C.*'Nelly Moser')、'巴特曼小姐'铁线莲(*C.*'Miss Bateman')、'海浪'铁线莲(*C.*'Lasurstern')、'爱丁堡夫人'铁线莲(*C.*'Duchess of Edinburgh')。

晚花种：单叶铁线莲(*C. henryi*)、南欧铁线莲(*C. viticella*，又名意大利铁线莲)、香花铁线莲(*C. flammula*)、白花铁线莲(*C. maximowicziana*)。

主要品种：'东方晨曲''亨利''多蓝''繁星''小鸭''多变女神''纪念杜卫士''典雅紫''中国红''Romantika''Viola''VG. Etoile Violette'等。

【种苗繁育】

铁线莲的繁殖方式有扦插繁殖、压条繁殖、分株繁殖、播种繁殖和嫁接，生产中主要采用扦插繁殖。

扦插时间　于6月至7月上旬(夏插)或9月下旬至10月中旬(秋插)进行，此时铁线莲枝条处于半木质化状态。

穗条选择与处理　在阴天或晴天的早晨采集无病虫害、芽饱满、粗细基本一致、生长旺盛的半木质化枝条或1~2年生硬枝作为穗条。将采集的穗条剪成带1个节(2个芽)、长5~8cm的插穗，下切口距芽3~4cm，上切口距芽1~2cm。要求剪口平滑，同时叶片剪切成2~4个半片，剪好后先在多菌灵500倍液中浸泡10min，用清水冲洗后立即浸入浓度为1000mg/L的吲哚丁酸溶液中，速蘸几秒后待插。为避免病虫害发生，也可将多菌灵粉剂拌入基质中。扦插基质为泥炭+蛭石(比例为1∶1)。

扦插　株行距以3cm×3cm为宜，深度一般为插穗长的1/2~2/3，插后压紧插穗周边基质。

插后管理　嫩枝扦插后应立即浇水或喷雾，前20d每天喷雾3次，每次10min；20d以后，每天喷雾两次，每次25~30min；50d以后，逐渐延长喷雾间隔时间；扦插60d后开始移栽上盆。

【栽培管理】

种苗选择　铁线莲的根系萌发力较弱，所以选择种苗时要选择根系饱满而且多茎、健壮深绿色的植株。

种植前准备　一般要求富含腐殖质、排水性好的基质。可选用园土：腐殖土=1∶1，掺少量沙和复合肥，或泥炭与珍珠岩以3∶1或2∶1比例混合的基质，基质的EC值控制在60~80mg/kg，pH在5.8~6.5。

铁线莲属藤本植物，可以用细竹竿或包塑铁丝网等作支持物，高度在1~2m。支持物直径小于1.5cm，以便缠绕。

栽培容器可选择深35cm、直径25~30cm的塑料盆。

上盆　时间以每年的3~5月或9~10月为宜。上盆前把铁线莲的茎干剪至30cm长，有利于其分枝，并且可避免茎干在种植时折损。铁线莲茎干基部要深入土面以下3~5cm，将植株放置在合适的深度后，盖土，压实，浇透水。铁线莲根系喜欢凉爽的环境，在种植基质上覆盖3~5cm厚的覆盖物(如树皮、苔藓等)，有利于植株根系的生长。

温度管理　生长的适宜温度为夜间15~17℃、白天21~25℃。夏季，温度高于35℃时，会引起铁线莲叶片发黄甚至落叶，应采取降温措施；11月，温度持续降低，到5℃以下时，铁线莲将进入休眠期；12月，铁线莲完全进入休眠期，休眠期的第1~2周，铁线莲开始落叶。

光照管理　铁线莲需要每天6h以上的直接光照，一些红色、紫色和深蓝色的大花杂交品种和双色品种需进行充足光照才能获得艳丽的花朵，而一些小花品种可以在半阴的环境下生长和开花。

水分管理　铁线莲对水分非常敏感，不能过干或过湿，特别是夏季高温时期，基质不能太湿。一般在生长期每隔3~4d浇一次透水，"不干不浇，浇则浇透"。休眠期则只要保持基质湿润便可。浇水时不能让叶面或植株基部积水，否则很容易引起病害。

养分管理　2月下旬或3月上旬抽新芽前，可施少量氮、磷、钾比例为15∶5∶5的复合肥，以加快生长。4月或6月追施一次磷肥，以促进开花。平时可用150mg/kg的20∶20∶20或20∶10∶20水溶性肥，在生长旺期增加到200mg/kg，每月喷洒2~3次。

修枝　目的就是使植株开更多的花。修枝一般一年一次，去掉一些过密或瘦弱的枝条，使新生枝条能向各个方向伸展。修枝的时间要根据不同品种的开花时间而定：早花品种(花期4~5月)要在花期过后，也就是6~7月进行，去除多余的枝条，但不能剪掉已木质化的枝条；大花杂交品种(花期5~6月)在2~3月去除枯死或瘦弱的枝条，使枝条顶端保留大的丰满的芽；晚花品种(花期6~10月)在2~3月修剪至高60~90cm。

6. 水仙(*Narcissus tazetta* var. *chinensis*)

又名中国水仙、凌波仙子，石蒜科水仙属，是法国多花水仙的一个变种，于唐代引自意大利。为中国传统花卉，天生丽质，芬芳清新，素洁幽雅，超凡脱俗。因此，自古以来人们就将其与兰花、菊花、菖蒲并列为"花中四雅"，又将其与梅花、茶花、迎春花并列为"雪中四友"。

【形态特征】

鳞茎卵球形。叶宽线形，扁平，钝头，全缘，绿色。花茎几与叶等长。伞形花序有小花4~8朵；佛焰苞状总苞膜质；花梗长短不一；花被裂片6，卵圆形至阔椭圆形，白色，芳香；副花冠浅杯状，淡黄色，不皱缩，长不及花被的1/2。花期冬、春季。

【生态习性】

秋植球根类温室花卉，喜阳光充足，耐半阴，不耐寒。7~8月落叶休眠，在休眠期鳞茎的生长点部分进行花芽分化。具秋冬生长、早春开花、夏季休眠的生理特性。喜水肥，适于温暖、湿润的气候条件。喜肥沃的砂质土壤。生长前期喜凉爽，中期稍耐寒，后期喜温暖，因此栽培时要求冬季无严寒、夏季无酷暑、春秋季多雨的气候环境。

【品种及分类】

主要品种：单瓣型和重瓣型。

单瓣型 ‘金盏银台’，又名‘酒杯水仙’，花冠青白色，花萼黄色，中间有金色的副冠，形如盏状；‘银盏玉台’，副冠呈白色，花多，叶稍细。

重瓣型 ‘百叶水仙’或称‘玉玲珑’，花重瓣，白色，花被卷成一簇，花冠下端淡黄而上端淡白，没有明显的副冠。

【种苗繁育】

水仙主要采用分球繁殖。

侧球繁殖 着生在鳞茎球外的两侧仅基部与母球相连的侧球，很容易自行脱离母球，秋季将其与母球分离，单独种植，翌年产生新球。

侧芽繁殖 侧芽是包在鳞茎球内部的芽。秋季结合种球处理从水仙鳞茎中剥下侧芽，撒播在苗床上，翌年产生新球。

【栽培管理】

(1)种球选择

盆栽水仙鳞茎可从形、色、压、庄4个方面进行选择。形：优质的水仙鳞茎，一般个体大，形扁、质硬、饱满、平滑，侧芽较少。根盘宽大肥厚，主球旁生有对称的小球茎。色：从外表看上去，鳞茎呈深褐色，包膜完好，色泽明亮，无枯烂、虫害的痕迹，为上品。压：用拇指和食指捏住鳞茎，稍用力按压，手感轮廓呈柱状，有弹性，比较坚实的，为花箭；手感松软，轮廓呈扁平状，弹性稍差的，则多为叶芽。庄：水仙一般都采用同样大小的竹篓包装，每篓装的个数越少，其鳞茎个体就越大，庄数也就越小。一般20~30庄的水仙每球可开花4~7枝以上。

(2)栽培方法

有水培法和盆栽法。

①水培法 即用浅盆水浸培养。将经催芽处理或雕刻后的水仙直立放入浅盆中，加水至淹没鳞茎1/3为宜。盆中可用石英砂、鹅卵石等将鳞茎固定。白天，要放置在阳光充足的地方，晚上移入室内，并将盆内的水倒掉，以控制叶片徒长。次日早晨再加入清水，注意不要移动鳞茎的方向。刚上盆时，每天换一次水，以后每2~3d换一次水，花苞形成后每周换一次水。水仙在10~15℃环境下生长良好，约45d即可开花，花期可保持月余。

水仙水养期间，要给予充足的光照，白天要放在向阳处，夜间可放在灯光下。这样可防止水仙茎叶徒长，使水仙叶短宽厚、茁壮，叶色浓绿，花开香浓。水养水仙一般不需要施肥，如果有条件，在开花期间稍施一些速效磷肥，花可开得更好。

如果想推迟花期，可采取降低水温的办法，或者傍晚把盆水倒尽，次日清晨再加清水。如果节前10d看不到饱满花苞，可采用给水加温的方法催花，水温以接近体温为宜。

②盆栽法　在10月中下旬，用肥沃的砂质土壤作基质，把水仙鳞茎栽入花盆中，露出一半鳞茎。盆底应事先垫一些细沙，以利于排水。把花盆置于阳光充足、温度适宜的室内。温度以4~12℃为好，温度过低，容易发生冻害；温度过高加之光照不足，容易徒长，植株细弱，开花时间短暂，降低观赏价值。

7. 仙客来(*Cyclamen persicum*)

又名萝卜海棠、兔耳花、兔子花、一品冠、篝火花、翻瓣莲，报春花科仙客来属。仙客来花形别致，娇艳夺目，烂漫多姿，观赏价值高，深受人们喜爱。它是冬、春季名贵盆花，也是世界花卉市场上重要的盆花之一。

【形态特征】

多年生草本植物。块茎扁球形，直径通常4~5cm，具木栓质的表皮，棕褐色，顶部稍扁平。叶和花莛同时自块茎顶部抽出；叶片心状卵圆形，先端稍锐尖，边缘有细圆齿，质地稍厚，上面深绿色，常有浅色的斑纹。花单生于茎顶，稍下垂；花瓣5枚，开放后向上反卷而扭曲，形如兔耳；花色有白、粉、绯红、玫瑰红、大红、深红等色。有些品种花瓣基部常有色斑，花瓣边缘有的全缘，有的有波皱或细缺刻，也有重瓣品种，少数品种带有香气。

【生态习性】

原产于地中海沿岸南部地区。喜温暖凉爽、湿润及阳光充足，怕炎热。秋、冬、春3季为生长季，夏季气温达到30℃以上时休眠。气温超过35℃，植株易受病害而腐烂死亡。生长适宜温度为18~20℃，5℃以下则生长缓慢，花色暗淡，开花少。生长期相对湿度以70%~75%为宜。喜疏松、肥沃而排水良好的微酸性砂壤土。

【品种及分类】

根据花型的变化，仙客来的园艺品种类型主要有：大花型、平瓣型、钟型、皱边型、重瓣型和洛可可型。

根据花径的大小，仙客来的园艺品种主要有：山峦系列、哈里奥系列、改良型卡特莱亚、拉蒂尼亚系列、镭射系列、Miyako系列、美迪系列、奇迹系列和Serenade系列。

代表品种有法国的'哈里奥'、美国的'山脊'、法国的拉蒂尼亚系列。

常见的品种还有'蝴蝶''仙境''浓香''金黄''奇迹''国旗红''米若拉''日本纯白''彩蝶''太阳红''珍品黄金'及浓香型的'小荷兰皱叶宽边'等。

【种苗繁育】

仙客来主要采用播种繁殖，种子发芽力可保持3年。

播种时间　一般立秋后(9~10月)播种，种子发芽率为85%~95%。

种子处理　为使发芽整齐、提早出芽，可浸种催芽。播种前用冷水浸泡一昼夜或用30℃温水浸2~3h，然后洗掉种子表面的黏着物，用湿纱布包裹，在25℃温度下放置1~2d，待种子稍微萌动即可取出播种。

播种容器与基质　播种容器可选用育苗盘或播种箱。播种基质以腐叶土、壤土和河沙等量混合配制的营养土为宜。

播种　填装基质至八成满，浸透水，然后将种子以1~2cm的行距点播或撒播，再覆

细沙、泥炭、蛭石或营养土0.5~1cm，育苗盘上覆盖玻璃、报纸或塑料薄膜。

播种后管理　播种后放置在20℃左右的室内，一般经30d左右幼芽可出土。然后逐渐撤去覆盖物，增加光照，注意通风，保持空气湿度，以利于子叶脱帽。当幼苗叶片完全展开后，可进行第一次移苗。待幼苗生长出3片真叶、小球茎直径5~6mm时，要及时分栽上盆。

【栽培管理】

上盆　仙客来第一次移植上盆一般在具有3片真叶时，可选用6~8cm的塑料盆，培养土为园土：腐叶土：细河沙=2：2：1，并加入适量腐熟的饼肥或骨粉等。栽植深度为小球顶部与土面相平，栽后浇透水。

换盆　经过2~3个月的生长，叶片数10片左右时用10~13cm盆进行第二次移植。培养土与第一次相同，此次应将球顶露出土面。

定植　8月下旬，气温下降，仙客来恢复旺盛生长，用15~20cm盆定植，此次培养土中可适当增加磷肥用量，栽植时鳞茎露出土面1/3左右。

光照管理　幼苗上盆后，中午遮去日光，幼苗恢复生长后给予充足光照；6月开始，中午用苇帘或遮阳网遮阴；9月中旬可除去遮阴苇帘，给予充足光照。

温度管理　幼苗上盆后应加强通风，保持室温在15~20℃。夏季因气温较高，要注意室内通风，并经常向叶面及周围地面洒水，以增加室内湿度，降低室内温度。注意室温不能超过28℃，否则容易引起植株休眠或腐烂。从10月下旬起，室内早、晚要加温，室温白天要在15~20℃，夜晚要在10~12℃。11~12月可陆续开花。

养分管理　幼苗正常生长后，每隔半个月左右施一次液肥，施肥后及时清洗叶面。

考核评价

查找资料、实地调查后，小组讨论，制订年宵盆花生产实施方案，并完成工作单3-2-1、工作单3-2-2的填写。

工作单3-2-1　正确认识和区分常见年宵盆花及品种类型

组别：　　　　组长：　　　　组员：　　　　时间：

序号	年宵盆花种类	常见品种类型
	评判成绩	

工作单3-2-2　××(年宵盆花)的生产管理

组别：　　　　组长：　　　　组员：　　　　时间：

管理步骤		管理方法及内容	结果考核
1	水分管理		
2	养分管理		

（续）

管理步骤		管理方法及内容	结果考核
3	温度管理		
4	光照管理		
5	花期控制		
6	整形修剪		
7	病虫害防治		
8	其他管理措施		
评判成绩			

任务3-3 其他常见盆花生产

任务目标

1. 能正确区分常见盆花的主要类型。
2. 能识别常见盆花60种以上。
3. 熟悉常见盆花的主要形态特征、生态习性及品种分类。
4. 能根据不同类型盆花的品种特性、生态习性、生产需求及当地环境条件，正确制订常见盆花生产技术方案。
5. 能够根据制订的盆花生产技术方案进行简单的日常栽培管理实践操作。

任务描述

盆花中除了特殊类型的年宵盆花外，根据观赏特性和形态特征，可以分为观叶类、观花类、观果类、观茎类及草本类和木本类等不同类型。本任务是以小组或个人为单位，对校内外实训基地、花卉市场、广场、公园等进行花卉种类及应用形式的调查，识别常见盆花，并能进行常见盆花的生产。

知识准备

一、盆花分级原则

盆花产品采用规格等级和形质等级相结合的分级方法。

规格等级：以所规定的花盖度、株高、冠幅/株高、株高/花盆高、叶片或花朵数量等指标进行分级。

形质等级：根据盆花产品的整体效果、花部状况、茎叶状况、病虫害或破损4个指标进行分级。

二、盆花分类

1. 依据盆花高度(包含盆高)分类

特大型盆花　高度200cm以上，适合高大建筑物开阔厅堂的装饰。

大型盆花　高度130~200cm，适合宾馆迎宾堂的装饰。

中型盆花　高度50~130cm，适合楼梯、房角及门窗两侧的装饰。

小型盆花　高度20~50cm，适合房间花架及花台的装饰。

特小型盆花　高度20cm以下，适合案头装饰。

2. 依据盆花形态分类

直立型盆花　植物生长向上伸展，大多数盆花属于此类，如巴西铁、朱蕉、仙客来、四秋海棠、杜鹃花等，是室内装饰的主题材料。

匍匐型盆花　植株向四周匍匐生长，有的种类在节间处着地生根，如吊竹梅、吊兰等，是垂直观赏的好材料。

攀缘型盆花　植株具有攀缘性或缠绕性，可借助它物向上攀升，如常春藤、绿萝等，可美化墙面、阳台、高台等，或以各种造型营造艺术氛围。

3. 依据盆花对环境条件的要求不同分类

要求室内明亮、无直射光的盆花　如苏铁、海棠、君子兰、一叶兰、万年青、棕竹、沿阶草、八角金盘、棕榈等，可摆放30d左右，在休眠期可摆放长达60d。

要求室内明亮并有部分直射光的盆花　如南洋杉、印度橡皮树、广玉兰、山茶、柑橘类、南天竹、散尾葵、朱蕉、玉簪类、吊兰、广东万年青、蕨类植物等，可摆放20~30d，休眠期可使用60d。

要求室内光照充足的盆花　如白兰花、梅花、月季、一品红、扶桑、杜鹃类、变叶木、茉莉花、仙客来、报春花类、瓜叶菊、秋海棠类、昙花等，可供室内短期观赏，7~15d即应更换。

要求光照充足的盆花　适合露地生长，对光照要求高，若用于室内，仅可供观赏3~7d，如荷花、菊花、美人蕉等。

任务实施

一、观叶盆花生产

以观叶为主的盆花，称为观叶盆花。其包括草本观叶盆花和木本观叶盆花。

草本观叶盆花

(一)常见草本观叶盆花生产

1. 吊兰(*Chlorophytum comosum*)

又名垂盆草、挂兰、钓兰、兰草、折鹤兰等，在西欧又叫蜘蛛草或飞机草，百合科吊兰属。吊兰有净化空气的作用，是盆栽摆放、垂吊栽培、组合栽培中重要的素材之一。

【形态特征】

多年生常绿草本。具簇生的圆柱形肥大须根和根状短茎。基生叶多数，条形至条状披针形，狭长，柔韧似兰，基部抱茎，着生于短茎上，鲜绿色，有时有黄色条纹或边缘为黄白色，顶端长、渐尖。总状花序单一或分枝，花莛长可达50cm，常变为匍匐茎，在顶端或花序上部节上簇生长2~8cm的条形叶丛或幼小植株；花白色，呈疏散的总状花序或圆锥花序。蒴果三棱状扁球形。花期5~6月，果期8~9月。

【生态习性】

原产于非洲南部，世界各地广泛栽培。喜温暖湿润、半阴的环境。适应性强，较耐旱，不甚耐寒。不择土壤，在排水良好、疏松肥沃的砂质土壤中生长较佳。对光线的要求不严，一般适宜在中等光线条件下生长，亦耐弱光。生长适温为15~25℃，越冬温度为5℃。温度为20~24℃时生长最快，也易抽生匍匐枝。30℃以上时停止生长，叶片常常发黄干尖。冬季室温保持在12℃以上，植株可正常生长，抽叶开花；若温度过低，则生长迟缓或休眠；低于5℃，则易发生寒害。

【品种及分类】

大叶吊兰(*C. malayense*)　叶缘绿色，叶的中间为黄白色，株型较大，叶片较宽大，叶色柔和，属于高雅的室内观叶植物。

'金心'吊兰(*C. comosum* 'Medio-pictum')　叶缘绿色，叶的中间为黄白色，株型较小。

'金边'吊兰(*C. comosum* 'Variegatum')　绿叶的边缘两侧镶有黄白色的条纹。

'银边'吊兰(*C. comosum* 'Marginatum')　绿叶的边缘两侧镶有绿白色的条纹。

'美叶'吊兰(*C. comosum* 'Laxum')　叶片极具光泽，秀美，植株小。

宽叶吊兰(*C. capense*)　叶基生，宽线形，长30cm左右，宽1.5~2.5cm，全缘或稍波状，基部折合成鞘状。

【种苗繁育】

吊兰常用的繁殖方法有扦插繁殖、分株繁殖、播种繁殖等。

(1)扦插繁殖

扦插时间　在温室栽培条件下，全年均可扦插。一般以春季(4~5月)和秋季(8~9月)扦插为宜。规模化生产中，吊兰穴盘或双色盆育苗生产周期为20~45d，直径90mm花盆生产周期为20~45d，直径120mm和直径180mm花盆垂吊栽培生产周期为60~90d，直径230mm花盆垂吊栽培生产周期为120~240d。商品化育苗宜根据设施条件选择育苗方式，根据上市时间安排扦插日期。

选穗条　选取插穗时，应选取生长健壮、无病虫害、长有新芽的匍匐茎。

剪插穗　剪取吊兰匍匐茎上的簇生茎叶(实际上就是一个新植株幼体，上有叶，下有气生根)。一般情况下，吊兰插穗长度为5~10cm。

插穗处理　吊兰适应性强，成活率高，一般无须特殊处理。

扦插基质　砂壤土、腐殖土、泥炭或细沙土加少量基肥作盆栽用土。

扦插容器　小盆栽宜选择直径90~120mm的花盆，垂吊栽培宜选用直径180mm、

230mm 或 360mm 的塑料吊盆，生产性栽培也可用育苗盘进行扦插。

扦插　取长有新芽的匍匐茎 5~10cm 插入土中，注意不要埋得太深，否则容易烂心。盆栽吊兰时，扦插的数量取决于盆的大小。一般小盆可扦插 2~3 株，中盆 3 株左右，大盆可达 5~6 株。

插后管理　扦插后进行适当遮阴，逐渐增加光照，保持土壤湿润，注意通风，约 7d 即可生根，20d 左右可移栽上盆。

(2)分株繁殖

分株时，可将吊兰植株从盆内脱出，除去宿土和空瘪朽根，将老根切除，分割开的植株上均留 3 个茎芽，待伤口干后，分别移栽上盆培养。也可剪取吊兰植株上的横走茎，直接将其栽入花盆内培植。

(3)播种繁殖

可于每年 3 月进行。因其种子颗粒较小，播种后的覆土厚度一般为 0.5cm。在气温 15℃的情况下，种子约两周可萌芽，待苗株成形后移栽培养。

【栽培管理】

吊兰栽培管理流程如图 3-3-1 所示。

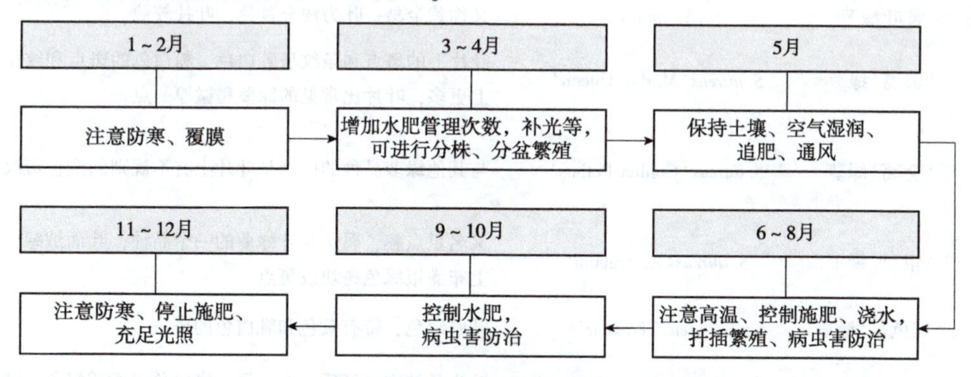

图 3-3-1　吊兰栽培管理流程

盆栽基质　常用泥炭或腐叶土、园土和河沙等量混合并加少量基肥作为基质。每 2~3 年换盆一次，重新配制培养土。

水分管理　吊兰肉质根贮水组织发达，抗旱能力较强，但 3~9 月生长旺期需水量较大，要经常浇水及喷雾，以增加湿度；秋后逐渐减少浇水量，以提高植株抗寒能力。

养分管理　生长旺期每月施两次稀薄液肥。肥料以氮肥为主，但‘金心’‘银边’和‘金边’品种不宜施氮肥过量，否则叶片的线斑会变得不明显。

光照管理　吊兰喜半阴环境，如果放置地点的光线过强或不足，叶片就容易变成淡绿色或黄绿色，缺乏生气，失去应有的观赏价值，甚至干枯而死；如果阳光直射，容易使吊兰出现发黑、枯干、萎缩等现象。

2. 绿萝(*Scindapsus aureus*)

又名魔鬼藤、黄金葛、黄金藤、桑叶，天南星科绿萝属。室内种植时，不管是盆栽还是水培，都可以良好地生长。既可让其攀附于用棕皮扎成的圆柱上，也可培养成悬垂状置于书房、窗台，抑或直接盆栽摆放，是一种非常适合室内种植的优美花卉。

【形态特征】

多年生常绿大藤本。茎长可达10m以上，盆栽多为小型幼株。茎节有沟槽，并生气根。叶卵状至长卵状心形，其大小受株龄及栽培方式的影响很大，叶鞘长，叶片薄革质，鲜绿或深绿色，表面有浅黄色斑块，蜡质，具光泽，全缘；老株叶片边缘有时不规则深裂；幼株叶片全缘，罕见深裂。

【生态习性】

绿萝原产于所罗门群岛。属耐阴植物，喜湿热的环境，喜散射光，忌阳光直射。喜富含腐殖质、疏松肥沃、微酸性的土壤。遇水即活，因具有顽强的生命力，被称为"生命之花"。越冬温度不应低于15℃。

【品种及分类】

绿萝属常见栽培观赏种类见表3-3-1所列。

表3-3-1　绿萝属常见栽培观赏种类

序号	中文名	学名	生物学特性
1	青叶绿萝	*S. aureus*	全株都是翠绿色的，叶子全部为青绿色
2	黄叶绿萝	*S. aureus*	又称黄金葛，叶为浅金黄色，叶片较薄
3	'银葛'绿萝	*S. aureus* 'Marble Queen'	叶片上的斑点和条纹呈乳白色，粉白色的斑点和纹在嫩叶上更多，叶片比常见的绿萝稍微厚一点
4	'金葛'绿萝	*S. aureus* 'Golden Pothos'	与其他绿萝品种的区别是叶片上有不规则的金色斑纹
5	'银星'绿萝	*S. aureus* 'Argyraeum'	又名星点藤，属于花叶绿萝的一个品种，叶面绒绿，叶片上布满银绿色斑块或斑点
6	'三色葛'绿萝	*S. aureus* 'Tricolor'	叶鲜绿色，带有黄色和乳白色的斑块
7	花叶绿萝	*S. aureus* var. *wilcoxii*	叶生长较密，纸质，有光泽，嫩绿色或橄榄绿色，叶片上具有大面积的不规则黄色斑块或条纹，全缘；叶柄及茎秆黄绿色或褐色
8	'翠藤'绿萝	*S. aureus* 'Virens'	叶翠绿，具光泽
9	'白金葛'绿萝	*S. aureus* 'Marble Queen'	与青叶绿萝极相似，不同点是其株型较小，叶面2/3以上为银白色斑，叶柄、茎上也有白斑

【种苗繁育】

绿萝常采用扦插繁殖。

扦插时间　以春季(4~5月)和夏秋季(8~9月)扦插为宜。规模化生产中直径90~120mm小型盆栽绿萝生产周期为30~45d，直径165mm花盆垂吊栽培生产周期为90~160d，直径360mm花盆垂吊栽培生产周期为160~200d。

扦插基质　宜选用粒径0~5mm或0~8mm的优质泥炭，珍珠岩粒径3~5mm，泥炭与珍珠岩体积比为3∶1，均匀混合，pH为5.5，含水量在60%~70%。扦插前用2%福尔马林或5%高锰酸钾做好基质消毒。

扦插容器　小盆栽宜选择直径 90~120mm 的花盆，垂吊栽培宜选用直径 165mm 或 360mm 塑料吊盆。

选穗条　插穗宜选择生长健壮、无病虫害的半木质化枝条。

剪插穗　一般情况下，绿萝插穗长度为 8~10cm，下切口剪成斜口。

插穗处理　去除插穗基部叶片和其他部位多余叶片，根据插穗大小一般保留叶片 2~3 片，使保留的叶片与插穗大小比例协调，插穗下端速蘸 ABT 生根粉或吲哚丁酸。

扦插　将准备好的插穗按顺时针方向轮状插入事先准备好的基质中，株行距为 2cm×2cm，入土 1/2，浇透水，使插穗与基质密切接触，然后盖上塑料薄膜。插穗要求排列整齐，叶片不相互重叠。

插后管理　插后注意保持土壤湿润及较高的空气湿度。土壤湿度以 50%左右为宜，而空气湿度则以 80%~90%为最好。扦插初期荫棚遮阴度保持在 80%左右，防止强光直晒，利于叶片进行光合作用。一般扦插后 20d 开始生根，可揭去薄膜，增加光照，夏季晴天仍要注意叶面喷雾与遮阴，冬季注意防寒，30d 左右可移栽上盆进行正常管理。

【栽培管理】

光照管理　避免阳光直射，阳光过强会灼伤叶片，过阴则会使叶面上美丽的斑纹消失。通常以每天接受 4h 的散射光生长发育最好。

温度管理　生长适温为 18~25℃。室温在 10℃以上，绿萝可以安全过冬；冬季室温低于 10℃，易发生黄叶、落叶现象；低于 5℃会发生冻害。

水分管理　按“不干不浇，浇则浇透”的原则浇水。对于图腾柱式栽培，还应向棕柱的气生根生长处喷水，以避免因蒸发过快引起根部吸水不足。气候干燥季节，需每隔 4~5d 进行叶面喷雾，保持较高的空气湿度。

养分管理　可每 14d 喷施一次氮、磷、钾复合肥或每周喷施 0.2%的磷酸二氢钾溶液，使叶片翠绿，斑纹更为鲜艳。

修剪整形　进行大型直立栽培时盆中间设立棕柱，便于绿萝缠绕向上生长，每盆栽植或直接扦插 4~5 株。整形修剪应在春季进行。当茎蔓爬满棕柱、梢端超出棕柱 20cm 左右时，剪去其中 2~3 株的茎梢 40cm。待短截后萌发出新芽、新叶时，再剪去其余枝条的茎梢。

3. 铁线蕨(*Adiantum capillus-veneris*)

又名铁丝草、少女的发丝、铁线草、水猪毛土等，铁线蕨科铁线蕨属。株型小巧，茎叶秀丽多姿，常生于溪旁石灰岩上、石灰岩洞底和滴水岩壁上，很适合作小盆栽，也是组合盆栽的重要素材之一。

【形态特征】

多年生常绿草本。陆生中小形蕨类，株高 15~50cm，植株纤弱。根状茎细长横走，密被棕色披针形鳞片。叶簇生，具短柄，直立而开展，卵状三角形，薄革质，无毛；2~3 回羽状复叶，侧生小羽片 2~4 对，羽片形状变化大，多为斜扇形；叶缘浅裂至深裂；叶脉扇状分叉；叶柄纤细，紫黑色，有光泽，细圆坚硬如铁丝。孢子囊生于叶背外缘。

【生态习性】

原产于美洲热带及欧洲温暖地区，分布在中国长江以南各省份，北至陕西、甘肃、河北。喜温暖、湿润、半阴。宜疏松、湿润、含石灰质的土壤，为钙质土指示植物。

【品种及分类】

常见铁线蕨属栽培类型有：

扇叶铁线蕨(*A. flabellulatum*)　根状茎短而直立，密被棕色、有光泽的钻状披针形鳞片。叶片扇形、阔卵形，中央羽片最大，小羽片有短柄。

鞭叶铁线蕨(*A. caudatum*)　又称刚毛铁线蕨。根状茎短而直立，被深栗色、披针形、全缘的鳞片。叶线状披针形，顶端延长成鞭状。

楔叶铁线蕨(*A. raddianum*)　叶呈宽三角形，有羽状分裂，裂片菱形或长圆形。

荷叶铁线蕨(*A. reniforme* var. *sinense*)　状茎短而直立。叶簇生，单叶；深栗色，圆形或圆肾形，上面围绕着叶柄着生处形成同心圆圈；边缘有圆钝齿牙，下面被稀疏的棕色多细胞的长柔毛。

肾叶铁线蕨(*A. reniforme*)　体型变异很大。根状茎或短而直立，或细长横走。小叶近扇形，鲜绿色。

脆铁线蕨(*A. tenerum*)　叶子非常细小，色泽翠绿或粉红。

梯形铁线蕨(*A. trapeziforme*)　株高50~70cm。茎黑色，纤细；叶绿色，有光泽，近梯形。

【种苗繁育】

铁线蕨常采用分株繁殖及孢子繁殖。

(1)分株繁殖

四季均可，宜在春季萌芽前结合换盆进行。分株时将植株从盆中脱出，去除宿土，切断根状茎，分成数丛(注意保护根系)，再用培养土分别栽植到合适的盆中，浇透水，提高空气湿度，遮光，避免风吹，置于温暖的阴湿处。

(2)孢子繁殖

孢子成熟前用塑料袋将叶片套好，待孢子成熟时连叶片摘下，将孢子轻轻收入袋内。播种的基质采用腐叶土、园土及河沙混合制成，比例为2∶1∶1。播种时，将孢子均匀地撒于育苗盘或播种箱内，不覆土，加盖玻璃或塑料薄膜，浸盆至盆土湿润。放置于温度为24~27℃、相对湿度为80%、每天光照4h以上的环境条件下，15~30d萌发。萌发后，每天喷水2次，连续喷7~10d。当叶片长至3~5cm、具4~6片叶时，经炼苗后上盆。

【栽培管理】

光照管理　铁线蕨忌直射而高热的强光，喜散射光。宜置于荫蔽的环境中，否则叶片易焦枯。

温度管理　铁线蕨喜温暖，白天适温为21~26℃，夜间适温为10~15℃，低于5℃时叶片会受伤害，低于0℃则地上部分枯萎。另外，铁线蕨不适应夏季的骤然高温及干旱，夏季应采取遮光、喷雾等降温措施，并使环境保持适宜的温度和湿度。

水分管理　铁线蕨喜湿润环境，整个生长期需要较高的空气湿度和土壤湿度。幼苗期更需较高的湿度，要求空气相对湿度为70%~80%。春季随着气温的升高，浇水次数宜逐渐增加；夏季为生长旺期，要保持充足的水分；秋季生长缓慢，逐步减少浇水；冬季则控制盆土湿度。生长期需天天浇水和进行叶面喷雾。

养分管理　土壤以疏松、肥沃、透水为宜。用园土中的中性土、偏酸性含石灰质的砂质壤土进行栽植，也可用泥炭、腐叶土、珍珠岩(粗砂)按2∶1∶1或用腐熟堆

肥、珍珠岩（粗砂）按1：1配制营养土栽培，加少许钙质肥料或在盆中加入豆饼渣、骨粉、碎蛋壳等，有利于其生长。生长期要每20~30d浇一次稀薄的液体肥。

4. 龟背竹（*Monstera deliciosa*）

又名蓬莱蕉、铁丝兰，天南星科龟背竹属。叶形奇特，形似龟背，茎节粗壮似罗汉竹，气生根纵横交差、形如电线，是室内大型盆栽观叶植物。

【形态特征】

常绿攀缘藤本。茎绿色，粗壮，有苍白色的半月形叶迹，周延为环状。茎上生气根，长而下垂，褐色。幼叶心脏形，无孔，长大后呈广卵形，羽状深裂，脉间有椭圆形穿孔，极像龟背。大型叶片有长柄，深绿色，甚美丽。佛焰花序，佛焰苞，宽卵形，舟状，近直立，先端具喙，花穗淡黄色。浆果集成球果状。花期8~9月，果于翌年花期之后成熟。

【生态习性】

原产于墨西哥热带雨林中，现多引种栽培供观赏。喜温暖湿润、较遮阴的环境，忌强光暴晒与干燥，不耐寒。土壤以腐叶土为好。有一定的耐旱性，但不耐涝。

【品种及分类】

龟背竹属常见的栽培种类见表3-3-2所列。

表3-3-2 龟背竹属常见栽培种类

序号	中文名	学名	形态特征
1	多孔龟背竹	*M. friedrichsthalii*	别名仙洞龟背竹、小龟背竹、仙洞万年。茎基部多节，多有分枝。叶片纸质，卵状椭圆形，中肋至叶缘间有椭圆形或卵圆形孔
2	袖珍龟背竹	*M. obliqua*	别名迷你龟背竹、窗叶龟背竹、窗孔龟背竹、斜背龟背竹。茎细长，扁圆形，草质。叶革质，具羽状深裂，鲜绿色
3	‘斑叶’龟背竹	*M. deliciosa* ‘Variegata’	别名斑叶莱蕉、斑叶龟背蕉、斑叶龟背芋、斑叶龟背竹。茎绿色、粗壮。叶片大而厚，革质，叶面上带有黄色和白色的斑纹；幼叶心形、无孔
4	迷你龟背竹	*M. obliqua* var. *minima*	别名斜叶龟背竹，多年生草质藤本。根系肉质。叶椭圆形，较小，叶片长仅8cm，叶面有大小不等的圆孔。株型弱小
5	蔓状龟背竹	*M. deliciosa* var. *borsigiana*	茎叶的蔓生性状特别强
6	‘白斑’龟背竹	*M. deliciosa* ‘Albo-Variegata’	叶片深绿色，叶面具乳白色斑纹

【种苗繁育】

龟背竹常采用播种繁殖、扦插繁殖、分株繁殖。

（1）播种繁殖

播种前先将种子放在40℃温水中浸泡10h，播种土应消毒。龟背竹种子较大，可采用点播，播后需保持温度在20~25℃，湿度保持在80%以上，播后一般20~25d发芽。苗高至10cm左右、具2片真叶时可上盆。实生苗生长速度极慢，5~6年后可成苗。

(2)扦插繁殖

扦插时间　一般以春季(4~5 月)和夏秋季(8~9 月)扦插为宜。规模化生产中直径 90~120mm 小盆栽生产周期为 60~90d，直径 200~280mm 花盆栽培生产周期为 90~160d。

扦插基质　扦插龟背竹需用保水力强的泥炭作基质，并混入 1/3 的大粒河沙，pH 为 5.5，含水量在 60%~70%。

扦插容器　花盆、育苗盘或扦插池。

选穗条　插穗宜选择生长健壮、无病虫害的半木质化枝条。

剪插穗　一般情况下，插穗长度为 8~10cm，每个插穗含 2~3 个节，切勿损伤叶痕，下切口剪成斜口。

插穗处理　去除插穗基部叶片和其他部位多余叶片(带叶或不带叶均可)，剪除气生根。最先端的茎段应直立扦插，中间的茎段应将叶片剪掉 1/2 进行斜插，下部茎段可集中平埋在一个较大的容器内。

扦插　将准备好的插穗下端速蘸 ABT 生根粉或吲哚丁酸，插入沙床或其他基质后，注意保持土壤湿润并覆膜。

插后管理　插后注意保持土壤湿润及较高的空气湿度，可每天向空中喷水以增加空气湿度。土壤湿度以 50%左右为宜，而空气湿度则以 80%~90%为最好。扦插初期适当遮阴，防止强光直晒。一般 30d 后基本生根，逐步揭去覆盖物，增加光照。

(3)分株繁殖

在夏、秋季进行。将大型龟背竹的侧枝整段劈下，带部分气生根，直接栽植于花盆中，不仅成活率高，而且成型快。

【栽培管理】

上盆时以腐叶土为基质，并混入 3%~4%的过磷酸钙，以便供应充足的磷肥，以后不必再进行追肥。每年早春应换土一次，2 年换盆一次。如果供家庭居室陈设，尽量不要换入大盆。除冬季可多见阳光外，全年都应庇荫养护。掌握“宁湿勿干”的浇水原则，并应经常向叶面喷水。

龟背竹不需要人工整形，如果茎秆过高而不能直立，可让其靠在墙壁上，或插设粗竹竿绑扎扶持，或进行截茎繁殖，让母株重新萌发新茎和新叶。

在大型室内花园中可靠近室内假山地栽，让其沿着山石向上生长。每年春、夏两季各追施 0.2%的磷酸二氢钾稀释液 2~3 次。当主茎长到 1.5m 左右时进行截顶，促使萌发侧枝，以后每 2~3 年对侧枝截顶一次，如此枝蔓会越长越多，使植株的覆盖面不断扩大。

5. 吊竹梅(*Zebrina pendula*)

又名吊竹兰、斑叶鸭跖草、甲由草、水竹草、花叶竹夹，鸭跖草科吊竹梅属常绿草本植物。常用于盆栽观赏，在室内进行垂吊装饰。

【形态特征】

多年生草本，茎匍匐或外倾下垂，通常形成紧密的垫席或群体。茎叶稍肉质、多汁，茎节膨大，多分枝，无毛或被细疏毛，节上有根。叶互生，无柄，椭圆状卵圆形或长圆形，先端尖锐，基部钝，全缘，表面紫绿色或杂以银白色条纹，中部和边缘有紫色条纹，叶背紫红色；叶鞘薄膜质，或无毛，或疏生柔毛。花数朵，聚生于小枝顶部的两片叶状

苞片内，花瓣白色，萼片披针形至长圆状披针形。夏季开花。

【生态习性】

原产于墨西哥，广布于我国华南各地。喜高温多湿。对光线适应性较强。喜砂质土壤及腐殖质土。在原产地多匍匐于阴湿地上生长，怕阳光暴晒。能忍耐8℃的低温，不耐寒，怕炎热，14℃以上可正常生长。不耐旱而耐水湿，对土壤的酸碱度要求不严。

【品种及分类】

吊竹梅属常见的栽培种类见表3-3-3所列。

表3-3-3 吊竹梅属常见栽培种类

序号	中文名	学名	形态特征
1	‘四色’吊竹梅	*Z. pendula*‘Quadricolor’	叶表暗绿色，具红色、粉红色及白色的条纹，叶背紫色
2	‘小叶’吊竹梅	*Z. pendula*‘Minima’	叶细小，植株比原种矮小
3	‘异叶’吊竹梅	*Z. pendula*‘Discolor’	叶面绿色，有两条明显的银白色条纹
4	紫吊竹梅	*Z. purpusii*	株型比‘四色’吊竹梅的略大，叶子基部多毛。叶面为深绿色和红葡萄酒色，没有白色条纹

【种苗繁育】

吊竹梅常用扦插繁殖。

扦插时间　以春季(3~5月)和秋季(9~10月)扦插为宜。

扦插基质　宜选用优质泥炭、pH为5.5的育苗用基质，泥炭、珍珠岩体积比为3∶1，调节含水量在60%~70%。插前用2%的福尔马林或5%的高锰酸钾做好土壤消毒。

扦插容器　塑料盆、育苗盘或扦插育苗池。

选穗条　选取无病虫害、生长健壮的枝条。

剪插穗　一般情况下，插穗长度为7~10cm，含2~4个节，剪去下部叶片，保留上部顶叶或侧叶。下切口剪成斜口，以利于插穗成活。

扦插及插后管理　扦插深度是插穗长度的1/3~1/2，插后用手轻轻压实，使插穗与培养土密接，用细喷壶浇透水后放在阴处，以后保持盆土湿润，间或用细喷壶向叶面喷水，约15d后即可长出新根。

【栽培管理】

栽培基质　吊竹梅对土壤要求不严，适于肥沃、疏松的土壤。家庭种植培养土宜选用腐叶土、园土、河沙按2∶2∶1的比例混合配制。

光照管理　吊竹梅一年四季都需要充足明亮的光线照射，但炎夏要避免烈日直射以免焦叶；光照不足会使茎细长而散乱，叶面的颜色会慢慢褪去，开花少或不开花。

水分管理　吊竹梅要求较高的空气湿度，若空气干燥，叶尖易焦枯。生长季节应经常向茎叶上喷雾，同时保持盆土湿润。冬季控制浇水，以盆土稍干为宜，盆土潮湿易引起烂根黄叶。

养分管理　春、秋生长期15~20d施一次稀薄液肥或复合化肥，以利于枝叶生长，使叶面光滑亮泽。施液肥后要用喷雾器喷水，以免肥液沾污叶片而引起黄叶。夏季高温需少施或停施肥，否则茎叶徒长幼嫩，会减弱植株抗暑能力。

6. 一叶兰(*Aspidistra elatior*)

又名大叶万年青、竹叶盘、九龙盘、竹节伸筋等，百合科蜘蛛抱蛋属，是室内绿化装饰的优良喜阴观叶植物，适于家庭及办公室单独摆放，也可以与其他观花植物配合布置。还是现代插花的配叶材料。

【形态特征】

多年生常绿草本。地下匍匐根状茎近圆柱形，具节和鳞片。叶单生，具长而直立坚硬的叶柄；叶革质，矩圆状披针形、披针形至近椭圆形，边缘多少皱波状，两面绿色，有时稍具黄白色斑点或条纹。花单生，花梗极短，贴地开放；花钟状，紫色。

【生态习性】

原产于我国南方各省份，现各地均有栽培，利用较为广泛。喜温暖湿润、半阴环境，较耐寒，极耐阴，耐贫瘠土壤。

【品种及分类】

一叶兰属常见观赏种类有：

‘斑叶’一叶兰　别名‘斑叶’蜘蛛抱蛋、‘洒金’蜘蛛抱蛋、‘星点’蜘蛛抱蛋。绿色叶面上有乳白色或浅黄色斑点。

‘金线’一叶兰　别名‘条斑’一叶兰、‘金纹’蜘蛛抱蛋、‘白纹’蜘蛛抱蛋。绿色叶面上有淡黄色或白色纵向线条纹。

同属还有许多观赏价值较高的品种，如‘黄花’蜘蛛抱蛋、‘乐山’蜘蛛抱蛋、‘四川’蜘蛛抱蛋、‘丛生’蜘蛛抱蛋等。

【种苗繁育】

主要采用分株繁殖。

分株时间　一般在早春(2~3月)土壤解冻后结合换盆进行。

材料准备　盆栽一叶兰的基质可以选用下面的其中一种：泥炭：珍珠岩：陶粒=2：2：1；泥炭：蛭石=1：1；泥炭：炉渣：陶粒=2：2：1；锯末：蛭石：中粗河沙=2：2：1；菜园土：炉渣=3：1；园土：中粗河沙：锯末(或香菇渣)=4：1：2；等等。容器可选用瓦盆、塑料盆等。将配置好的营养土和选好的花盆进行消毒。

分株　通过磕盆，把母株从花盆内取出，剔除宿土，把盘结在一起的根系尽可能地分开，用锋利的小刀切割根茎，分成3~5片叶一丛，每丛均要带有相当的根系，并对其叶片进行适当修剪，以利于成活。对分割下来的一叶兰植株用百菌清1500倍液进行浸泡，5min后取出晾干，即可上盆。也可在上盆后马上用百菌清灌根。

上盆栽植　先在盆底放入2~3cm厚的粗基质作为滤水层，再放入植株。上完盆后浇一次透水，并放在遮阴环境养护。

【栽培管理】

光照管理　分株栽植后宜放在荫棚内养护，避免太阳光直射。

温度管理　一叶兰较耐寒，生长温度范围为7~30℃，适宜生长温度为10~25℃，冬季在0℃以上即可安全越冬。南方地区可以露地栽培，北方地区冬季需要在室内越冬。

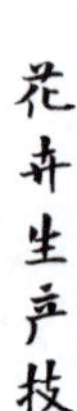

水分管理　上盆后3~4周开始萌发新根，此前应当控制浇水，以免烂根。每天需要给叶面喷雾1~3次(温度高则多喷，温度低则少喷或不喷)。生长期间应充分浇水，并经常往叶面上喷水，以保持较高的空气湿度。

养分管理　一叶兰适应性强，生长较快，每隔1~2年应进行一次换盆。多用原土、腐叶土和河沙等量混合制成的培养土。换盆时施入少量碎骨片或饼肥末作基肥，换盆后浇透水放于阴凉处培养。每月可施1~2次稀薄液肥，以促使萌发新叶和健壮生长。

7. 肾蕨(*Nephrolepis cordifolia*)

又名蜈蚣草、排草、篦子草、圆羊齿、石黄皮，肾蕨科肾蕨属。为世界各地普遍栽培的观赏蕨类，常用于盆栽观赏。

【形态特征】

附生或土生多年生草本。根状茎具主轴并有从主轴向四周横向伸出的匍匐茎，其上短枝处可生出块茎。根状茎和主轴上密生鳞片。叶密集簇生，直立，具短柄，其基部和叶轴上也被鳞片；叶披针形，一回羽状全裂，羽片无柄，以关节着生叶轴，基部不对称，一侧为耳状凸起，另一侧为楔形；叶浅绿色，近革质，具疏浅钝齿。孢子囊群生于侧脉上方的小脉顶端，孢子囊群盖肾形，褐棕色，边缘色较淡，无毛。

【生态习性】

原产于热带及亚热带地区，中国华南各省份山地林缘有野生。喜温暖、潮湿、半阴的环境，忌强光直射。对土壤要求不严，以疏松、肥沃、透气、富含腐殖质的中性或微酸性砂壤土生长最为良好。不耐寒，较耐旱，耐瘠薄。

【品种及分类】

肾蕨属常见栽培种有：

高大肾蕨(*N. exaltata*)　多年生中型地生或附生蕨，植株高30~80cm，叶长可达1m，根状茎短而直立，叶形变化多端。

尖叶肾蕨(*N. acuminata*)　小叶条状披针形。

长叶肾蕨(*N. biserrata*)　复叶长达100cm左右，叶簇生，柄坚实，上面有纵沟；叶片狭椭圆形，一回羽状，羽片互生，偶有近对生；叶薄纸质或纸质，干后褐绿色，两面均无毛。

栽培品种有：‘亚特兰大’(‘Atlanta’)、‘科迪塔斯’(‘Corditas’)、‘小琳达’(‘LittleLinda’)、‘马里萨’(‘Marisa’)、‘梅菲斯’(‘MempHis’)、‘波士顿’(‘Bostoniensis’)、‘密叶波士顿’(‘Bostoniensis Compacta’)、‘皱叶’(‘Fluffy Ruffles’)、‘迷你皱叶’(‘Mini Ruffle’)、‘佛罗里达皱叶’(‘Florida Ruffle’)。

【种苗繁育】

肾蕨常用分株繁殖、块茎繁殖、孢子繁殖、匍匐茎繁殖。

(1)分株繁殖

分株时间　春季气温15~20℃，新芽尚未萌发之前，结合换盆进行分株。一般是在春季(3~5月)土壤解冻后进行。

分株方法　将根状茎纵切为数丛(2~3节为一丛，带根、叶)，分别栽植即可。

(2)块茎繁殖

切取带有一部分匍匐茎的块茎，移栽于疏松透水的土壤中，或直接播种块茎，均能长出新植株。

(3)孢子繁殖

人工播种孢子，以疏松、透水性好、清洁的泥炭和砖屑配制成的混合基质作为播种基质，经高温消毒后装入清洁的播种浅盆中，稍加压实，整平。播种时，剪取有成熟孢子的叶片，将孢子收集于白纸上，并用喷粉囊袋将孢子均匀喷布于浅盆中。播后不必覆土，盖上玻璃，定时浸盆，保持盆土湿润，温度维持在20~25℃，约1个月发芽。培养2~3个月后，由原叶体长出真叶，即孢子体。孢子体具3~4片叶时，上盆栽植。

(4)匍匐茎繁殖

用铁丝将匍匐茎固定在土表，待长出新株后切离母株另行栽植即可。

【栽培管理】

盆栽基质　可用园土、腐叶土、河沙按2∶2∶1混合配制，也可用腐叶土和蛭石等量混合作培养土。培养土要求疏松、肥沃、排水良好。

光照管理　肾蕨比较耐阴，只需受到散射光的照射。栽培中，当光照过强时，常会造成肾蕨叶片干枯、凋萎、脱落。春、秋两季每天可在早、晚保证4h的光照，冬季在室内给予充足的光照，夏季适当遮阴，置于有散射光的地方即可。

温度管理　肾蕨不耐严寒，适宜生长温度为20~22℃，越冬温度在5℃以上，短期能够忍耐-2℃低温，温度8℃以上时能缓慢生长。肾蕨忌夏季高温酷暑，需进行遮阴，向植株、地面洒水降温，同时注意保持良好的通风。

养分管理　肾蕨对养分要求较少，施肥以氮肥为主，在春、秋季生长旺盛期，每15~30d施一次稀薄饼肥水或以氮为主的稀薄有机液肥或无机复合液肥。

8. 喜淋芋类(*Philodendron* spp.)

天南星科喜淋芋属。该类植物全世界约有275种，目前国内栽培的有原种9个、杂交种1个、栽培品种7个。其叶形奇特，姿态婆娑，适合培养成大型盆栽。

【形态特征】

多年生常绿草质藤本。茎蔓性、半蔓性或直立状。叶是主要观赏部位，有圆心形、卵状三角形、羽状裂叶、掌状裂叶等，叶片颜色有绿色、褐红色、金黄色等。佛焰苞花序多腋生，不明显。

【生态习性】

大多原产于中、南美洲热带雨林地区。喜温暖、湿润和半阴的环境，忌烈日直射。不耐寒，较耐阴，喜高湿，不耐干旱，宜疏松、肥沃的砂质壤土。

【品种及分类】

常见栽培品种有：

‘绿宝石’喜淋芋(*P. erubescens*‘Green emerald’)　又名长叶蔓绿绒、大叶蔓绿绒、‘蓝宝石’喜淋芋。叶片戟形，较厚，暗绿色，革质，无紫色光泽。茎、叶、叶柄、顶芽及叶鞘均为绿色。

‘红宝石’喜淋芋(*P. erubescens*‘Red emerald’) 茎粗壮，叶片戟形，较厚，深绿色，革质，有紫色光泽。顶芽红色，后变为灰绿色。叶柄、顶芽及叶鞘初为玫瑰红色，后退去。

喜淋芋同属常见栽培种类有：

心叶喜淋芋(*P. hederaceum*) 又名心叶藤、心叶蔓绿绒。茎草质，多分枝。叶具长柄，心形，全缘，深绿色，革质。

琴叶喜淋芋(*P. panduraeforme*) 又名琴叶蔓绿绒、琴叶树藤。茎木质，蔓生，绿色嫩芽直立而尖。叶掌状5裂，形似提琴，革质，基裂外张，耳垂状，中裂片狭，端钝圆。

春羽(*P. selloum*) 又名春芋、裂叶喜淋芋、羽裂喜淋芋。茎木质，节间短，丛生，排列整齐。叶片宽心脏形，羽状深裂，有光泽，叶柄坚挺而细长。有花叶变种——斑叶春羽。

三裂喜淋芋(*P. tripartitum*) 叶片薄革质，淡绿色或黄绿色，3深裂，裂片近相等。

【种苗繁育】

喜淋芋常用扦插繁殖、分株繁殖。

(1)扦插繁殖

扦插时间 一般以春、夏季(4~8月)扦插为宜。规模化生产中，喜淋芋塑料盆育苗生产周期为60~120d。

扦插基质 园土：腐叶土：河沙=5：4：1。

扦插容器 育苗盘或塑料盆。

选穗条 应选取生长健壮、无病虫害的穗条。

剪插穗 剪取枝条中段带3~4节作为插穗，长10cm左右，摘除插穗下面的叶片。

扦插 将剪好的插穗直接插入沙、营养土或泥炭中，15~20d生根。

插后管理 生根前适当遮阴，以散射光照射。要保持土壤及空气的湿润，温度在20~30℃为宜。空气干燥时可向叶片或周围喷雾增加湿度。

上盆定植 每盆3~5株，如需培养成大型图腾柱式盆栽，需在盆中间放置一个包裹棕片或保湿棉的圆柱体，以便蔓生的茎围绕此圆柱攀爬生长。

(2)分株繁殖

可在苗茎基部萌生的分蘖发生不定根时，将其切离另行栽植。

【栽培管理】

栽培基质 可用5份腐叶土、4份园土、1份河沙及少许骨粉混合配制培养土。

温度管理 喜淋芋喜高温，不耐寒，生长适宜温度为20~28℃，越冬温度在10℃以上。

水分管理 生长旺盛期要勤浇水，保持土壤湿润，且每天向叶面喷水1~2次。冬季减少浇水，保持盆土稍湿润即可。

养分管理 生长期内，可根据其长势或每隔10~15d追施一次饼肥水或复合肥。

整形修剪 对生长衰弱的植株可进行短截，促进萌芽，以保持良好的观赏形态。

图腾柱制作 选长1m左右的木棍或塑料管，在其周围裹上棕片、保湿棉或水苔，并用铅丝扎紧，然后栽入适宜的盆中作为立柱。在立柱的周围均匀栽植3~4株小苗，稍加绑缚，经常向立柱喷水，使喜淋芋的气生根扎入棕片中，茎蔓顺立柱向上生长。茎蔓长出后要及时绑扎，并根据要求编排和调节高度，使茎蔓分布合理、美观。

9. 海芋(*Alocasia macrorrhiza*)

别名滴水观音、滴水莲、佛手莲、狼毒(地下茎)、天芋、羞天草、隔河仙等，天南星科海芋属。在温暖潮湿、土壤水分充足的条件下，会从叶尖端或叶边缘向下滴水。属大型观叶植物，宜用大盆或木桶栽培，适于布置大型厅堂或室内花园。

【形态特征】

多年生常绿草本植物，地下具匍匐肉质根茎。有直立的地上茎，茎粗壮 10~30cm，高 3~5m，多黏液。巨大的叶片亚革质，草绿色，箭状卵形或呈盾形，集生于茎顶，边缘波状，基部长出不定芽条。全年开花，佛焰苞管部绿色，卵形或短椭圆形；檐部蕾时绿色，花时黄绿色、绿白色，凋萎时变黄色、白色，舟状，长圆形，略下弯，先端喙状。肉穗花序芳香，雌花序白色，不育雄花序绿白色，能育雄花序淡黄色、圆锥状。浆果红色，卵状或近球形。

【生态习性】

分布在中国的热带和亚热带地区。喜高温、潮湿，耐阴，不宜强风，忌强光直射，不耐寒和干旱，喜偏酸性、疏松肥沃、排水良好的砂壤土。

【品种及分类】

品种约有 70 个，常见品种有 4 个，分别是尖尾芋、绒叶观音莲、黑野观音莲、红野芋。

常见栽培变种有：

斑叶海芋(*A. macrorrhiza* var. *variegata*) 叶片浓绿色，具乳白色或浅绿色斑块。

常见栽培同属种有：

尖尾芋(*A. cucullata*) 又称台湾姑婆芋、老虎芋、卜芥、大麻芋、观音莲、假海芋。株型较小，叶片膜质至亚革质，深绿色，背稍淡，宽卵状心形，先端骤狭具凸尖。

绒叶观音莲(*A. micholitziana*) 叶为箭形盾状，叶脉白色，叶片表面有茸毛。

黑野观音莲(*A. cucullata*) 又名黑野芋。叶片膜质至亚革质，箭形盾状，深绿色，叶背稍淡或紫色，宽卵状心形，先端骤狭具凸尖。

【种苗繁育】

海芋常用扦插繁殖、分株繁殖、播种繁殖。

(1)扦插繁殖

海芋的茎干十分发达，生长多年的植株可于春季切割约 10cm 茎干作为插穗，待切口干燥后直接栽种在盆土中或扦插在插床上，长出 3~4 片真叶后可移栽上盆。

(2)分株繁殖

生长季节，海芋的基部常常分生出许多幼苗，待其长出 3~4 片真叶时，用小刀切割分株上盆即可。

播种时间　春、秋均可播种。一般多采用春播，时间为 3~4 月，5 月也可，气温在 16~22℃时，播后 20~25d 发芽。秋播以 9 月至 10 月上旬为宜。

采种　采摘饱满成熟的橘红色鲜果。

种子处理　在清水中揉搓，去掉果皮以及浮在水面上的杂质和瘪粒，晾干备用。

播种　可以采用露地播种，也可以盆播或育苗盘播种。若采用露地播种，播种前选择水肥条件较好的地块作苗地，深翻、碎土，耙平作畦，畦宽 1~1.2m。露地条播或撒播均可，容器播种可采用点播。条播行距为 20cm，株距为 8cm，撒播则将种子均匀地撒在苗床上，播后覆土，土厚 1.2cm。

播后管理　播种后均匀浇透水，用遮阳网遮阴，早、晚掀开，白天覆盖。播种到出苗前，土壤要保持湿润，不能过干或过湿。出苗后立即掀掉遮阳网。当苗长出 1~2 片真叶时，保留株距 15~20cm，并结合除草追施腐熟人畜粪，施后要往叶面喷水，以免肥料灼伤幼苗。当长出 3~4 片真叶时即可定植。

移栽上盆　4~5 月将小苗移栽上盆，浇足定根水后将花盆放置在阴凉处约 7d。2~3d 后浇施一次淡液肥。

【栽培管理】

光照管理　海芋喜欢稍有遮阴的环境，不要让阳光直射。6~10 月需要遮阴，遮去 50%~70%的阳光。花期要阳光充足，否则佛焰苞带有绿色，影响种子的成熟和品质。每天保证 3~5h 光照，可避免叶柄伸长影响观赏价值。

水分管理　海芋特别喜欢湿润的环境，生长季节要求盆土潮湿，4~11 月要多浇水，25℃以上生长迅速。干燥环境对其生长十分不利。要求空气湿度不低于 60%。在栽培过程中应多向其周围喷水，以增加空气湿度。

温度管理　海芋生长适宜温度为 20~30℃，气温低于 18℃时会处于休眠状态，停止生长。冬季室温不可低于 5℃，否则会受冻害。

养分管理　海芋喜肥，缺肥时叶片小而黄，而且茎部下端空秃。生长季节每月施 1~2 次氮、磷、钾复合肥，或腐熟的豆饼液肥，或矾肥水。追施液肥时避免将肥水浇入叶鞘内，施肥后及时进行叶面喷水。冬季进入休眠期后要停止施肥。

(二)常见木本观叶盆花生产

1. 常春藤(*Hedera nepalensis* var. *sinensis*)

木本观叶盆花

又名中华常春藤、土鼓藤、鼓藤、爬墙虎、钻天风、三角风、散骨风、枫荷梨藤、洋常春藤等，五加科常春藤属。常春藤是一种株形优美、格调高雅的新一代室内观叶植物，是室内垂吊栽培、组合栽培、绿雕栽培以及室外绿化应用的重要素材之一。

【形态特征】

常绿攀缘藤本。茎枝有气生根，茎长 3~20m，灰棕色或黑棕色，1 年生枝疏生锈色鳞片和柔毛。单叶互生，革质，有两种形态：一种是不育枝(营养枝)上的三角状卵形或近戟形叶片；另一种是可育枝(开花枝)上的椭圆状卵形或椭圆状披针形叶片，全缘或有 1~3 浅裂。伞形花序单生或 2~7 个总状排列或伞房状排列成圆锥花序顶生；花小，淡黄白色或绿白色。花期 9~11 月，果期翌年 3~5 月。果实球形，浆果状，黄色或红色。

【生态习性】

常春藤原产于欧洲、亚洲和北非，在我国分布地区广，北自甘肃东南部、陕西南部，南至广东，西自西藏波密，东至江苏、浙江的广大区域均有生长。喜温暖、荫蔽的环境，忌阳光直射。耐寒性较强，忌高温闷热，气温在30℃以上时生长停滞。抗性强，对土壤和水分的要求不严，以中性和微酸性为最好，不耐盐碱。常攀缘于林缘树木、林下路旁、岩石和房屋墙壁上。

【品种及分类】

全世界常春藤属植物约有14个原生种，超过500个品种。常春藤属根据叶形、叶色、叶的大小及成长状态等分为九大类——鸟足类、扇形类、卷曲类、微型类、心形叶类、杂色类、典型常春藤类、奇异类及成年类。

常春藤属常见栽培种和变种有：

洋常春藤(*H. helix*)　又称英国常春藤。茎长可达30m，叶长10cm，常3~5裂，花枝的叶全缘。叶表深绿色，叶背淡绿色。花梗和嫩茎上有灰白色星状毛。果实黑色。

诗人常春藤(*H. helix* var. *chrysocarpa*)　叶浅裂，嫩叶5~7裂，黄绿色，花枝上的叶菱形、披针形，全缘。果实黄色。

加纳利常春藤(*H. canariensis*)　又称加拿列常春藤。茎向高处攀缘，具星状毛。叶片为卵形，基部心脏形，长5~25cm，宽10~15cm，浅绿色，下部叶3~7裂。果黑色。

常见栽培品种有：'金边'('Aureo-variegata')，叶边黄色；'银边'('Silves Queen Marginata')，叶边白色；'斑叶'('Argenteo-variegata')，叶有白斑纹；'金心'('Goldheart')，叶较小，心黄色；'彩叶'('Discolor')，叶较小，乳白色，带红晕；'三色'(Tricolor'Marginata-rubra')，绿叶白边，秋后叶变深玫瑰红色，春暖后又恢复原状。

主要栽培种和变种有：

斑叶加拿列常春藤(var. *albimaculata*)　叶上有白色和黄色斑。

直立加拿列常春藤(var. *arborescens*)　直立丛生灌木，茎部攀缘。

银边加拿列常春藤(var. *argenteimarginata*)　叶边缘白色。

菱叶常春藤(*H. rhombea*)　又名日本常春藤。叶柄长2~5cm；叶硬革质，深绿色，有光泽，嫩叶3~5裂；花枝上叶卵状菱形至披针形，歪斜。果熟后黑色。

【种苗繁育】

常春藤常用扦插繁殖和压条繁殖。

(1)扦插繁殖

扦插时间　在温室栽培条件下，全年均可扦插。一般以春季(3~4月)、夏季(6~7月)和秋季(9~10月)扦插为宜。规模化生产中，常春藤穴盘或营养钵育苗生产周期为45~60d，小盆栽生产周期为90~120d，直径180mm和230mm花盆垂吊栽培生产周期为180~240d，直径360mm花盆垂吊栽培生产周期为300~360d。商品化育苗宜根据设施条件选择育苗方式，根据上市时间安排扦插日期。

扦插基质　宜选用粒径0~5mm或0~8mm的优质泥炭与粒径3~5mm的珍珠岩混合制成的育苗用基质，泥炭与珍珠岩体积比为3∶1，调节含水量在60%~70%，pH为5.5。

扦插容器　小盆栽宜选择直径90~120mm花盆；垂吊栽培宜选用直径180mm、230mm或360mm的塑料吊盆；生产性栽培也可用育苗盘进行扦插。

选穗条　在3~4月扦插，宜采用1年生枝条；在6~7月扦插，则采用半成熟枝条；

在9~10月扦插，则采用成熟枝条。穗条应当无病虫害、生长健壮。

剪插穗　一般情况下，常春藤插穗长度为8~10cm，上剪口距离侧芽0.5cm左右，下剪口接近侧芽基部，剪口一般为平口。

插穗处理　去除插穗基部叶片和其他部位多余叶片，根据插穗大小，一般保留叶片2~4片，使得保留的叶片与插穗大小比例协调。如果插穗木质化程度较高，为提高扦插成活率，可进行生根剂处理。

扦插　由于常春藤枝条比较柔软，需准备一根粗细与插穗接近的小木棒作为引棒，先用引棒打一小孔再进行扦插，深度为插穗长度的1/3~1/2，株行距为5cm×10cm。插穗要求排列整齐，叶片不相互重叠。

插后管理　扦插后进行适当遮阴，保持土壤湿润，注意通风，一般15~20d即可生根。插穗生根后，逐渐增加光照，30d后可上盆。

(2)压条繁殖

每年春天和秋天都可以进行压条繁殖。在压条时，可以把健壮的分枝按10cm左右一段进行环割，然后在环割部位覆盖土壤，浇足水分，10~15d以后枝条环割处即可长出新根，再过10d左右，于生根部位剪断枝条进行上盆。

【栽培管理】

常春藤生产管理流程如图3-3-2所示。

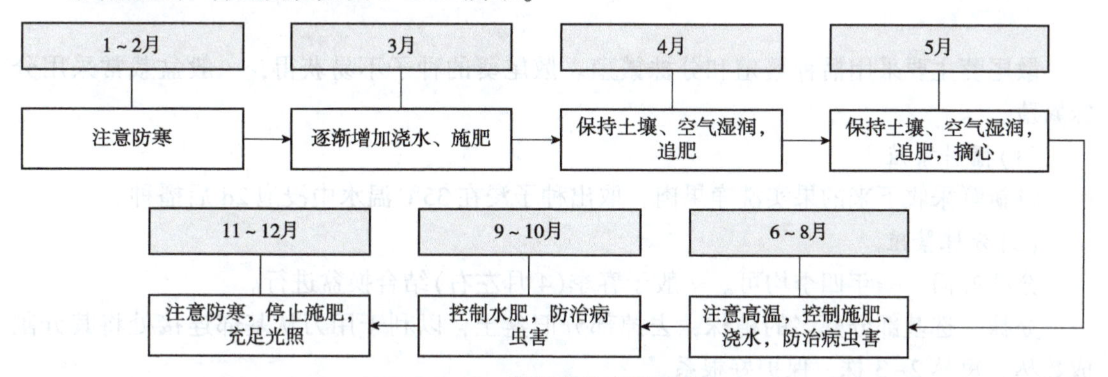

图3-3-2　常春藤生产管理流程

光照管理　在夏季炎热时应进行遮阴，或放在半阴处，避免烈日暴晒。冬季应搬入室内向阳处，多接受光照。对于斑叶品种，光照充足才能保持叶色艳丽，如果长期放在阴暗地方，光照不足，通风不良，植株会节间伸长，生长越来越瘦弱。

温度管理　常春藤生长适宜温度为18~20℃，温度超过35℃时叶片发黄，生长停止。冬季温度保持在3℃以上，也可短暂忍耐-8~-7℃的低温。

水分管理　常春藤要求温暖多湿的环境，在生长期要保证供水，经常保持盆土湿润，防止完全干燥。若水分不足，会引起落叶。在空气干燥的情况下，应经常向叶面和周围地面喷水，以提高空气湿度。冬季应减少浇水，使盆土处于湿润偏干状态，但要向叶面喷水，增加空气湿度，以免生长不良，出现叶焦边现象。

养分管理　生长期每月要施2~3次稀薄的有机液肥。对已生长成型的盆株，可减少施肥。冬季停止施肥。

整形修剪　盆栽成活后应进行多次摘心，促进分枝，并立架牵引造型，也可以吊挂盆栽。对生长多年的植株，要加强修剪，疏除枯死枝、过密的细弱枝，防止枝蔓过多，引起造型紊乱。

2. 散尾葵(*Chrysalidocarpus lutescens*)

又名散尾竹、黄椰子、紫葵，棕榈科散尾葵属。株形美观秀丽，飘柔潇洒，给人以轻松愉快、柔和舒适之感。单丛即可成景，小苗或老株都很美丽，为著名的观叶展景植物。

【形态特征】

常绿丛生灌木，株高2~4m。单干直立，黄绿色，表面光滑，无毛刺，嫩时被蜡质白粉，环状叶痕如竹节。叶聚生于干顶，羽状全裂，梢曲拱，长可达2m，裂片40~60对，分成两列排列，叶面光滑、呈亮绿色。花序生于叶鞘之下，呈圆锥花序，有8~10个小穗轴。果实略为陀螺形或倒卵形，鲜时土黄色，干时紫黑色。花期5月，果期8月。

【生态习性】

散尾葵为热带植物，喜温暖、潮湿、半阴、通风良好的环境。耐寒性不强，气温在20℃以下时叶子发黄，越冬最低温度需在10℃以上，5℃左右就会冻死。故中国华南地区尚可露地栽培，长江流域及其以北地区均应入温室养护。适宜疏松、排水良好、肥沃的土壤。

【种苗繁育】

散尾葵主要采用播种繁殖和分株繁殖。散尾葵的种子不易获得，一般盆栽常采用分株繁殖。

(1)播种繁殖

将新鲜采收下来的果实洗净果肉，取出种子浸在35℃温水中浸泡2d后播种。

(2)分株繁殖

分株时间　一年四季均可。一般于春季(4月左右)结合换盆进行。

分株　选基部分蘖多的植株，去掉部分旧盆土，以利于用刀从基部连接处将其分割成数丛。每丛2~3株，保护好根系。

分株处理　把分割下来的小株丛在百菌清1500倍液中浸泡5min后取出，在伤口处涂上草木灰或硫黄粉进行消毒。

上盆　先在盆底放入2~3cm厚的粗粒基质作为滤水层，然后撒上一层充分腐熟的有机肥料作为基肥，厚度为1~2cm，再覆盖一薄层基质，厚1~2cm，最后栽入植株。注意将肥料与根系分开，避免烧根。

上盆后管理　上盆后灌根或浇一次透水，3~4周后逐渐恢复萌发新根，在此期间要控制浇水，以免烂根，每天叶面喷雾1~3次。这段时间不需要浇肥，注意避免过强阳光照射，进行适当遮阴，温度保持在20~25℃。

【栽培管理】

栽培基质　室内盆栽散尾葵应选择偏酸性土壤，北方应注意选用腐殖质含量高的砂质壤土。可用腐叶土、泥炭、河沙按1∶1∶1比例配制营养土，适当添加部分基肥。

光照管理　散尾葵喜半阴，忌烈日直射，即使短时间暴晒也会引起叶片焦黄，很难

恢复。春、夏、秋三季应遮阴50%，冬季或室内栽培应给予充足的散射光照射。

温度管理 散尾葵喜温暖，最适生长温度为20～35℃。如果超过35℃或低于10℃，叶便会由青变黄。一般10℃左右可比较安全地越冬，若温度太低，叶片会泛黄，叶尖干枯，并导致根部受损，影响翌年的生长。

水分管理 浇水应根据季节遵循"不干不浇、浇则浇透"的原则，忌盆土积水，以免引起烂根。干燥炎热的季节适当多浇水，低温阴雨则控制浇水。日常保持盆土湿润。夏、秋高温期，还要经常向植株周围及地面洒水，以保持较高的空气湿度。

养分管理 一般每1～2周施一次稀薄腐熟液肥或向叶面喷施0.4%尿素，以促进植株旺盛生长，叶色浓绿。夏季适当追施含氮有机肥，冬季可施饼肥等有机肥。

3. 幸福树(*Radermachera sinica*)

又名菜豆树、蛇树、豆角树、接骨凉伞、牛尾树、朝阳花、山菜豆、小叶牛尾连、蛇仔树、红花木等，紫葳科菜豆树属。可培育成中小型盆栽，成熟的幸福树叶子茂密青翠，充满朝气和活力，富有为人们带来幸福的寓意。

【形态特征】

中小型落叶乔木，高达5～12m。树皮肥厚，浅灰色，深纵裂，块状脱落。2～3回羽状复叶，叶轴长约30cm，无毛；叶互生，中叶对生，呈卵形或卵状披针形，先端尾状急尖。花序直立，顶生，苞片线状披针形，早落。花期夏季，花冠白色或淡黄色。蒴果革质，呈圆柱状长条，形似菜豆，稍弯曲、多沟纹。

【生态习性】

喜高温多湿、阳光充足的环境。耐高温，不耐寒。宜湿润，忌干燥。喜疏松肥沃、排水良好、富含有机质的壤土和砂质壤土。

【品种及分类】

同属常见栽培种有：

小萼菜豆树(*R. microcalyx*) 一回羽状复叶，长40～60cm；侧生小叶5～7片，柄长1～2cm，顶生小叶柄长2～5.5cm。花萼很小，钟状，长、宽均3～5mm，花冠淡黄色。花期1～3月，果期4～12月。

广西菜豆树(*R. glandulosa*) 一回羽状复叶；小叶3～7枚，长椭圆形。花冠白色，细而长，花冠筒外面紫红色，内面白色。花期4月，果期7月。

美叶菜豆树(*R. frondosa*) 中国特有。二回羽状复叶，长30cm；小叶5～7片，为椭圆形，长4～6cm，叶背苍白色，叶柄、叶轴被粉状微毛。花冠白色，芽时褐红色。

滇菜豆树(*R. yunnanensis*) 中国特有。树皮灰黑色。二回羽状复叶，长达70cm；小叶卵形，长4～9cm，宽2～5cm，叶上面密生小白腺点，下面密生极小凹穴。花冠白色至淡黄色。花期4～5月，果期8～11月。

海南菜豆树(*R. hainanensis*) 1～2回羽状复叶，有时仅有小叶5片，纸质，长圆状卵形或卵形，先端渐尖。花萼淡红色，花冠淡黄色，除花冠筒内面被柔毛外，全株无毛。蒴果，花期4月。

【种苗繁育】

主要繁殖方法有播种繁殖和扦插繁殖。

(1)播种繁殖

播种时间　可于12月底，待蒴果接近开裂、种子充分成熟时进行。

采种及种子处理　采收长条状蒴果，晾干后脱出带翅的种粒，搓揉后扬去膜质种翅碎片，将种子干藏至翌年春天播种。也可将其浸泡2~3h后拌湿沙，薄摊于室内的花盆或育苗盘中，保持种、沙湿润，经常检查防止出现霉变。

播种　干藏种子经浸泡处理，捞出后稍加摊晾，再与砂土混合后撒于苗床或育苗容器中，轻覆薄土，加盖薄膜保湿，待其种粒出苗后揭去薄膜，搭荫棚遮光。湿藏种子待其种粒萌发后再行下地播种。

移植或上盆　当幼苗长出2~3片真叶时带土团进行扩距移栽，也可待其长出4~5片大叶时再行上盆或袋栽。

(2)扦插繁殖

3~4月，当气温达15℃左右时，剪取1~2年生木质化枝作为插穗(长15~20cm，剪去全部叶片，下切口位于节下0.5cm处)，将其扦插于砂壤苗床上，入土深度为插穗长的1/3~1/2。在其下切口愈合生根期间，应喷水维持苗床湿润。待其长出完好的根系后，方可将其带土移栽上盆(可2~3株合栽)。

【栽培管理】

栽培基质　盆栽幸福树应选用疏松肥沃、排水透气良好、富含有机质的培养土。通常用园土5份、腐叶土3份、腐熟有机肥1份、河沙1份混合配制，或者用泥炭加珍珠岩和蛭石混合配制，基质的pH为5.5~6.0，EC值为1.0~1.5mS/cm。

温度管理　幸福树喜温暖，生长适温为20~28℃，白天为20~21℃，夜晚为18~19℃，在盛夏酷暑期间环境温度超过28℃时，可将其放置到半阴的通风凉爽处过夏；越冬期间，室温不低于8℃。

光照管理　幸福树为喜光植物，也稍能耐阴，全日照、半阴环境均可。其幼苗比较耐阴，夏季应避免阳光直射。越冬期间应给予充足光照。

水分管理　春季抽生新梢和冬季，可适当控制浇水，维持盆土湿润即可。夏后的高温干旱季节，除要求保持盆土湿润外，每天还应叶面喷水2~3次，以降低环境温度，增加空气湿度(空气湿度以70%~80%为宜)。

养分管理　常用N：P：K：Ca：Mg=100：9：87：53：12的复合肥。盆栽幸福树，除在培养土中加入适量的腐熟饼肥和3%的多元复合肥作为基肥外，生长季节可每月用腐熟的饼肥水浇施一次，或用0.2%的尿素+0.1%的磷酸二氢钾混合液浇施。

整形修剪　为保证树形美观、枝叶疏透，应进行合理的整形修剪。第一次修剪宜于春季萌发前进行，去掉一些老叶及过密枝叶。也可通过摘心处理，促进幸福树多生侧枝，以使株形圆整美观。还可以使用生长调节剂多效唑浇施改善株形，浓度为5~50mg/L，间隔7d左右施用一次。

4. 平安树(*Cinnamomum kotoense*)

又名兰屿肉桂、红头屿肉桂、大叶肉桂、台湾肉桂，樟科樟属。平安树植株丰满，树形端庄，四季常绿，香气清新独特，还具有保平安的寓意，是非常好的盆景观叶植物。

【形态特征】

常绿乔木，叶、枝及树皮干时几乎不具芳香气。枝条及小枝褐色，圆柱形，无毛。

叶对生或近对生，革质，卵圆形至长圆状卵圆形，先端锐尖；较大，长10~12cm，宽5~8cm；叶面亮绿色，背面灰绿色至黄绿色，有金属光泽；具离基三出脉，侧脉自叶基约1cm处生出。圆锥花序腋生或近枝端着生，花白色，香味似桂花。果卵球形，果托杯状。花期6~7月，果期8~9月。

【生态习性】

喜温暖湿润、阳光充足的环境。耐阴，不耐寒，不耐干旱，忌积水和空气干燥。

【品种及分类】

同属盆栽观赏植物有：

天竺桂(*C. japonicum*) 常绿乔木。小枝圆柱形，淡黄绿色，无毛。叶革质，互生或兼有近对生，卵状长圆形，较小，长7~10cm，宽3~3.5cm，表面深绿色有光泽，背面灰绿色，具离基三出脉。

肉桂(*C. cassia*) 又名玉桂、筒桂。乔木，幼枝略呈四棱形，密被黄褐色茸毛。叶互生或近对生，厚革质，长椭圆形至近披针形，长8~16cm，宽4~5.5cm，表面亮绿色，背面疏生短柔毛，叶缘内卷，离基三出脉。花期5~6月，果期10~12月。

香桂(*C. subavenium*) 又名细叶香桂、土肉桂。常绿大乔木，树皮平滑，当年生小枝纤细，密被黄色平伏状短柔毛。叶革质，在幼枝上近对生，在老枝上互生，椭圆形至披针形，长4~13cm，宽1.5~6cm，上面深绿色，下面黄绿色，三出脉或离基三出脉，上凹下凸。花期6~7月，果期8~10月。

锡兰肉桂(*C. zeylanicum*) 又名斯里兰卡肉桂。常绿乔木，幼枝略呈四棱形而具白斑，叶对生，革质，卵形至卵状披针形，长11~16cm，宽4.5~5.5cm，表面绿色，背面带绿苍白色，两面均无毛，三出脉由基部延伸至先端，全缘，幼叶暗红色。花黄色，果黑色。

【种苗繁育】

平安树主要采用播种繁殖和扦插繁殖。

(1)播种繁殖

播种时间 随采随播，秋播宜在9月下旬至10月进行。

种子采集与处理 选择树龄15年以上、生长旺盛、发育健壮、无病虫害的母树采种，采种时间为9~10月。果实收集后，洗去果皮和果肉，漂去空瘪的种粒，把沉在底层的饱满种子取出，摊放于通风阴凉处晾干待用。

播种方法 可用苗床播种或容器播种。未经沙藏的，播种前用0.3%的福尔马林溶液浸种30min，密封2h，取出后用清水冲洗种子，再用清水浸种24h，也可直接用40℃左右的温水浸泡种子后再播种；经沙藏后裂口露白的种子可直接播种。采用点播的方法播种，行距20~25cm，株距5~7cm，覆土厚度1.5~2cm。

播后管理 播种后淋透水，加盖稻草保湿。以喷雾方式浇水，保持苗床湿润。播种20~30d后，种子发芽。1/3幼苗出土后，于傍晚或阴天分2~3次揭去覆草，随后搭设遮光率为70%的遮阳网。当幼苗长出真叶后，追施一次0.2%的复合肥液肥。秋后停止施肥，做好防寒工作，室内越冬温度不低于5℃。

(2)扦插繁殖

扦插时间　一般是4~5月或9~10月扦插。

扦插基质　用泥炭、蛭石按1∶1混合配制扦插基质。

剪插穗　选择当年生、生长健壮、半木质化、无病虫害、直径0.5mm以上枝条剪取插穗。插穗长10~15cm，保留2~3片叶子，下端留3~5cm剪成斜口。

扦插及管理　有条件的可以用插穗蘸生根剂或生根粉，插入土中2/3，然后压实，遮阴，置于阴凉处，避免阳光直射。在生根期间基质保持湿润，环境相对湿度80%左右。25d后开始生根，逐渐增加光照，2个月可长出5~6cm长的根。

【栽培管理】

光照管理　平安树需要较好的光照，但又比较耐阴。它的需光性随着年龄的不同而有所变化：幼树耐阴；3~5年生植株，在有庇荫的条件下株高生长快；5年生后的植株，则要求有比较充足的光照。进入夏季后，盆栽植株需遮光40%~50%，避免强光直射，否则极易造成叶片灼伤。

温度管理　平安树生长适温为25~30℃，冬季不低于5℃。当气温超过32℃以上时，要进行遮光和叶面喷水处理，以增湿降温，使其能维持旺盛的生长态势。

水分管理　应经常保持盆土湿润，忌积水，环境相对湿度以保持80%以上为好。在夏季高温或秋季空气比较干燥时，应经常给叶面和周围地面喷雾或洒水，增加空气湿度。入秋后应控制浇水。

养分管理　盆栽平安树的培养土可以采用泥炭、园土、椰糠、腐熟有机肥按3∶3∶3∶1比例混合而成，pH为5.0~7.0。自仲春至初秋，可每月追施一次稀薄的饼肥水或肥矾水等。入秋后，应连续追施2次磷、钾肥，如0.3%的KH_2PO_4溶液，可以增加植株的抗寒性，促进嫩梢及早木质化。冬季不施肥。

整形修剪　整形要求主干高25~35cm，主枝3~5个，副主枝3个以上，均匀分布。每年修剪1~2次。春梢萌芽前10~15d，对无分枝的单干苗，在距地面约40cm处剪顶，选留健壮、分枝角度及位置适合的3~5个春梢作为主枝。夏梢抽出后，每个春梢留2~3个夏梢作为副主枝，其余剪除。修剪以轻剪为主，同时剪除弱枝、过密枝和病虫枝。

5. 龙血树类(*Dracaena* spp.)

百合科龙血树属。龙血树属植物共150余种，分布于亚洲和非洲的热带与亚热带地区。中国产约8种，主要分为两个类群：一类为乔木，有树干和扁平的革质叶，通常生长在干旱的半沙漠区域，被通称为龙血树；另一类为灌木，细茎，带状叶，一般生长在热带雨林中，通常作为观赏植物栽培。

【形态特征】

乔木状或灌木状植物。茎多少木质，有髓和次生形成层，常具分枝。叶剑形、倒披针形或其他形状，有时较坚硬，常聚生于茎或枝的顶端或最上部，无柄或有柄，基部抱茎，中脉明显或不明显。总状花序、圆锥花序或头状花序生于茎或枝顶端。浆果近球形。

【生态习性】

对光照的适应范围较广，喜光而又十分耐阴，忌强光直射。喜高温多湿，不耐寒。

要求疏松、富含腐殖质的土壤。

【品种及分类】

同属常见栽培种有：

龙血树（*D. draco*） 又名加那利群岛龙血树。常绿乔木，稍有分枝，龙血树属中最高大的一种。叶剑形，深绿色，簇生于茎顶。

香龙血树（*D. fragrans*） 又名巴西木。乔木，时有分枝。叶簇生，长椭圆状披针形，基部急狭或渐狭，绿色或具其他各种颜色的条纹。

富贵竹（*D. sanderiana*） 又名辛氏龙血树。亚灌木，株高2~3m。叶长披针形，无柄，叶片上常有白色、黄色及银灰色宽窄不一的纵纹。常见的栽培品种为'金边'富贵竹（'Virescens'），叶片边缘为黄色宽条斑。

星点木（*D. surculosa*） 又名星斑千年木、吸枝龙血树。矮生小灌木，轮状分枝。叶面具不规则的白色和黄色斑点，叶能分泌乳汁。

【种苗繁育】

龙血树采用扦插繁殖和播种繁殖。

（1）扦插繁殖

扦插时间 5~8月高温多雨季节扦插。

扦插基质 培养土一般用排水良好的略黏质土壤，可以用腐叶土1份、河沙1份以及园土2份混合配制。

剪穗 选取3年生以上的植株，剪取长10cm左右的无病虫害茎段作插穗。插穗基部剪成平口，较粗的插穗也可以剪成斜口，上部横切后保留1~3片叶。上、下切口可用清水浸泡洗净外溢的液汁，置于阴凉通风处稍干，再用500~1000mg/L的萘乙酸浸泡插穗基部2~3cm处，一般5s即可，随浸随插。

扦插 注意插穗的极性，插入基质深度为2~3cm，也可将整个插穗埋入土中。

插后管理 温度要在25℃以上，温度高有利于生根。基质、水、容器要清洁，注意保湿，30~60d即可生根长成新株。

（2）播种繁殖

春季用育苗盘、花盆或苗床育苗。选取优良的种子，点播株距6~15cm，播后覆土0.5cm左右，然后浇透水，再覆盖塑料薄膜、遮阳网或遮阳帘，待发芽后逐步撤除覆盖物。翌年春、秋再进行移栽上盆。

【栽培管理】

栽培基质 用园土、腐叶土、泥炭、河沙按3∶2∶2∶3混合，或用晒干细碎肥沃塘泥和粗河沙按2∶1拌匀混合配制成培养土。如果选用粗大茎干种植，培养土可用蛭石、泥炭或菜园土和河沙等量混合制成，每年早春应换盆一次。

光照管理 龙血树对光照适应范围较广，既喜光，又耐阴，在春、秋、冬季要阳光充足，在室内栽培应放到向阳面，长期荫蔽会导致叶片发黄，叶片有斑纹的品种会使斑纹变淡。在夏季要防止阳光直射，室外栽植要用遮阳网遮阴，以防叶片发黄、灼伤。

温度管理 生长适宜温度为18~25℃。夏季气温高于32℃、冬季气温低于13℃时，植株将进入休眠或半休眠状态。冬天室温应保持在10℃以上，低于5℃会引起冻害。

水分管理　生长季节应始终保持盆土湿润，浇水过多或过少均不利于植株生长。新叶需每天在叶面上喷2~3次水。如果空气太干，叶尖容易枯萎。

养分管理　生长期，每隔15~20d施一次液肥，或复合肥1~2次，以保证枝叶生长茂盛、叶色鲜亮。冬季停止施肥。对叶片有斑纹的品种，施肥时要注意降低氮肥比例，以免引起叶片徒长，并导致斑纹暗淡甚至消失。

整形修剪　龙血树有两种修剪整形方法：一种是剪成“T”形。下部去叶的主茎被剪成“T”形茎，在植株适当高度处被平剪，保留主茎顶部新的枝叶，并随时清除主茎上的侧芽。另一种是短截蓄枝，在适当高度的位置上选择2个或3个侧芽，且芽的高度应不同。同时，加强肥水管理，很快就会长成一株枝条饱满、分散的植株。

6. 福禄桐(*Polyscias guifoylei*)

又名南洋森，五加科南洋参属。叶片与茎干奇特优美，耐阴性强，为盆栽极佳的观叶植物。

【形态特征】

常绿灌木或小乔木。植株多分枝，茎干灰褐色，密布皮孔。叶互生，一回羽状(不规则分裂或二回或三回羽状复叶)，叶色有全绿、斑纹或全叶金黄等，叶缘有锯齿。花序顶生，下垂，伞形花序圆锥形。果近球形。

【生态习性】

原产于太平洋群岛。喜高温环境，不甚耐寒。适宜温度为15~30℃，最低温度宜在10℃以上，斑叶品种的抗寒性更差一些。要求有明亮的光照，但也较耐阴，忌阳光暴晒。喜湿润，也较耐干旱，但忌水湿。

【品种及分类】

同属主要观赏栽培种有：

圆叶南洋森(*P. balfouriana*)　又名圆叶福禄桐，原产于新加列多尼亚。在原产地植株高可达8m，为本属中最大型者。茎带铜色。叶为一回羽状，多呈三出复叶，叶缘稍带白色。品种有：黄斑圆叶福禄桐、红叶圆叶福禄桐。

蕨叶南洋森(*P. filicifolia*)　原产于太平洋群岛。灌木，株高2~2.5m，直立，分枝稀少。奇数羽状复叶，长30cm，小叶多数，具波浪形锯齿。

羽叶南洋森(*P. fruticosa*)　株高2~3m，2~3回羽状复叶，小叶狭长披针形，叶缘浅或深羽状裂。侧枝多下垂，使树冠呈伞状，颇美观。

【种苗繁育】

福禄桐主要采用扦插繁殖。

扦插时间　春、秋两季均可进行，但以春插效果更佳。

扦插基质　以珍珠岩、蛭石、河沙为扦插基质。

剪穗　插穗长度为10~15cm，只保留顶部的2~3片叶，下切口最好位于节下0.2cm处。

扦插及插后管理　用500mg/L的吲哚丁酸或ABT 1号生根药液浸泡10s，再将其插入基质中。浇透水后覆盖塑料薄膜保湿，维持25~30℃的生根适温，遮光40%~50%，20~

30d 即可生根。

【栽培管理】

栽培基质　以疏松肥沃、排水良好的砂壤土为最佳。可用腐叶土4份、园土4份、沙2份和少量沤制过的饼肥或骨粉混合配制。

光照管理　福禄桐需充足的光照，但忌强光暴晒，初夏久雨初晴后，要防止光照过强引起叶片灼伤。自仲春至中秋，遮光40%~60%。冬季可给予全光照。

温度管理　4~10月温度保持在20~30℃，10月至翌年4月要保持在13~20℃。夏季气温达32℃以上时，需遮阴降温。秋末冬初，当气温降至15℃时，要及时保温。

水分管理　福禄桐喜欢较湿润的土壤和空气环境。浇水遵循"不干不浇，浇则浇透，干湿相间，宁干勿湿"的原则，生长期要有充足的水分供应。盛夏季节，每天要给叶面喷水一次。秋末冬初，当气温降至15℃以下时，要控制浇水。冬季则应减少浇水量，或以喷水代替浇水，盆土保持微润稍干。

养分管理　生长旺盛的4~6月，可每月浇施一次稀薄的有机肥液，也可用0.2%尿素与0.1%磷酸二氢钾的混合液进行叶面追肥，或在土表面撒施(或埋施)少量缓效复合肥。中秋后停施氮肥，追施1~2次磷、钾肥，以增加植株的抗寒性，使其顺利越冬。入冬后停止施肥。

7. 竹柏(*Podocarpus nagi*)

又名椰树、罗汉柴、椤树、山杉、糖鸡子、船家树、宝芳、铁甲树、猪肝树、大果竹柏，罗汉松科竹柏属。竹柏的枝叶青翠而有光泽，树冠浓郁，树形美观，既可用于盆栽观赏，也可用于景观绿化。

【形态特征】

常绿乔木。幼树树皮近于平滑，红褐色或暗紫红色，大树树皮呈小块薄片脱落。枝条开展或伸展，树冠广圆锥形。叶对生，革质，长卵形、卵状披针形或披针状椭圆形，上部渐窄，基部楔形或宽楔形，向下窄成柄状，有多数并列的细脉，上面深绿色，有光泽，下面浅绿色。雄球花穗状圆柱形，单生于叶腋。种子圆球形，成熟时假种皮暗紫色，有白粉。花期3~4月，种子10月成熟。

【生态习性】

竹柏喜温热湿润环境。喜疏松、湿润、腐殖质层厚、呈酸性的砂壤土至轻黏土，需排水良好，忌积水。

【品种及分类】

竹柏常见的栽培品种有：

'圆叶'竹柏(*P. nagi* 'Ovatus')，叶圆形；'细叶'竹柏(*P. nagi* 'Angustifolius')，灌木状，叶细；'薄雪'竹柏(*P. nagi* 'Cacsius')，又名霜降竹柏、白斑竹柏，叶面有白斑；'黄纹'竹柏(*P. nagi* 'Vriegata')，叶面有黄色条纹；'金叶'竹柏(*P. nagi* 'Aurea')；'垂枝'竹柏(*P. nagi* 'Penula')；等等。

同属栽培种有：

长叶竹柏(*P. fleuryi*)，叶卵状卵形至卵状披针形，长8~18cm，宽2.2~5cm，先端渐尖，基部楔形，厚革质。

【种苗繁育】

竹柏主要采用播种繁殖和扦插繁殖。

(1)播种繁殖

播种时间　春季播种。

采种　选择树龄在 20 年以上的植株采种，一般 10~11 月当果实外皮由青转黄时即可采收。将采集的果实置于阴凉通风处经 10~20d 即可完成后熟。洗去果肉，将种子阴干即可播种。

播种　采用苗床或育苗盘进行点播，株行距 5cm 左右。

播后管理　遮光 30%~50%，保持基质湿润，15d 左右即可发芽，当年苗高 20~30cm 时移栽上盆。

(2)扦插繁殖

扦插时间　春末秋初均可，以 3 月上中旬为佳。

穗条选择　选用无病虫害、生长健壮的当年生或 1 年生粗壮枝条。

剪穗　选取穗条的中下部，剪取 5~15cm 的茎段，每段要带 3 个以上的节。在最上一个叶节的上方大约 1cm 处平剪，在最下面的节下方大约 0.5cm 处斜剪或平剪，留一片叶片。

插穗处理　将剪好的插穗用 100mg/L 的高锰酸钾溶液浸泡 3min，然后用 500×10^{-6}mol/L的 IBA 溶液浸泡基部 4~5h。

扦插　扦插时，先用竹签作引棒，在基质上打一个深 3~5cm 的小孔，将处理好的插穗插入小孔，保持插穗叶片方向一致，株距以不盖住相邻插穗叶子为宜(株行距约为5cm×6cm)，并用手压实基部，插后立即浇透水。

插后管理　遮光 50%~80%，保持湿润，增加空气湿度，注意通风，待根系长出后，再逐步移去遮阳网。待苗高 25~30cm，可移栽上盆。

【栽培管理】

栽培基质　用腐叶土、河沙(或蛭石)、园土按 3∶2∶1 混合配制成营养土，加入适量的腐熟堆肥，也可以采用园土加煤渣灰(或锯末)按 3∶1 比例配制盆土。

光照管理　竹柏是一种喜阴植物，需在半阴的环境中栽培，忌夏季高温暴晒，秋末至春初可适当增加光照。

水分管理　浇水遵循见干见湿的原则。夏季除保持盆土湿润外，还应当经常向叶面或周围地面喷雾，以增加空气湿度。

养分管理　生长季节，每个月可追施液肥 3~4 次。施有机肥时，注意不要洒溅在叶面上，施肥后进行叶面喷水清洗。在苗木生长后期的 8 月底至 9 月上旬，停施氮肥，每隔 10~15d 喷施一次 0.2%~0.5%的磷酸二氢钾溶液。

8. 发财树(*Pachira macrocarpa*)

又名大果木棉、马拉巴栗、瓜栗、美国花生，木棉科瓜栗属。其寓意吉祥，同时株形优美、耐阴性强，为优良的室内盆栽观叶植物。

【形态特征】

常绿乔木，树高8~15m。主干直立，茎干基部膨大，肉质状。枝条多轮生。掌状复叶互生，质薄而翠绿，小叶5~9片，具短柄或无柄，长圆形至倒卵圆形，全缘。花大，长达22.5cm，花瓣条裂，花色有红、白或淡黄色，色泽艳丽。

【生态习性】

喜温暖、湿润、阳光充足的环境，稍耐阴。耐寒力差，较耐水湿，也稍耐旱。喜肥沃疏松、透气保水、酸性的砂壤土，忌碱性土或黏重土壤。

【种苗繁育】

发财树主要采用播种繁殖和扦插繁殖。

(1)播种繁殖

播种时间　7~12月，发财树果皮由青绿色变黄褐色时采收，去除种壳随即播种。

种子处理　用50%的多菌灵500倍液浸泡种子30min，或40%的福尔马林100倍液浸泡种子10min。

播种　采用点播方式播种。可用苗床播种或用育苗盘播种。育苗盘播种株行距为5cm×6cm，苗床播种株行距为10cm×30cm，播种时芽眼向下，覆盖细土约2cm厚。

播后管理　播种后放置于半阴处，遮光70%~80%，真叶萌发后逐渐增加光照，长出3~4片真叶后全光照。发芽期间基质保持湿润，播后约20d可发芽。发芽温度为22~26℃。苗长至25cm左右时可间密留疏，使幼苗均匀生长。实生苗生长迅速，苗期要薄施氮肥和增施磷、钾肥2~3次，促使茎干基部膨大。

(2)扦插繁殖

扦插时间　一般在春、秋两季或6月下旬至8月上旬进行。

选穗　选择生长健壮、无病虫害、性状优良、带顶梢的当年生半木质化枝条作穗条。

剪穗　插穗长度为6~10cm，下切口位于叶或腋芽下，切口要光滑，每个插穗带有2个掌叶，其余叶片全部剪掉。

插穗处理　扦插前，将插条基部2~3cm的部分置于25mg/L ABT生根液中浸泡20~24h，取出后用清水冲洗干净晾干待用。

插后管理　扦插后及时浇透水，覆盖塑料薄膜保湿并进行适当遮阴。插床空气相对湿度保持在80%~90%，要求30%光照。每天通风换气1~2次，6~8月早、晚各用细喷壶喷水一次，温度保持在23~25℃。一般15d左右产生愈伤组织，30d左右开始生根。

【栽培管理】

栽培基质　可以用疏松园土(或泥炭)5份、腐叶土3份、粗砂3份，加少量复合肥或有机肥混合制成培养土。

光照管理　发财树为喜光植物，光照充足可使节间缩短，植株紧凑，特别是可促进茎基部膨大增粗。在室内养护时，应置于阳光充足处。如果连续放在光线较弱的室内，植株停止生长或新生叶片瘦弱纤细。

温度管理　生长适温为20~30℃。冬季温度需保持在16℃以上，低于16℃时，叶片变黄脱落；10℃以下，会落叶或叶片上出现冻斑，甚至死亡。

水分管理　生长期要保持盆土湿润，不干不浇。夏季2~3d浇水一次，春、秋季每4~6d浇水一次，冬季以湿润为宜，适当减少浇水次数。其膨大茎能贮存一定水分和养分，盆土应排水畅通，宁干勿湿，不可潮湿积水；但土壤也不宜太干，尤其晴天空气干燥时须适当喷水，以保证叶片油绿、有光泽。

养分管理　生长期每月薄施有机质氮、磷、钾肥，或复合肥1~2次，切忌浓肥。应增施磷、钾肥，使茎干膨大。也可叶面追施0.2%磷酸二氢钾1~2次，每10~15d喷一次，可保持叶片绿而有光泽。

整形修剪　发财树生长至2m左右时，可在1.2~1.5m处截去上部，然后挖起放置在半阴凉处自然晾干1~2d，使树干变得柔软而易于弯曲。用绳子捆扎紧同样粗度和高度的若干株植株基部，将其茎干编成辫状，放倒在地上，用重物如石头、铁块压实，固定形态，再用铁丝扎紧固定成直立辫状。编好后将植株上盆栽植，加强肥水管理，尤其要追施磷、钾肥，使茎干生长粗壮，辫状充实整齐一致。一般以3枝编织于盆中为常见。

9. 橡皮树（*Hevea brasiliensis*）

又名印度榕、印度橡皮树、印度橡胶，桑科榕属。叶片肥厚、宽大、美观且有光泽，是著名的室内盆栽观赏植物。

【形态特征】

常绿木本观叶植物，树冠张开，树枝光滑，有乳汁，易生气生根。叶片宽大厚实，革质，有光泽，圆形至长椭圆形，叶面暗绿色，叶背淡绿色，园艺品种有黑色叶、花叶等品种。幼芽红色，具苞片，红色的顶芽状似伏云，幼叶内卷，外包红色托叶，幼叶展开后托叶自行脱落。

【生态习性】

橡皮树原产于印度、马来西亚，喜温暖、湿润气候，亦较耐旱。喜光照充足和通风良好的环境。能耐阴但不耐寒，忌阳光直射。喜肥沃、疏松、排水良好的中性或微酸性土壤，忌黏性土，不耐贫瘠。

【品种及分类】

常见的栽培变种和品种有：

‘金边’橡皮树　叶片具金黄色边，入秋更为明显。

‘白斑’橡皮树　叶片绿色，具有乳白色不规则斑块。

‘花叶’橡皮树　又名圆叶黄斑橡皮树。叶面具黄白色斑纹。

‘黑金刚’橡皮树　叶片墨绿色，具黑绿色光泽，是常见的品种之一。

圆叶橡皮树　叶片宽大椭圆形，厚革质，长可达35cm，宽可达12cm，先端近圆形，具微尖或尖，基部规整半圆形，主脉明显，侧脉丰富，叶片绿色中带有红色。

‘丽苞’橡皮树　叶片浓绿色，叶背的主脉及叶苞均呈鲜红色。

‘金星宽叶’橡皮树　叶片远较一般橡皮树大而圆，幼嫩时为红褐色，成长后红褐色稍淡，靠近边缘散生稀疏针头大小的斑点。

【种苗繁育】

橡皮树主要采用扦插繁殖。

扦插时间　春末夏初，可结合修剪进行。

选穗条　选用1年生、半木质化、生长健壮、无病虫害的中部枝条。

剪插穗　将橡皮树半木质化的枝条剪成一芽一叶的小段。插穗的长度以保留3个芽为标准，剪去下面的一片叶，将上面两片叶子剪去1/2，以减少叶面的水分蒸发。插穗切口会流出白色乳液，用温水将其洗去，再往切口表面蘸上少量木炭粉或硫黄粉。

扦插后管理　插后保持较高的湿度，忌积水，做好遮阴和通风工作，在25~30℃的条件下3~4周可生根，50d后待小苗长出2~3片新叶时可移栽上盆，放遮阴处，待新芽萌动后再逐渐增加光照。

【栽培管理】

栽培基质　可用腐叶土、草木灰加1/4左右的河沙及少量基肥配成培养土。

光照管理　橡皮树虽喜光，但夏天强光直射会导致叶面缺乏光泽，因此需适当遮阴。

温度管理　橡皮树不耐寒，适宜生长温度为20~25℃。夏季在30℃的温室内生长繁茂，冬季保持室温10℃以上，最低气温不要低于5℃，低于5℃时易受冻害。

水分管理　浇水以见干见湿为原则。早上或晚上在盆土发白时浇透水，并向叶片喷水。且每隔15~20d在盆土较干时松土，以免因反复浇水导致盆土板结而造成烂根或根系萎缩。气温超过35℃时应将其移至阴凉通风处，并喷水降温。

养分管理　生长旺盛期每月追施2~3次以氮为主的复合肥或有机肥。有彩色斑纹的种类因生长比较缓慢，可减少施肥次数，同时增施磷、钾肥。如果过多或单纯施用氮肥，则斑纹颜色变淡甚至消失。9月应停施氮肥，仅追施磷、钾肥，以提高植株的抗寒能力。冬季植株休眠，应停止施肥。

整形修剪　橡皮树若任其自然生长，一般较少分枝。可在小苗长至30cm以上，于翌年5月上旬将茎干截顶(剪口下面保留4~5个芽苞)，并立即用胶泥把切口堵住或涂上木炭粉，以免因汁液流出过多而失水枯死。修剪时一定要在半木质化的位置剪断，因这个部位萌发力强，在6月底至7月初即可形成良好株形。

(三)其他观叶盆花生产

其他观叶盆花见表3-3-4所列。

表3-3-4　其他观叶盆花生产

中文名	学名	科属	主要习性	繁殖方法
丽蚌草	*Arrhenaterum elatius*	禾本科丽蚌草属	耐寒，畏炎热	分株
虎眼万年青	*Ornithogalum umbellatum*	百合科虎眼万年青属	喜温暖湿润和半阴环境，不耐寒，忌阳光直射	分球、播种
燕子掌	*Crassula ovata*	景天科青锁龙属	喜温暖、干燥，不耐寒；怕强光，稍耐阴	扦插
石莲花	*Echeveria glauca*	景天科石莲花属	喜温暖、干燥；喜光，不耐阴；耐旱，不耐寒	扦插
虎尾兰	*Sansevieria trifasciata*	龙舌兰科虎皮兰属	喜温暖湿润，耐干旱；耐阴，忌强光暴晒	扦插、分株

（续）

中文名	学名	科属	主要习性	繁殖方法
芦荟	*Aloe vera* var. *chinensis*	百合科芦荟属	耐高温，怕寒冷；耐干旱，怕积水；喜光	分株、扦插
树马齿苋	*Portulacaria afra*	马齿苋科马齿苋树属	喜温暖、干燥和阳光，不耐寒，耐半阴和干旱	扦插
红点草	*Hypoestes phyllostachya*	爵床科枪刀药属	不耐寒，喜温暖、湿润；喜半阴，忌强光直射	扦插
绿串珠	*Senecio rowleyanus*	菊科千里光属	喜温暖和半阴的环境，耐干旱，怕高温潮湿	扦插、分株
卷柏	*Selaginella tamariscina*	卷柏科卷柏属	喜半阴，强光下也能生长良好；极耐干旱	孢子
翠云草	*Selaginella uncinata*	卷柏科卷柏属	喜温暖湿润，忌强光直射	分株
阴地蕨	*Scepteridium ternatum*	阴地蕨科阴地蕨属	喜阴湿，忌强光，稍耐寒	孢子、分株
海金沙	*Lygodium japonicum*	海金沙科海金沙属	耐光照，耐寒霜	孢子
鹿角蕨	*Platycerium bifuratum*	鹿角蕨科鹿角蕨属	喜温暖、阴湿，不耐寒	分株、孢子
凤尾蕨	*Peeris multifida*	凤尾蕨科凤尾蕨属	喜温暖、湿润、半阴	分株、孢子
巢蕨	*Neottopteris nidus*	铁角蕨科铁角蕨属	喜温暖、阴湿，不耐寒	孢子
贯众	*Cyrtomium fortunei*	鳞毛蕨科鳞毛蕨属	喜半阴、湿润，耐寒，不耐高温干燥	分株、孢子
迷迭香	*Rosmarinus officinalis*	唇形科迷迭香属	喜温暖，喜光，耐干旱，忌高温高湿	播种、扦插
香蜂草	*Melissa officinalis*	唇形科香蜂草属	耐热，耐水湿	播种、扦插
罗勒	*Ocimum basilicum*	唇形科罗勒属	喜温暖、阳光，忌炎热	播种、扦插
美国薄荷	*Monarda didyma*	唇形科美国薄荷属	喜凉爽、湿润、向阳的环境，耐半阴，耐寒	分株、扦插、播种
斑叶露兜树	*Pandanus veitchii*	露兜树科露兜树属	喜高温，不耐寒；不耐强光	分株、扦插
风车草	*Cyperus alternifolius*	莎草科莎草属	喜温暖，不耐寒；耐旱，耐水湿	分株、扦插
绣球松	*Asparagus myriocladus*	百合科天门冬属	喜温暖，不耐寒；不耐旱，忌水涝	播种、分株
紫背万年青	*Rhoeo discolor*	鸭跖草科紫露草属	喜温暖，不耐寒；喜散射光照，忌强光直射	分株、扦插
十二卷	*Haworthia fasciata*	芦荟科十二卷属	喜温暖，稍耐寒；喜半阴	分株、扦插
金花肖竹竿	*Calathea crocata*	竹芋科肖竹芋属	喜温暖、湿润，不耐寒，忌炎热，喜半阴	分株
紫背肖竹芋	*Calathea insignis*	竹芋科肖竹芋属	喜高温高湿，不耐寒；喜半阴	分株
豹纹肖竹芋	*Calathea leopardina*	竹芋科肖竹芋属	喜高温高湿，不耐寒；喜半阴	分株
孔雀竹芋	*Calathea makogana*	竹芋科肖竹芋属	喜高温高湿，不耐寒；喜半阴	分株

中文名	学名	科属	主要习性	繁殖方法
彩红肖竹芋	*Calathea roseo-picta*	竹芋科肖竹芋属	喜高温高湿，不耐寒；喜半阴	分株
竹芋	*Maranta arundinacea*	竹芋科竹芋属	喜高温高湿，不耐寒；喜半阴	分株
二色竹芋	*Maranta bicolor*	竹芋科竹芋属	喜高温高湿，不耐寒；喜半阴	分株
白脉竹芋	*Maranta leuconeura*	竹芋科竹芋属	喜高温高湿，不耐寒；喜半阴	分株
苏铁	*Cycas revoluta*	苏铁科苏铁属	喜温暖和充足阳光，不耐寒	播种、分株
皱叶豆瓣绿	*Peperomia caperata*	胡椒科草胡椒属	喜温暖、湿润、半阴	扦插
花叶豆瓣绿	*Peperomia agnoliaefolia* var. *variegata*	胡椒科草胡椒属	喜温暖、湿润、半阴	扦插
西瓜皮椒草	*Peeromia sandersii* var. *argyreia*	胡椒科草胡椒属	喜温暖、湿润、半阴	扦插
冷水花	*Pilea cadierei*	荨麻科冷水花科	喜温暖、湿润、散射光，耐阴	扦插
镜面掌	*Pilea peperomioides*	荨麻科冷水花科	喜温暖、湿润及半阴	扦插
皱叶冷水花	*Pilea spruceanus*	荨麻科冷水花科	喜温暖、湿润及半阴	扦插
扁竹蓼	*Homalocladium latycladum*	蓼科竹节蓼属	喜温暖、湿润及半阴，不耐寒，不耐水湿	分株、扦插
垂盆草	*Sedum savmentosum*	景天科景天属	较耐寒，喜稍阴湿，耐旱	分株、扦插
虎耳草	*Saxifraga stolonifera*	虎耳草科虎耳草属	喜凉爽湿润，不耐高温及干燥，喜半阴	扦插、分株
含羞草	*Mimosa pudica*	含羞草科含羞草属	喜温暖，不耐寒；宜湿润	播种
银边翠	*Euphorbia marginata*	大戟科大戟属	喜温暖及阳光充足，忌湿涝	播种、扦插
网纹草	*Fittonia erschaffeltii*	爵床科网纹草属	喜温暖、湿润，不耐寒；喜半阴，忌强阳光直射	扦插
金钱蒲	*Acorus gramineus*	天南星科菖蒲属	喜温暖、潮湿，忌干旱	分株
白柄亮丝草	*Aglaonema commutatum* ‘Pseudobracteatum’	天南星科亮丝草属	不耐寒，喜散射光，忌直射光，喜水湿	分株
广东万年青	*Aglaonema modestum*	天南星科亮丝草属	喜高温、多湿，不耐寒；极耐阴，忌强光直射	分株、扦插
斑叶万年青	*Aglaonema pictum*	天南星科亮丝草属	喜高温、多湿，不耐寒；极耐阴，忌强光直射	分株、扦插
花叶芋	*Caladium bicolor*	天南星科五彩芋属	喜高温、高湿，不耐寒；喜半阴，忌强光直射	分株
大王万年青	*Dieffenbachia amaena* ‘Tropic’	天南星科花叶万年青属	喜高温、高湿，较耐寒；喜散射光，极耐阴	扦插
鸭跖草	*Commelina communis*	鸭跖草科鸭跖草属	喜温暖、湿润、耐阴和通风环境	分株、扦插

草本观花盆花

二、观花盆花生产

（一）常见草本观花盆花生产

1. 国兰（*Cymbidium* spp.）

根据兰花的生活习性，一般将兰花分为地生兰、腐生兰和附生兰3类。其中，地生兰最为常见，与其他大部分植物一样生长在地面上，有绿色的叶片，可以进行光合作用，靠根系从土壤中吸收水分。温带和亚热带地区的兰花一般属于这一类。附生兰附着生长于树干或石上，广布于热带地区，具肥厚且带根被的气生根，根系多裸露于空气中，可以从空气中吸收水分。最有代表性的是石斛（*Dendrobium nobile*）、大花蕙兰（*C. hubridum*）、蝴蝶兰（*Phalaenopsis aphrodite*）、卡特兰（*Cattleya hybrida*）、兜兰（*Paphiopedilum insigne*）等。腐生兰生长在已经死亡并且腐烂的植物体上，从这些残体上吸取营养物质，不能进行光合作用，因而为非绿色植物。这类兰花中最有名的是天麻（*Gastrodia elata*）。

国兰指原产于我国的兰属地生兰花，兰科兰属多年生草本，是单子叶植物中最大的一科，也是目前盆栽应用最多的一类兰花。

【形态特征】

多年生单子叶草本植物。根肉质肥大，无根毛，有共生菌。具有假鳞茎，俗称芦头，外包有叶鞘。常多个假鳞茎连在一起，成排同时存在。叶线形或剑形，革质，直立或下垂。花单生或呈总状花序，花梗上着生多数苞片。花两性，具芳香。花被的外轮是花萼，有萼片3，1枚为中萼片（俗称主瓣），2枚侧萼片（俗称副瓣）；内轮为花瓣，2枚分居左右（俗称捧心），中间下方的1枚特化为唇瓣（俗称舌），唇瓣3裂或不明显，具2条褶片；雌、雄蕊合生在一起成为蕊柱（俗称鼻头），蕊柱较长，向前倾；花粉块2，近球形，蜡质，有裂隙，生于共同的花粉块上，有黏盘。

【生态习性】

国兰喜半阴，忌阳光直射。稍耐寒，忌高温。喜湿润，忌干燥。喜肥沃、富含大量腐殖质、排水良好、微酸性的砂质壤土，宜空气流通的环境。

【品种及分类】

兰属有50余种。我国有20种及许多变种，常见栽培种有：

春兰（*C. goeringii*） 又名草兰、山兰、朵朵香。假鳞茎较小，卵球形，包藏于叶基之内。叶4~7片，带形，边缘无齿或具细齿。花期2~3月。主要分布在长江流域及西南地区。春兰品种类型很多，按花被片的形态可分为梅瓣、水仙瓣、荷瓣、畸瓣和竹叶瓣5种瓣型。

蕙兰（*C. faberi*） 又名九子兰、夏兰。假鳞茎不明显。叶5~8片，带形，直立性强，叶脉透亮，边缘常有粗锯齿。花莛从叶丛基部最外面的叶腋抽出，一莛多花，常6~12朵，芳香。花期3~5月。分布地区与春兰相似。传统名品有‘上海梅’‘解佩梅’‘金岙素’等。

建兰（*C. ensifolium*） 又名雄兰、骏河兰、剑蕙。假鳞茎卵球形，包藏于叶基之内。

叶2~6枚，带形，有光泽，常排成两列。花期7~9月。主要分布在福建、广东等地。

寒兰(*C. kanran*) 假鳞茎显著。叶3~7片丛生，直立性强，狭长。花莛直立，与叶面等高或高出叶面。花疏生，10余朵，有香气。花期11月至翌年1月。原产于浙江、福建、江西、湖南、广东、广西、云南、贵州等地，日本也有分布。

【种苗繁育】

主要采用分株繁殖，育种可用播种繁殖，规模化生产可采用组织培养繁殖。

分株繁殖 常结合换盆进行，一般2~3年分株一次，以花后或3月和9月进行为宜。分株前停止浇水，进行晾盆，使肉质根发白变软。将兰株从盆中脱出，对老叶和根系进行修剪，找出假鳞茎间相距较大的空隙，用利刀分成几丛，每丛保留2~3株苗，切口涂草木灰或硫黄粉以防腐烂。盆土可用林下腐叶土(或泥炭)加适量粗砂和木炭屑配制而成。分栽时老草靠边，新草朝向中心。深度以假鳞茎刚埋入土中为宜，土面距盆口2cm。浇透水，放阴处15d缓苗，以后即可正常养护管理。

【栽培管理】

盆栽基质 主要利用树皮(或蕨)、谷壳(或蔗渣、木炭、苔藓、水草、锯末、食用菌废料)、河沙(或蛭石、珍珠岩、火山石、风化石、海浮石、陶粒、颗粒、砖瓦块)等材料，按照3∶1∶1的比例混合，形成具有适当孔隙度、一定的保肥保水能力、良好的通透性和清洁环保性的栽培基质。

光照管理 国兰喜阴，畏强烈的日光，因此要在春末到秋后进行遮阴，一般以阴闭度50%~70%为好。

温度管理 国兰的营养生长适宜温度在25℃左右，生殖生长适宜温度则低于15℃，但是不同起源地的类群对温度有不同的要求。促进国兰开花要使昼夜温差达10℃左右，即白天18~21℃，夜间7~10℃。

水分管理 国兰适宜在微风、湿度大的环境中生长。传统兰花栽培有“干兰湿菊”之说，即栽培兰花土壤宜干不宜湿。

湿度管理 一般的国兰湿度要求保持70%~80%，而墨兰相对湿度要求在90%左右。空气湿度低，兰叶会变得粗糙。

养分管理 兰花施肥宜薄不宜浓，盐分总浓度不高于500mg/L最好；夏季为生长旺季，一般浓度肥料可10~15d施一次，低浓度肥料5d施一次或每天浇水时施肥。化肥使用前必须完全溶解；化肥和有机肥交替使用，缓释肥与速效肥配合使用。小苗换盆后可10d内施一次薄肥，以N∶P∶K=20∶20∶20的复合肥为佳，施肥浓度为3000~4000倍液。之后每盆施放数粒缓释肥(N∶P∶K=14∶14∶14，缓释期6个月)，施肥间隔7~10d，冬季时间可稍长。在花芽分化时，增施磷、钾肥。以观叶为主的线艺兰，为防止线艺消退，不宜常用氮肥，可适当增施磷、钾肥。

2. 白鹤芋(*Spathiphyllum kochii*)

又名白掌、和平芋、苞叶芋、一帆风顺、百合意图，天南星科苞叶芋属。白鹤芋是新一代的室内盆花，开花时十分美丽，形似船帆，寓意一帆风顺，不开花时亦是优良的室内盆栽观叶植物。

【形态特征】

多年生草本。株高30~40cm，无茎或茎短小，具块茎，有时茎变厚、木质。叶基生，长椭圆状披针形，两端渐尖，全缘或有分裂，叶脉明显；叶柄长，深绿色，基部呈鞘状。春、夏开花，花莛直立，高出叶丛；佛焰苞直立向上，大而显著，稍卷，白色或微绿色；肉穗花序圆柱状，乳黄色。花期5~8月。

【生态习性】

白鹤芋原产于美洲热带地区。喜高温高湿，也比较耐阴，怕强光暴晒，夏季遮阴60%~70%，但长期光照不足不易开花。忌黏重土壤，以肥沃、含腐殖质丰富的砂质壤土为好。

【品种及分类】

白鹤芋同属常见观赏种有：

匙状白鹤芋(*S. cochlearispathum*)　株高60~90cm，叶片大。

绿巨人(*S. floribundum*)　又名银苞芋、包叶芋、万年青白鹤、多花白鹤芋。株高70~120cm，叶深绿色，花白或淡黄色。

佩蒂尼白鹤芋(*S. patini*)　株高30cm，叶深绿色，花白或淡绿色。

其他观赏种：

香水白鹤芋(*Spathyllum patinii*)　株高40~60cm，多为丛生状。叶长圆形或近披针形，两端渐尖，基部楔形。花为佛焰苞，微香，呈叶状，即它的花并无花瓣，只是由一块白色的苞片和一条黄白色的肉穗所组成，酷似手掌。

主要品种有：'甜芝'('Sweet Chico'，又名神灯白掌)、'艾达乔'('Adogio')、'阿尔法'('Alfa')、'多米诺'('Domino')、'贾甘特'('Gigant')、'菲奥林达'('Fiorinda')、'佩蒂特'('Petite')、'普雷勒迪'('Prelude')、'白公主'('White Princess')等。

【种苗繁育】

白鹤芋采用分株繁殖。

早春新芽萌出之前将整个株丛从盆中倒出，去掉宿土，从株丛基部将其分割成数小丛，每丛含有3个以上的茎和芽，用新培养土重新上盆种植。要尽量多带些根系，以利于新株较快抽生新叶并保证株形丰满。分栽后放半阴处恢复。

【栽培管理】

栽培基质　栽培白鹤芋常用15~19cm塑料盆，盆土应土质疏松、排水和通气性好，以腐叶土、泥炭和粗砂的混合土加少量过磷酸钙为宜。

光照管理　白鹤芋较耐阴，只要有60%左右的散射光即可满足其生长需要，因此可常年放在室内具有明亮散射光处培养。夏季可遮去60%~70%的阳光，忌强光直射，光照强度以500lx为宜。

温度管理　白鹤芋生长适宜温度为22~28℃。3~9月以24~30℃为宜，9月至翌年3月以18~21℃为宜，冬季温度不低于14℃，温度低于10℃时植株生长受阻，叶片易受冻害。盆栽白鹤芋在贮运过程中，控制温度在13~16℃、相对湿度在80%~90%，能耐黑暗

环境30d。

水分管理　白鹤芋叶片较大，对湿度比较敏感。高温干燥时，叶片容易卷曲，叶片变小、枯萎，花期缩短。因此，生长期应经常保持盆土湿润。夏季高温和秋季干燥时，要多喷水，保证空气湿度在50%以上，有利于叶片生长。冬季要控制浇水，以盆土微湿为宜。

养分管理　给白鹤芋施肥时不要施用浓肥或生肥，在施用了固态的肥料后需浇一次清水，最好以稀薄的肥水代替清水浇灌，生长旺季每1~2周施一次稀薄的复合肥或腐熟饼肥水。

分株　白鹤芋萌蘖性较强，过密植株应进行分株后盆栽。白鹤芋分株通常于春季(3~5月)结合换盆或秋后进行，选取生长健壮的2年生植株，将其整株从盆内脱出，从株丛的基部将块茎切开，每丛至少含3~4片叶。

换盆　白鹤芋每隔1~2年换盆一次，结合换盆，剪除枯萎叶片，除去部分老根及过长根系，剔去旧土，换以新培养土，以利于白鹤芋开花。

3. 长寿花(*Kalanchoe blossfeldiana*)

又名寿星花、圣诞伽蓝花、矮生伽蓝菜、燕子海棠，景天科伽蓝菜属。植株小巧玲珑，株型紧凑，叶片翠绿，花朵密集，是冬、春季理想的室内盆花，也是国际花卉市场中发展较快的盆花之一。花期正逢圣诞节、元旦和春节，寓意吉利，非常适合节日赠送亲友。

【形态特征】

多年生肉质草本，全株光滑无毛。株高10~30cm。叶肉质，交互对生，椭圆状长圆形，叶片上半部具圆齿或呈波状，下半部全缘，深绿色，有光泽，边缘略带红色。圆锥状聚伞花序，小花多，高脚碟状，花瓣4枚，花色有绯红、桃红、橙红、黄、橙黄、紫红、白等色。花期2~5月。

【生态习性】

原产于非洲南部马达加斯加岛。习性强健，喜温暖稍湿润及阳光充足环境。喜肥，耐干旱。不耐寒，生长适温为15~25℃，冬季室内温度需在12~15℃。低于5℃，叶片发红，花期推迟。对土壤要求不严，以肥沃的砂质壤土为好。

【品种及分类】

长寿花品种类型非常丰富，主要有丰花系列、迷你系列、垂钓系列、重瓣系列和特殊品种系列等。

常见品种主要有：

‘卡罗林’(‘Caroline’)、‘西莫内’(‘Simone’)、‘内撒利’(‘Nathalie’)、‘阿朱诺’(‘Arjuno’)、‘米兰达’(‘Miranda’)、‘块金’(‘Nugget’)系列、四倍体的‘武尔肯’(‘Vulcan’)、‘肯尼亚山’(‘MountKenya’)、‘萨姆巴’(‘Sumba’)、‘知觉’(‘Sensation’)和‘科罗纳多’(‘Coronado’)。

同属观赏栽培种：

宫灯长寿花(大宫灯)(*K. porphyrocalyx*)　别名珍珠风铃、灯笼菜。枝柔软，常下垂。叶对生，长卵形，稍具肉质。花红色，管状，先端4瓣稍分开，其外形酷似小提灯故此得名。

【种苗繁育】

长寿花主要采用扦插繁殖，育种可采用播种繁殖，工厂化育苗可采用组织培养繁殖。

扦插时间　选择5~6月或9~10月为佳。

剪取插穗　选择生长健壮、无病虫害的枝条剪取长5~6cm的茎段，保留叶片3~4对，待伤口晾干后扦插。

扦插基质　可用泥炭、珍珠岩、蛭石按3∶2∶1比例混合配制的营养土作扦插基质。

扦插　可选用花盆、育苗盘或扦插池等作为容器。株行距5~6cm，扦插深度为插穗长的1/2~2/3，间距以叶片不重叠为宜，插后轻轻压实插穗基部。

插后管理　适当遮阴，保持基质湿润，温度控制在18~25℃，插后10~15d生根，逐渐增加光照，30d后视生长情况移栽上盆。

【栽培管理】

盆栽基质　栽培基质用泥炭、珍珠岩、蛭石按6∶3∶1混合制成，调节基质pH在5.5~6.5，EC值在0.5~1.0mS/cm。

光照管理　长寿花为喜光植物，适宜光照强度为25 000~30 000lx。当光照强度大于65 000lx时，选择遮光率为60%~70%的遮阳网遮阴降温，其他时间均不做遮阴处理。在冬季，为了缩短植株一两周的生长时间，使之形成更多的花序，一般在短日照处理前，需要对其进行人工补光，光照强度要求达到3000lx，日照长度应不少于18h/d。

温度管理　长寿花生长适温为15~25℃。夏季温度不宜超过30℃，超过30℃会处于半休眠状态，应通风降温，并对植株进行遮阴。冬季室温需保持在12~15℃。

水分管理　长寿花怕涝，浇水本着"见干见湿"的原则，春、秋季一般3~4d浇透水一次，夏季5~7d浇透水一次，可增加喷水次数以保持基质湿润。

养分管理　苗期施肥，做到氮、磷、钾肥均衡；花芽分化期，增施磷、钾肥，配成3%的磷酸二氢钾溶液随水冲施，降低氮肥用量。薄施氮肥可以有效控制长寿花植株的徒长，提高抗逆性和抗病性。夏季停止施肥。

整形修剪　在移栽成活后，株高8~10cm时进行第一次摘心。根据品种的生长和分枝状况，花芽分化前摘心1~2次。去掉植株过于密集的细弱枝和病枝，增加植株通透性。通过摘心和修枝，保留4~7个壮枝，可形成高30cm左右、紧凑俊秀的株型。

4. 球兰（*Hoya carnosa*）

又名瓷花、蜡花、石南藤、马骝解、雪梅、玉蝶梅、铁脚板等，萝藦科球兰属，是一类观赏价值较高的盆花植物。

【形态特征】

攀缘藤本，灌木型球兰枝条通常较短，藤本型球兰枝条较长。如最矮的伞花球兰，茎长仅10~20cm；最高的冠球兰，茎可长达20~30m。茎节上生气根。叶对生，肉质，卵圆形至卵圆状长圆形。聚伞花序伞形，腋生，着花约30朵；花白色，直径2cm；花冠辐状。花期4~6月，果期7~8月。

【生态习性】

分布于亚洲东南部至大洋洲各岛。喜高温、高湿、半阴环境，夏、秋季需保持较高空气湿度，忌烈日暴晒。若日照过强，叶色会泛黄，色彩粗涩而且无光泽。在富含腐殖质且排水良好的土壤中生长旺盛，较适宜多光照和稍干土壤。

【品种及分类】

球兰属植物有200多种，比较常见的栽培种和品种有：环冠球兰(*H. coronarria*)、南方球兰(*H. australis*)、'红花'南方球兰(*H. australis* 'Rubicola')、'斑叶'南方球兰(*H. australis* 'Sanae')、刺球兰(*H. acicularis*)、大花球兰(*H. archboldiana*)、厚花球兰(*H. dasyantha*)、护耳草(*H. fungii*)、黄花球兰(*H. fusca*)、海南球兰(*H. hainanensis*)、长叶球兰(*H. kwangsiensis*)、裂瓣球兰(*H. lacunosa*)、心叶球兰(*H. kerrii*)、猴王球兰(*H. praetorii*)、线叶球兰(*H. linearis*)、香花球兰(*H. lyi*)、匙叶球兰(*H. radicalis*)、卷边球兰(*H. revolubilis*)等。其中，大花球兰的花朵环环相接，呈杯子形，非常奇特，具有极高的观赏价值。

【种苗繁育】

常采用扦插繁殖和压条繁殖，商业化生产也可以采用组织培养繁殖。

(1)扦插繁殖

夏末取半成熟枝或花后取顶端枝，长8~10cm，必须带茎节。清洗剪口处的乳液，晾干后插入沙床。扦插基质为水苔，或珍珠岩+蛭石，或椰壳块。插穗可用1.0g/L吲哚乙酸处理，能提高球兰扦插生根率。插后要立即浇水，并设置两层遮阳网，室温保持在20~25℃，20~30d生根。

(2)压条繁殖

在5~8月生长旺季期间，选择近顶部附近的节芽处以"U"形的方式压入湿润的珍珠岩中，或将球兰的茎蔓在茎节间轻微刻伤，用苔藓在刻伤处包裹，外面用塑料膜包裹并绑紧，每隔1d用医用注射器注入清水，20d左右根系发育较好后，剪下定植于盆中。

【栽培管理】

盆栽基质　以疏松肥沃的微酸性腐殖土较佳，可用水苔或椰壳块，或泥炭+珍珠岩+蛭石(按1∶1∶1混合)，或泥炭+树皮+蛭石(按2∶2∶1混合)，也可以用泥炭、沙和蛭石按1∶1∶1配制成盆栽培养土，并加入适量过磷酸钙作基肥，或7份腐叶土掺粗砂3份作基质，调节EC值在0.4~1mS/cm，pH在5.5以下。

光照管理　球兰喜散射光，喜半阴环境，耐荫蔽，忌烈日直晒。生长季节每天需3~5h充足阳光，有利于肉质叶的生长和开花。夏季需要移至遮阴处，防止强光直射灼伤叶片，造成叶片失绿变黄甚至脱落，影响观赏效果。若长期将其放在光线不足处，则叶色变淡，花少而不艳。

温度管理　球兰不耐寒，生长适温为15~28℃，在高温条件下生长良好。冬季应在冷凉和稍干燥的环境中休眠，越冬温度保持在10℃以上。若低于5℃，则易受寒害，引起落叶甚至整株死亡。

水分管理　球兰盆土宜经常保持湿润状态，忌积水，以免引起根系腐烂。夏、秋季，高温干燥天气，浇水要充足，但忌用钙质水。除浇水要见干见湿外，还要注意增加空气湿度，需经常在叶面上喷雾，增加叶面与周围环境的湿度以利于其生长。秋、冬季，球兰生长缓慢，茎叶耗水较少，盆土宜稍干燥，浇水次数可以减少至每2周一次。

养分管理　球兰在生长过程中需肥量较少，上盆时可加入适量复合肥作基肥。生长旺季每月施1~2次氮肥和磷肥的稀薄肥水，宁稀勿浓。在生长旺盛期，可15~20d施一次腐熟的有机肥液。在孕蕾开花前，适当施些含磷稍多的液肥，如用0.1%的磷酸二氢钾溶液等。秋季天气逐渐冷凉时，要逐渐减少浇水量和施肥量。

5. 天竺葵(*Pelargonium hortorum*)

又名洋绣球、石腊红、入腊红、日烂红、洋葵、驱蚊草、洋蝴蝶，牦牛儿苗科天竺葵属。原产于非洲南部，世界各地普遍栽培。

【形态特征】

多年生草本。茎直立，分枝；基部木质化，被开展的长柔毛。叶互生；托叶干膜质，三角状宽卵形；叶片圆肾形，叶面通常有暗红色马蹄纹，基部心形或截形，边缘具不规则的锐锯齿，有时3~5浅裂。伞形花序与叶对生或腋生，明显长于叶，具花数朵；花梗长不超过15mm，被疏柔毛和腺毛；花冠粉红、淡红、深红或白色，有单瓣、重瓣之分，还有叶面具白、黄、紫色斑纹的彩叶品种。花期10月至翌年6月，最佳观赏期4~6月。

【生态习性】

喜温暖和凉爽的气候环境，喜光照充足，耐寒性较差，怕水湿、忌酷热，稍耐干旱。宜肥沃、疏松和排水良好的砂质壤土。

【品种及分类】

常见的栽培品种有：'真爱'('True Love')，花单瓣，红色；'幻想曲'('Fantasia')，大花型，花半重瓣，红色；'口香糖'('Bubble Gum')，双色种，花深红色，花心粉红；'探戈紫'('TangoViolet')，大花品种，花纯紫色；'美洛多'('Meloda')，大花种，花半重瓣，鲜红色；'贾纳'('Jana')，大花、双色品种，花深粉红色，花心洋红；'萨姆巴'('Samba')，大花品种，花深红色；'阿拉瓦'('Arava')，花半重瓣，淡橙红色；'葡萄设计师'('Designer Grape')，花半重瓣，紫红色；'迷途白'('Maverick White')，花纯白色。

同属栽培种：

蝶瓣天竺葵(*P. domesticum*)　又名大花天竺葵、洋蝴蝶。宿根草本，半灌木型。为园艺杂交种，叶片心脏状卵形，边缘锯齿较锐。花大，花径约5cm，上面两瓣较大，且有深色斑纹。花期3~7月。

马蹄纹天竺葵(*P. zonale*)　半灌木型。茎直立，圆柱形，肉质。叶倒卵形，叶面有浓褐色马蹄状斑纹，叶缘具钝齿。花瓣同色，深红至白色。花在夏季盛开。

盾叶天竺葵(*P. peltatum*)　又名藤本天竺葵、常春藤叶天竺葵。半灌木。茎半蔓性，分枝多，匍匐或下垂。叶盾形，具5浅裂，锯齿不显。花冠上面两瓣较大，有暗红色斑纹。花期5~7月。

香叶天竺葵(*P. graveolen*)　商品名为驱蚊草，因植株具有挥发性香气而广受欢迎。

【种苗繁育】

天竺葵以扦插繁殖和播种繁殖为主。

(1)扦插繁殖

扦插时间　除6~7月植株处于半休眠状态外，其余时间均可扦插，但以春、秋季为

好。夏季高温，插条易发黑腐烂。

扦插基质　以河沙(或珍珠岩和泥炭混合)作基质。

选穗条　挑选花性一致、开花勤、在春季和秋季都有早开花习性的纯正品种，选1年生、生长健壮、无病虫害的枝条或腋芽抽生的侧枝作穗条。

剪插穗　每个插穗长7~8cm，至少要有3~4个节间，剪去基部叶片，保留上端1~2片小叶。用0.004%~0.05%的萘乙酸水溶液浸泡插穗基部至1.5~2cm处12~24h，取出晾干待用。

扦插及插后管理　将处理好的插穗按株行距5cm×6cm插入准备好的容器和基质中，以叶片不相互重叠为宜，轻轻压实插穗基部，用细孔喷壶把水喷透，以后要保持基质湿润，每天向叶片表面喷水一次。室温控制在13~18℃，14~21d可生根。

(2)播种繁殖

春、秋季均可进行，以春季室内盆播为好，播后覆土不宜深。发芽适温为20~25℃，2~5d发芽。秋播第二年夏季能开花。

【栽培管理】

盆栽基质　可用腐叶土2份、山泥土2份、泥炭2份、腐熟的木屑2份、堆积的干杂肥2份配制。

光照管理　天竺葵喜阳光照射，特别是生长季节，要阳光充足，但开花期要避免强阳光直射。在过于荫蔽的地方，植株枝条柔弱，叶色淡黄，花枝纤细，花朵小，花色淡。在春、秋、冬三季，要把盆花放在向阳的地方，让其充分接受阳光照射，以利于植株生长。夏季，天竺葵一般都处于休眠或半休眠状态，若阳光过于强烈，需遮光35%~40%，使之安全越夏。

温度管理　天竺葵喜温暖凉爽气候，最怕夏季酷热。最适宜生长温度为15~25℃。夏季气温超过35℃时，植株中下部的叶片容易脱落，进入半休眠状态。冬季，在长江流域及其以南的地区，植株完全可以露地越冬。

水分管理　天竺葵忌浇水过多，如果发现天竺葵的根部溃烂，可能是因为浇水过度而天气又比较闷热导致。浇水的频率控制在2~3d浇一次，每次浇水要水量大，保证浇透。

养分管理　天竺葵喜肥但不择肥。在生长季节，每1~2周追施一次稀薄有机液肥，但氮肥不宜施用太多以免引起枝叶徒长，不开花或开花稀少，花质差。夏季可不施肥，秋季可恢复正常的施肥，也可用0.2%~0.3%的磷酸二氢钾水溶液追施。

整形修剪　一般苗高10cm时摘心，以促发新枝。待新枝长出后还要摘心1~2次，直到形成完美的株形。花开于枝顶，每次开花后都要及时摘花修剪。每年对植株至少整形修剪3次：第一次在3月，主要是疏枝；第二次在5月，剪除已谢花朵及过密枝条；立秋后进行第三次修剪，主要是整形。

6. 丽格海棠(*Begonia×hiemalis*)

又名玫瑰海棠，秋海棠科秋海棠属。丽格海棠花期长，花色丰富，枝叶翠绿，株形丰满，是冬季美化室内环境的优良品种。

【形态特征】

多年生草本，具有短日开花习性。须根系，株形丰满，株高20~35cm。单叶，互生，歪基心形叶，叶缘为重锯齿状或缺刻，掌状脉，叶表面光滑具有蜡质，叶色为浓绿色。花重瓣，花色有红、黄、白及橙色，花期长，可从12月持续至翌年4月。

【生态习性】

喜温暖湿润、通风良好的栽培环境，喜疏松、肥沃、排水良好的微酸性土壤。喜冷凉气候，生长适温为15~22℃，冬季最低温度不宜低于5℃。

【品种及分类】

丽格海棠有繁多的品种，每个品种都各具特点，主要分为有朗那系列、法来其系列、可比系列等。

主要栽培品种有：'阿佐特斯'('Azotus')'阿尼贝尔'('Annebell')、'巴克斯'('Bzrkos')、'红绫'('Bellona')、'柏林'('Berlin')、'布莱特兹'('Blitz')、'贝蒂'('Britt Dark')、'狂欢节'('Carneval')、'绿茶'('Clara')、'素芯'('Frinzies Kristy Franje')、'宣言'('Manifesto')、'卡里塔'('Karita')、'玛丽内拉'('Marinella')、'纳加德'('Najade')、'罗森纳'('Rosenna')、'塔克拉吉尔'('Tacora Geel')等。

同属常见栽培种有：

四季秋海棠(*B. semperflorens*)　又名四季海棠、瓜子海棠。须根性，茎直立、肉质、光滑，基部木质化。叶互生，卵圆形至广椭圆形，有光泽，叶缘具锯齿，叶基偏斜。常见品种有'大使'('Ambassador')、'奥林匹克'('Olympia')、'洛托'('Lotto')、'华美'('Pizzazz')、'胜利'('Victory')、'琳达'('Linda')、'鸡尾酒'('Cocktail')等。

球根秋海棠(*B. tuberhybrida*)　又名茶花海棠。其地下茎呈块状，地上茎直立、多汁。叶片呈不规则心形，叶面深绿色。聚伞花序，花大而美丽，花径5~10cm或更大。

蟆叶秋海棠(*B. rex*)　原产于巴西及印度。无地上茎。叶基生，斜卵形，叶面有泡状凸起，有银灰色模纹。聚伞花序，花大而少。

【种苗繁育】

一般采用播种繁殖和扦插繁殖，规模化生产也可进行组织培养繁殖。

(1)播种繁殖

播种时间　以春、秋季为主。

种子及容器　丽格海棠的种子基本上都是进口的，分包衣粒和非包衣粒两种。包衣粒种子由于可以分拣，可用穴盘播种；非包衣粒种子只能用育苗盘播种。

播种基质　用泥炭和蛭石粉各1份混合后消毒，调节湿度成半湿状态待用。

播种　包衣粒种子可用镊子分拣，每穴一粒；非包衣粒种子可掺入适量的微细蛭石粉，撒播于育苗盘中。

播后管理　播种后均不必覆土，只用细喷壶喷雾即可，再用透明塑料薄膜将育苗盘包住。在环境温度20℃左右的条件下，12d开始出苗。当小苗长出真叶时，可适当透气，促其发根。小苗前3个月内长得缓慢。小苗耐高湿高温，初夏播种的小苗，夏季可不必去掉塑料薄膜，立秋后天气凉爽时可逐渐揭掉塑料膜炼苗，初冬上盆。

上盆　要用底部多孔的较小的花盆，培养土可用泥炭2份和蛭石粉1份(或者素沙1份)混合配制，上盆前控制浇水，使穴盘或育苗盘中的培养土处于半干状态，避免起苗时因不散团而伤根。

上盆后管理　刚上盆的小苗要防止温度过高，同时要用塑料薄膜罩上，但不可过于严密，要适当通风，以防烂苗。

(2)扦插繁殖

扦插时间　秋末冬初，可结合整形修剪进行扦插繁殖。

剪插穗　丽格海棠可以枝插，也可以叶插。枝插时，选择生长健壮、无病虫害的枝条，剪取长4~6cm的茎段作为插穗，将插穗基部削成斜面，留2~3片叶，除去下部2cm以内的叶片。叶插时，要选用生长旺盛、六分成熟的叶子，将叶柄下端用刀片斜切。

扦插基质　用蛭石粉或素沙作为基质，也可用泥炭、珍珠岩按3：1的比例配制营养土。

扦插　扦插前用30~50mg/L的吲哚丁酸浸泡插条基部2h，可促进生根。扦插深度2cm左右，株行距以叶片不相互重叠为宜，插后轻轻压实插穗基部。

扦插后管理　扦插后要及时浇透水，叶面不宜积水，然后用塑料薄膜覆盖。温度保持在18~20℃，最高不要超过25℃，以免插条腐烂。相对湿度保持在80%，光照保持在3000lx左右，如果阳光过强，可适当遮阴。扦插15d后开始生根，但需再经约45d才能从叶柄下部长出不定芽，并逐渐出土。

【栽培管理】

盆栽基质　可选用泥炭、蛭石、珍珠岩、炭化树皮、松针等配制基质，泥炭、蛭石、珍珠岩按3：3：1的比例混合，pH 6~6.5。

上盆　当扦插苗根系长约1.5cm时便可上盆。采用直径10~15cm的花盆，每盆定植1株。先在盆底铺3~5cm的排水层，将带原土的小苗放入盆中，在苗周围轻轻加入基质，用手沿盆边轻轻压紧，提盆轻轻墩实。上盆后立即浇透水，放置于阴凉处缓苗，进行正常管理。

光照管理　丽格海棠属短日照植物，喜散射光，不耐阳光直射，可根据光照强弱确定是否需要遮阴，以满足植株生长对光照的要求。最初两周内注意遮阴，开始正常生长后应使植株充分接受光照，一般光照强度保持在5000~10 000lx。快速生长期光照强度应保持在15 000~20 000lx。生殖生长阶段，尽量增加光照强度，保持在18 000~40 000lx。

温度管理　丽格海棠生长适宜温度为15~22℃。较低温度下生长，可使花色更浓，植株生长紧凑，但温度不可低于15℃。当温度低于10℃时生长缓慢或停滞生长，温度低于5℃时会受冻害；超过28℃时生长缓慢，超过32℃时停滞生长。在适宜的生长温度范围内，提高温度能加速开花，但花蕾少，花朵小。因此，可采用日温低于夜温的逆温差处理，控制植株生长，提高成品质量。

水分管理　丽格海棠对水分要求严格，浇水应遵循“见干见湿”的原则。一般情况下，夏季每周浇水2次，冬季每周浇水一次。幼苗上盆后的缓苗阶段，需要较高的空气相对湿度，宜保持在80%~85%；生长期，保持空气相对湿度在70%~80%；生殖生长期，保持空气相对湿度在65%~75%；现蕾后，保持空气相对湿度在55%~65%。可采用向地面洒水、喷雾的方法提高空气湿度。

养分管理　丽格海棠对盐敏感，土壤中盐分浓度不宜过高。施肥应薄肥勤施。幼苗期可施用浓度不超过0.2%的复合肥(氮、磷、钾比例为17：6：3)，每隔5~7d施肥一次。后期应逐渐降低氮肥比例，增加磷、钾肥用量，以促进花芽分化。

摘心　当丽格海棠植株高度达到 13cm、有 5 个成熟叶片时进行摘心。通过摘心可使分枝增加至 3 个以上，株形更加丰满，成品花的品质相应提高。

催花　丽格海棠属短日照花卉，减少光照时数可促进花芽分化。植株完成营养生长后，室温降低到 17~18℃，湿度降低至 65%~70%，光照强度不超过 22 000lx，使用氮、磷、钾比例为 15：20：25 的复合肥，加水稀释成1000 倍液浇灌一次，约 2 周后，花期较早的植株即可现蕾开花。

7. 蟹爪兰(*Zygocactus truncatus*)

又名诞仙人掌、锦上添花、蟹爪、蟹爪莲，仙人掌科蟹爪属。其因花开于冬季，色彩艳丽，花形奇特，花期持久，而深受人们喜爱，是有着广阔前景的冬季盆花。

【形态特征】

多浆植物，常呈灌木状，无叶。茎无刺，多分枝，常悬垂，老茎木质化，稍圆柱形，幼茎及分枝均扁平；每一节间矩圆形至倒卵形，鲜绿色，有时稍带紫色，顶端截形，两侧各有 2~4 粗锯齿，两面中央均有一肥厚中肋；窝孔内有时具少许短刺毛。花单生于枝顶，玫瑰红色，两侧对称。浆果梨形，红色，直径约 1cm。花期在 11 月中旬至翌年 1 月下旬。

【生态习性】

原产于巴西里约热内卢附近亚高山带冷凉雾多之地，附生在树干或荫蔽潮湿的山岩上。喜温暖、半阴、潮湿、通风的环境，要求排水、透气良好、疏松、富含有机质的微酸性肥沃壤土，较耐旱，不耐涝，不耐寒与高温。

【品种及分类】

蟹爪兰品种很多，人工栽培品种花色已近百种。

同属常见观赏栽培种有：

圆齿蟹爪兰(*Z. crenatus*)　花红色，茎淡紫色。

美丽蟹爪兰(*Z. delicatus*)　花白色，开放时粉红色。

红花蟹爪兰(*Z. altesteinii*)　花洋红色，生长旺盛。

近属观赏栽培种有：

仙人指(*Schiumbedgera bridgesii*)　扁平茎边缘有 2~3 对钝齿，每片变态茎的下部呈半圆形，顶部平截，中心有少量细茸毛。花开于第二节，花冠整齐，有多种颜色，包括紫色、白色、红色等。花期在 1 月中旬至 3 月上旬。

假昙花(*Rhipsalidopsis gaertneri*)　植株呈悬垂状，浅灰绿色，易木质化，分枝节状。叶片扁平，长圆形，通常为绿色，边缘深红色。边缘窝孔内长有几根黄色刚毛，花着生在茎节顶部。花期 3~5 月。

【种苗繁育】

蟹爪兰主要采用嫁接繁殖和扦插繁殖。

(1)嫁接繁殖

砧木　常用量天尺及仙人掌属较为肥厚的种类作砧木。

嫁接时间　从3月下旬至6月中旬和9月中旬至10月中旬都可进行嫁接，其中以春到初夏时嫁接效果最佳。

接穗　选择茎节平直、生长健壮、无病虫害、半成熟的变态茎2~3节作接穗。

嫁接　蟹爪兰嫁接常用劈接法。根据需要将砧木留15~30cm横切，用量天尺作砧木时还须在切面边缘适当斜削，以防切面凹陷。在横切面及侧面切几个楔形裂口，深达砧木髓部，再削去接穗下部两面的表皮，使基部呈鸭嘴形，削后立即插入砧木的楔形裂口，使接穗与砧木髓部接触，随即用长刺或细竹签插入固定。

嫁接后管理　嫁接后植株应置于室内通风干燥处，避免水或药液溅至伤口。接后5d要拔除固定物，一般7~10d可基本愈合，嫁接成活的接穗鲜绿挺拔，15d后可转入常规管理，30d完全愈合。

(2)扦插繁殖

扦插时间　以春、秋两季为宜。春季扦插在3~4月进行，最迟不超过5月；秋季扦插于9月中旬开始，结合盆栽摘心进行。

扦插基质　泥炭：珍珠岩=4：1，或泥炭：蛭石：珍珠岩=6：3：1，或腐叶土：椰糠=1：1。

选插穗　根据母株长势取1~2节生长健壮、无病虫害的成熟茎节作为插穗。采穗以手扭即可，对稍老的茎节，宜用利刀割取。取下的茎节置于避光通风处晾2~3d，待伤口充分晾干即可扦插。

扦插　一般使用8cm×10cm的塑料营养钵作为扦插容器，按照插穗大小、节数以及成熟度的一致性进行扦插，一般一盆扦插6枝，以120°角呈双层排列，对较为粗壮的插穗可3枝一盆。扦插时，应使用扁形竹签作引棒。扦插深度为插穗长度的1/2左右，插时需注意插穗正面向内，并保持直立。

扦插后管理　插后用精细喷壶浇一次透水。若基质比较湿或阴雨天，可暂不浇水，待基质稍干再浇。进行遮光，保持温度15~25℃，一般10~15d开始生根，此时覆盖物可逐渐晚盖、早揭，逐步见光，至根系基本形成方可去除覆盖物。其间，根据干湿情况，适当给予浇水。在根系未形成前，严格控制浇水量。

【栽培管理】

盆栽基质　盆栽基质可选用泥炭、腐叶土、焦泥灰、园土、香菇渣、锯木屑、椰糠、砻糠灰、珍珠岩、蛭石等配制。如泥炭、蛭石、珍珠岩按6：3：1混合，或腐叶土、砻糠灰、焦泥灰按2：1：1混合，并调节pH为5.8，EC值为0.5mS/g。

光照管理　蟹爪兰生长过程中应适当遮阴，可放置在半阴、凉爽通风处，避免烈日暴晒和雨淋。

温度管理　蟹爪兰生长适宜温度为18~25℃，最低温度不能低于10℃，5℃以下进入半休眠状态，低于0℃时会有冻害发生。盛夏，当气温达30℃以上时，植株呈半休眠状态。

养分管理　从3月开始施肥，使用氮、磷、钾等量式的复合肥，以0.2%~0.3%的水溶液浇施，酌情每周一次。7~8月为高温期，停止施肥。9~11月，可调换含磷、钾量高的复合肥，每周一次。开花期及花后至2月的花后休眠期，不再施肥。但对于秋季扦插、冬季给予加温的小苗，可酌情给予薄肥。

水分管理　一般3~4月和9~10月，3~4d浇一次水；5~8月，1~2d浇一次水；11月至翌年2月，5~6d浇一次水。在具体操作时还应根据天气情况以及盆土湿度灵活进行浇水。

整形修剪　蟹爪兰栽培进入短日照阶段后，成熟的茎节先端开始进行花芽分化，先后有花蕾显现，因此需在9上中旬开始摘心。主要是摘除先端未成熟茎节，同时对过密的小茎节适当摘除，使营养集中，株形优美，开花良好。摘心以手扭即可，并根据苗龄留节。一般2年生苗留3~4节，3年生苗留4~5节。摘下的成熟枝可作秋季扦插用。

花期调控　蟹爪兰属短日照植物，每天日照8~10h的条件下，2~3个月即可开花。依据蟹爪兰的短日性，生产中可以通过控制光照来调节花期。蟹爪兰花芽分化、着蕾的适宜温度为昼温20~25℃、夜温15~20℃，一般在7月底至8月初开始进行短日照处理。每天给予8~9h的光照，之外严格进行遮光(光照强度在5lx以下)，一般25~30d基本可见花蕾，可撤除遮光材料，转入自然光照。在短日照处理期间，若有嫩茎节发生，应及早摘去。

木本观花盆花

(二)常见木本观花盆花生产

1. 倒挂金钟(*Fuchsia hybrida*)

又名吊钟海棠、吊钟花、灯笼海棠、宝莲灯，柳叶菜科倒挂金钟属。花色艳丽，花形奇特优美，花期长，是常见的木本盆花。

【形态特征】

半灌木，茎直立，多分枝，幼枝带红色。单叶对生或轮生，卵形或狭卵形，叶脉、叶柄常带红色。花单生于叶腋，稀成对生于茎枝顶叶腋；花柄细长，倒垂；萼片4枚，红色，合生成筒状，先端渐狭，开放时反折；花瓣4枚，呈合抱状伸出萼筒，花色有白、粉红、紫、橙黄、蓝紫等色。花期4~12月。

【生态习性】

原产于墨西哥。喜凉爽、湿润环境，怕高温和强光，忌酷暑闷热及雨淋日晒。宜肥沃、疏松且宜富含腐殖质、排水良好的微酸性土壤。冬季要求温暖湿润、阳光充足、空气流通；夏季要求干燥、凉爽及半阴条件，并保持一定的空气湿度。

【品种及分类】

园艺品种很多，根据不同的划分标准，有单瓣、重瓣品种；有不同花色的品种；有矮生、高生品种；有丛生品种；还有花叶品种；等等。

同属植物有100多种，常见观赏栽培的有：

珊瑚红倒挂金钟(var. *corallina*)　丛生性矮生种，叶古铜色，花大，花萼绯红色，花冠堇紫色。

球形短筒倒挂金钟(var. *globosa*)　枝条无毛，柔软下垂。叶脉红色。萼片绯红色，花瓣蓝绿色。

异色短筒倒挂金钟(var. *discolor*)　丛生性矮生种，枝条暗紫红色。叶3枚轮生。花小型，萼红色，花瓣紫红色。

【种苗繁育】

以扦插繁殖为主。

扦插时间　除炎热夏季外，全年均可进行，但以春插生根最快。春季一般在3~5月进行，秋季一般在9月进行。

扦插基质　河沙、泥炭或培养土。

剪穗　选择生长健壮、无病虫害的枝条，每段长5~10cm，有2~3个茎节，留上面一对叶片，基部于近节处斜剪。

插穗处理　将插穗基部全部浸入0.1%的高锰酸钾溶液中30min，取出后用清水冲洗干净，再在清水中浸泡24~48h后进行扦插，密度以叶片互不遮盖为宜。

扦插后管理　保持基质湿润，温度在15~20℃，两周可生根。

【栽培管理】

盆栽基质　应使用透水性好的土壤，可用熟园土、腐殖土栽培，或用园土5份、泥炭3份、腐叶土2份配制营养土。

光照管理　倒挂金钟喜欢半阴环境，但在不同季节对光照有不同的要求。早春、晚秋与冬季需全日照，初夏与初秋需半日照，盛夏酷暑宜遮阴。

温度管理　适宜生长的温度为20~25℃，夏天温度不能超过30℃，35℃时会大批枯萎死亡；冬天温度不能低于5℃，否则就会引起冻害。

水分管理　每天多次向叶面喷水和地面洒水，以降低温度，增加空气湿度。

养分管理　因倒挂金钟生长快，开花次数多，故在生长期要掌握薄肥勤施的原则，约每隔10d施一次稀薄饼肥或复合肥，夏季高温停止施肥。施肥前盆土要偏干；施肥后用细喷头喷水一次，以免叶面沾上肥水而腐烂。

整形修剪　为促进分枝，在生长期间可进行多次摘心。上盆后待植株恢复生长，即可进行第一次摘心，留3~4节；待侧枝长至3~4节后进行第二次摘心，每株保留5~7枝，除去多余的侧芽。开花后要及时剪去残花或进行修剪，亦可在秋季进行修剪换盆。

花期控制　倒挂金钟自然花期在春、夏间，在此期间，摘心后2~3周可开花。为使提早至元旦或春节开花，可于8月定植后摘心1~2次，距用花前约70d开始，每天延长光照4~5h，至现蕾时停止延长光照，温度保持在15℃以上。中迟花品种每天补光时间要长些才有效。

2. 一品红(*Euphorbia pulcherrima*)

又名老来娇、圣诞花、猩猩木、象牙红，大戟科大戟属。其株形优美，苞片鲜红似火，观赏期长，是元旦、春节重要的盆栽观赏花卉之一。

【形态特征】

灌木，高可达5m。枝干半木质化，有白色乳汁。单叶互生，卵状椭圆形至卵状披针形，长10~15cm，全缘或浅裂，叶背被柔毛。茎顶部花序下的叶片较狭，苞片状，称为顶叶，开花时呈朱红色、黄色或粉红色，是主要观赏部位。花顶生在苞片中央，呈杯状花序聚伞状排列；总苞淡绿色，基部具一黄色腺体。花期11月至翌年3月。

【生态习性】

原产于墨西哥，典型的短日照植物。喜温暖，不耐低温。喜潮湿，忌过干或过湿。

喜光照充足，但又不耐强光。喜持水性好、透气性好、疏松肥沃的酸性土壤，pH 宜在 5.5~6.2。

【品种及分类】

常见栽培的园艺变种有：

一品白（var. *alba*） 开花时顶生苞片呈乳白色。

一品粉（var. *rosea*） 开花时顶生苞片呈粉红色。

一品黄（var. *lutea*） 开花时顶生苞片呈淡黄色。

重瓣一品红（var. *plenissima*） 顶叶和花变成瓣状，直立向上，簇生成团，呈球状，甚是优美。

常见栽培的园艺品种有：'美洲'（'America'）、'自由'（'Freedom'）、'三倍体'（'Eckespointc-1'）、'斑叶'（'Variegata'）、'珍珠'（'Pearl'）、'甜蜜腮红'（'Dolce Brush'）、'冰洞'（'Ice Punch'）、'柠檬滴'（'Lemon Drops'）、'科尔特斯勃艮第'（'Cortez Burgundy'）、'新潮'（'Avantgarde'）、'喜庆红'（'Festival Red'）、'亨里埃塔·埃克'（'Henrietta Ecke'）。

【种苗繁育】

一品红主要采用扦插繁殖。

扦插时间　以春、秋季扦插为宜。

扦插基质　一般可用蛭石、小粒珍珠岩、河沙、细泥炭，或以上基质混合使用。

插穗选择　选取 1 年生、生长健壮、无病虫害的枝条作为穗条。

剪穗　采用老枝扦插，于花期过后选用未萌发的老枝，将其剪成长 10~12cm 的插穗，去除基部大部分叶片，蘸上草木灰待用。采用嫩枝扦插，于花谢后把植株放于 20~30℃ 的环境里；进入 4~5 月，对植株换盆，提高温度和浇水量，以打破休眠，促使萌发新枝，6~7 月即可采穗；插条采用带生长点的顶端枝段，插条基部的剪口亦选在节下，剪去下部叶片，留上部 2~3 片叶，插穗长 8~10cm，剪好后立即直立浸泡在清水中，浸泡时间不能超过 2h。

扦插及插后管理　扦插深度为插穗长的 1/2，密度以叶片不重叠为宜。插后浇透水，温度保持在 20~24℃，适当遮阴和通风，后期减少浇水，喷雾保湿，15~20d 后就可生根，30d 后可移栽上盆。扦插较早的，因生长期长，为防枝条过长，可于营养生长阶段摘心两次。

【栽培管理】

盆栽基质　可选用泥炭、珍珠岩、河砂按 7∶2∶1 或泥炭、珍珠岩按 3∶1 的比例配制的营养土。pH 调至 5.5~6.5，EC 值为 0.8~1.0mS/cm。

光照管理　一品红喜阳光充足。6~9 月光照过强时，需遮光 70%左右，其他季节温度正常时基本不遮光。摘心前光照控制在 26 000~36 000lx，摘心后光照控制在 36 000~46 000lx。

温度管理　一品红不耐寒，生长的适宜温度为白天 21~30℃、夜间 16~20℃，若低于 16℃，生长发育迟缓；低于 13℃，会生长停滞；低于 5℃，会造成冻害。此外，不能长期处于 35℃以上高温环境中，所以夏季需注意遮阴，浇水降温。

水分管理　一品红对水分供应特别敏感，既怕旱，又怕涝。浇水量应根据生长季节、植株大小、生长快慢和栽培基质的持水量综合考虑。夏季可早、晚各浇一次水，其他季节宜少浇，保证见干见湿，适度控水，以免徒长。

养分管理　遵循“薄施勤施，看势定量”的施肥原则。每隔10~15d浇施一次腐熟的饼肥，或于生长阶段每隔7~10d浇施氮、磷、钾比为2∶1∶2的800~1000倍肥液一次；花芽分化期，需与氮、磷、钾比例为3∶4∶5的800~1000倍肥液交替浇施，以促进苞片变色及花芽分化；开花后，应减少施肥。

整形修剪　一品红的完美株形可以通过摘心和化学处理方法实现。

摘心：是调节花卉株形最常用、最有效的方法。若用直径18cm的花盆，当植株长到9~10片叶时，留7片叶摘心；若用直径15cm的花盆，当植株长到7~8片叶时，留5片叶摘心。

化学处理：常用化学药剂有矮壮素、B_9，浓度为0.1%~0.15%，或0.1%的矮壮素与0.1%的B_9混合施用，摘心前10d喷一次，摘心后15d再喷一次。当一品红花芽分化后，严禁喷洒。

3. 西番莲(*Passiflora caerulea*)

又名蓝花西番莲、计时草、转心莲、受难果、巴西果、藤桃、西洋鞠，西番莲科西番莲属。花大而奇特，可作盆栽观赏。

【形态特征】

藤本。茎圆柱形并微有棱角，无毛，略被白粉。叶纸质，掌状5深裂，中间裂片卵状长圆形，两侧裂片略小，无毛，全缘，基部近心形；托叶较大，肾形，抱茎，疏具波状齿。聚伞花序通常退化，仅存1花，与卷须对生；花大，直径6~8(~10)cm；苞片宽卵形，全缘；花瓣淡绿色，与萼片近等长；副花冠裂片3轮，丝状；内花冠流苏状，裂片紫红色，其下具蜜腺环，具花盘。果卵形至近圆形，橙黄色或黄色。花期5~7月。

【生态习性】

原产于南美洲。喜光，喜温暖至高温及湿润的气候，不耐寒，忌积水，不耐旱。生长快，开花期长，开花量大，要求土壤疏松肥沃、富含有机质、排水良好、灌水方便的生长环境。

【品种及分类】

同属常见栽培种有：

紫果西番莲(*P. edulia*)　又名鸡蛋果、百香果。木质藤本植物。茎具细条纹，单叶互生。夏季开花，花大，淡红色，微香。果为蒴果，形似鸡蛋，果汁色泽类似鸡蛋蛋黄，故得别称鸡蛋果。

艳红西番莲(*P. vitifolia*)　又名葡萄叶西番莲。嫩茎绿色，有褐色茸毛。叶片3裂，形似葡萄叶；叶背有明显凸起脉纹，全叶有褐色茸毛，嫩叶紫红色，成熟叶橄榄绿色。花开于茎梢的叶腋处，单花或偶有总状花序；3枚苞片红色，萼瓣与花瓣各5枚，色彩鲜红夺目；竖直的须状副花冠有3层，最外层红色，内两层白色。果实卵形，绿色表皮上有黄色斑点。

红花西番莲(*P. miniata*)　又名洋红西番莲。茎圆形，枝蔓柔韧而众多，蔓长可达数米。叶互生，先端渐尖，基部心形，叶缘有不规则浅疏齿。花单生于叶腋；花瓣长披针形，先端微急尖，稍外向下垂，红色；副花冠3轮，最外轮较长，紫褐色并散布有斑点状白色。

【种苗繁育】

主要采用扦插繁殖和播种繁殖。

(1)扦插繁殖

扦插时间　以早春(3月)为宜，也可秋季扦插。

选穗条　选用生长健壮、无病虫害、成熟的1年生枝蔓。

剪插穗　将穗条剪成具2~3个节、长10~15cm、下端切口位于节下1cm、上端切口离节3cm、带1片全叶的插穗。

插穗处理　插条剪好后，用25mg/kg生根粉水溶液浸泡30min，或用吲哚丁酸5000~10 000倍液浸泡插条下部1~2min。

扦插容器及基质　可选用口径8cm×12cm的营养钵或育苗盘、扦插池进行扦插。营养土以园土和腐叶土等比例混合配制。

扦插及插后管理　扦插深度达插穗长的2/3，密度以叶片不相互重叠为宜。插后立即浇透水，以后视天气情况浇水，保持盆土湿润。覆盖遮光度50%的遮阳网，30d后成苗率可达85%以上。扦插后3~4个月可移栽上盆。

(2)播种繁殖

播种时间　一年四季均可进行，但以春、秋季播种为佳。

采种　一般选长势健壮、无病虫害、开花多的植株作为采种母株，所采果实需完全成熟。

种子处理　取出种子，洗去残渣后晾干，播种前可用1kg种子加10~20g多菌灵拌种20min左右。

播种机播后管理　采用点播或撒播的方式播种，将种子均匀点播或撒播在育苗盘内，覆盖薄膜，浇透水。播后应据天气情况浇水，晴天每天早、晚喷水一次，约两周后开始发芽。当出苗达80%以上时，应及时追肥，可用稀水肥或稀尿素液泼浇以培育壮苗。待幼苗长出4片真叶时移栽上盆。

【栽培管理】

盆栽基质　西番莲种植土壤宜选择肥沃、疏松、透气性好的砂壤土，宜用泥炭(或腐叶土)+园土+河沙和少量农家肥配制成营养土。土壤pH 7.0以下，以中性、微酸性为宜。

光照管理　西番莲喜光，栽培过程中应当保持阳光充足，每天需有3~4h的直射阳光。

温度管理　西番莲忌高温。生长适温为25~35℃，不耐寒，-2℃时植株会严重受害甚至死亡。夏季温度不应超过30℃。在冬季适宜温度为10~14℃。西番莲不喜闷热，应加强通风。

水分管理　春、夏、秋三季为生长旺盛期，应保持盆土湿润，经常浇透水，但不可积水。冬季要减少浇水，保持盆土不干。

养分管理　生长期间每两周追施一次稀薄液肥，最好在盆土较干时施肥，以提高肥

效。施肥浓度一般为：施腐熟有机肥时浓度3%左右，施无机肥时浓度0.1%左右。冬季停止施肥。

修剪整形　每年修剪一次枝条，以刺激植株分枝和密集生长。由于花仅在幼枝上形成，上一年春季的次生枝和弱枝剪去2/3。当枝蔓长到一定长度，应在开花和结果后剪去过长的枝条。

由于西番莲为藤蔓性植物，生长过程中可根据造型搭设支架。西番莲幼树长到40~50cm时，要及时立支柱，牵引枝蔓上架。当幼树主蔓长到70~80m时留侧蔓两枝，分别牵引上架，作第一层主蔓。若制作大型盆栽，植株长到150~160cm时，再留壮侧枝一枝，与主蔓延长枝一并作为二层主枝，分别向反方向牵引上架，形成双层4个枝蔓整形。

4. 三角梅(*Bougainvillea spectabilis*)

又名叶子花、宝巾花、九重葛、贺春红、勒杜鹃等，紫茉莉科叶子花属。三角梅的种类繁多，花叶丰富，繁“花”似锦，生命力旺盛，花冠为三角形，盛开的周期较长，是很好的盆花。

【形态特征】

藤状灌木。枝、叶密生柔毛。刺腋生，下弯。叶片椭圆形或卵形，基部圆形，有柄。花序腋生或顶生于3个苞片内；苞片椭圆状卵形，形似叶状，有鲜红色、橙黄色、紫红色、乳白色等；花被管狭筒形，绿色，密被柔毛。花期可从11月至翌年6月。

【生态习性】

原产于热带美洲。喜温暖、湿润的气候和阳光充足的环境。不耐寒，耐瘠薄，耐干旱，耐盐碱，耐修剪，生长势强，喜水但忌积水。对土壤要求不严，但在肥沃、疏松、排水好的砂质壤土生长旺盛。

【品种及分类】

三角梅栽培品种超过250个，我国已引种逾100个。三角梅品种常以叶、枝或苞片的特征和颜色进行命名。不同品种常按绿叶(黄叶、光叶、毛叶)、斑叶(外斑、内斑和杂斑，或条斑、点斑、沙斑、网纹斑、麻斑，或暗斑、浸润斑，或金斑、银斑、粉斑)、苞片类型(单瓣、重瓣)和苞片颜色(红、白、紫、粉等，或单色、双色，或有无其他颜色的浸润斑纹、点等)等来区分和辨别。

常见栽培的品种有：‘大红(深红)’、‘金斑重瓣大红’(‘Chili Red Batik Variegata’)、‘皱叶深红’(‘Barbara Karst’)、‘珊瑚’(‘Manila Magic Pink’)、‘橙红’(‘Auratus’)、‘柠檬黄’(‘Mrs Mc Lean’)、‘新加坡大宫粉’(‘Singapore Pink’)、‘金叶’(‘Golden Lady’)、‘双色’(‘Mary Palmer’)、‘樱花’(‘Ice Kriui’)等。

同属常见栽培种有：

光叶三角梅(*B. glabra*)　又名光叶宝巾花、光叶叶子花。茎具直刺。叶有光泽，嫩叶有毛，成熟叶无毛。苞叶紫红色。栽培品种：‘白宝巾花’(‘Snow White’)、‘玫瑰红宝巾花’(‘Sande-nana’)等。

【种苗繁育】

三角梅采用扦插繁殖。

扦插时间　一般在3~6月进行。

选穗条　选用1~2年生、生长健壮、无病虫害、木质化、粗壮的外层向阳枝条。不可选用过细枝、不成熟枝、徒长枝、荫蔽枝。

剪插穗　从穗条的中下部剪长8~10cm、有3~4节的茎段作插穗。在节下0.5cm处剪斜口，摘除下部叶片，保留上部2片半(全)叶。

扦插　将插穗斜插在基质上，插入深度为4~6cm，株行距5cm，或以叶部相互重叠为宜。

插后管理　扦插后浇透水。扦插后的15d内，放置于略阴处养护，见散射光，7d后增加光照，20~30d开始生根，50~60d可移栽上盆。

【栽培管理】

盆栽基质　选用腐叶土、园土、沙、腐熟厩肥(或骨粉)按2：3：3：2的比例混合均匀后的培养土。

光照管理　喜光照，生长季节光线不足会导致植株长势衰弱，影响孕蕾及开花。因此，一年四季除新上盆的小苗应放于半阴处外，其余时间均应摆放于向阳处。冬季应摆放于室内向阳处，且光照时间不能少于8h，否则易出现大量落叶。

温度管理　生长适温为15~30℃，其中5~9月温度宜在19~30℃，10月至翌年4月温度宜在13~16℃。在夏季能耐35℃的高温，温度超过35℃时，应适当遮阴或采取喷水、通风等措施。冬季应维持不低于5℃的环境温度，否则长期5℃以下的温度时易受冻落叶。

开花需15℃以上的温度，为延长花期，应在冬初寒流到来前及时搬入室内，置于阳光充足处，维持较高的环境温度，可在元旦、春节期间持续开花。

水分管理　掌握“不干不浇，浇则要透”的原则。三角梅喜水，但忌积水，每年栽植或上盆、换盆后浇一次透水，生长旺季每天上午喷水一次、下午浇水一次(16:00以后浇)。春、秋季可酌情2d浇一次水，冬季在室内可控制浇水，促使植株充分休眠。一般不干不浇。

养分管理　4~7月生长旺期，每隔7~10d施液肥一次，以促进植株生长健壮。肥料可用10%~20%腐熟豆饼水、菜籽饼水或人粪水等。8月开始，为了促使花蕾的孕育，施以磷肥为主的肥料，可用20%的腐熟鸡、鸭、鸽粪和鱼杂等液肥，每10d施肥一次。自10月开始进入开花期，从此时起到11月中旬，每隔15d需要施一次以磷肥为主的肥料，浓度为3%~40%。以后每次开花后都要施追肥一次，使开花期不断得到养分补充。

整形修剪　三角梅生长势强，因此每年需要整形修剪，每5年进行一次重剪更新。可于每年春季或花后进行，剪去过密枝、干枯枝、病弱枝、交叉枝等，促发新枝。花期落叶、落花后，应及时清理。花后及时摘除残花。生长期应及时摘心，以促发侧枝，利于花芽形成，促进开花繁茂。三角梅具攀缘特性，因此可利用这一特点进行绑扎造型，可整成花环、花篮、花球等形状，必要时还可设立支架，造花柱等。

花期控制　若想国庆节开花，可提前将盆栽三角梅放于暗室进行避光处理，因其为短日照花卉。时间在8月初左右，将盆栽三角梅置于避光的环境中，每天从17:00点开始至第二天8:00完全不见光，这样保持50d。每天喷水降温，正常浇水，每周增施磷、钾液肥或动物蹄片泡水沤制肥。如此可于国庆节开花。

5. 瑞香(*Daphne odora*)

又名睡香、风流树、蓬莱紫、毛瑞香、千里香、山梦花，瑞香科瑞香属，为中国传统名花。其树姿潇洒，四季常绿，早春开花，香味浓郁，因此而得名，颇受人们的喜爱，被誉为“上品花卉”。

【形态特征】

常绿直立灌木。枝粗壮，通常二歧分枝；小枝近圆柱形，紫红色或紫褐色，无毛。叶互生，纸质，全缘，上面绿色，下面淡绿色，两面无毛，叶脉在两面均明显隆起。花白色或淡紫红色，香味浓郁，密生成簇，成顶生具总梗的头状花序。核果肉质，圆球形，红色。花期3~5月，果期7~8月。

【生态习性】

原产于我国长江流域及以南各省份，喜阴和散射光，忌烈日暴晒，忌高温、高湿，不耐寒，忌积水，盛暑要庇荫。喜疏松肥沃、排水良好的酸性土壤，pH宜在6~6.5，忌用碱性土。

【品种及分类】

主要变种有：

白花瑞香(var. *leucantha*)　常绿小灌木。花纯白色，芳香。

毛瑞香(var. *atrocaulis*)　又名八爪金龙。枝深紫色。花被外侧有灰黄色的绢毛，花朵白色，芬芳。果熟时橙色。

蔷薇瑞香(var. *rosacea*)　又名水香瑞香。花被裂片里面为白色，表面带粉红色。

主要变型有：

金边瑞香(f. *marginata*)　瑞香的变型，叶片边缘淡黄色，中部绿色。

主要品种有：‘白花’瑞香、‘红花’瑞香、‘紫花’瑞香、‘黄花’瑞香等。

【种苗繁育】

主要采用扦插繁殖。

扦插时间　春、夏、秋三季均可扦插，分别在3月、6~7月和8~9月进行。

扦插容器与基质　扦插容器可选择花盆或育苗盘、扦插池等。扦插基质可用疏松、透气、透水性能好的材料，如泥炭、珍珠岩、椰糠、炭化谷壳等无土基质。

选穗条　穗条选用生长健壮、无病虫害、木质化或半木质化枝条。春季扦插选取1年生枝条，夏、秋季扦插选取当年生枝条。

剪插穗　插穗长8~10cm，留2~3片叶，插穗基部剪成斜面，上端可留顶芽或在芽上0.5~1cm平剪，摘除多余叶片。

扦插　把插穗放在调配好的生根剂中浸泡10min，生根剂按照1g生根粉兑水1~2kg的比例调配而成。然后将插穗插入基质中，插入的深度以插穗长度的1/3为度，插入过深或过浅都不利于成活。株距以5~7cm、叶片不相互遮挡为宜。

扦插后管理　扦插后遮阳。前1~2周每天早晨和傍晚各喷一次水，水量以将叶片完全喷洒一遍为度。以后每天喷一次水，大约30d以后就可以生根成活。为促进生根，可对叶面喷施0.2%~0.3%的磷酸二氢钾溶液。

【栽培管理】

盆栽基质　一般用肥沃疏松、排水性良好、富含腐殖质、微酸性的腐叶土掺拌适量河沙和腐熟的饼肥为好，如用园土、腐叶土、沙按 4∶4∶2 混合配制。

光照管理　幼苗上盆后需要用90%遮光度的遮阳网遮光，到 10 月下旬天气凉爽后可不遮光。冬、春季应放在阳光照射的地方，生长期间光照要充足；夏季应放在通风良好的阴凉处，避免阳光直射。成品苗从 5 月中旬开始需用 90%遮光度的遮阳网进行全天遮光。

温度管理　气温超过25℃时停止生长，因此夏季要遮阴、喷雾、洒水降温。瑞香不耐寒，室温要保持在 5℃以上。

水分管理　浇水宜见干见湿。春初芽萌动时浇一次透水，以后在盆土干透后再浇透。夏季除保持盆土的干湿交替外，还需定时向其四周及叶面喷水以降温。秋末使盆土处于半干状态，促使生长势减缓，以利于越冬。冬季生长停滞时，盆土宜偏干，浇水宜少。

养分管理　瑞香不耐浓肥，生长期每隔 10d 左右浇一次稀薄液肥或施 1~2 次追肥(以氮肥为主)。开花前、后各追施一次稀薄饼肥水或复合肥，忌人粪尿，以改善土壤肥力。秋季再喷施 2~3 次 0.2%的磷酸二氢钾叶面肥。

整形修剪　生长期很少修剪，一般枝芽过多的可抹掉一部分细枝弱芽，留下位置好的壮枝壮芽，以利于集中养分；对于苗顶育花蕾和新枝开花的小苗，要立即摘除花蕾。整形可按照蘑菇形、皇冠形、盆景型的要求进行，主要采用铁丝、绳子、竹签等进行拉枝、绑扎扭曲等。整形在春梢萌发之前完成，春梢停止生长后再进行一次整形，待造型稳定后，解除绑扎物。

6. 萼距花(*Cuphea hookeriana*)

又名紫花满天星、孔雀兰、紫萼距花、墨西哥花柳，千屈菜科萼距花属。叶色浓绿，四季常青且具有光泽，花精巧，边孕蕾边开花，开花时犹如繁星点点，花期长，耐修剪，容易成型，是很好的盆栽观赏花卉。

【形态特征】

灌木或亚灌木状，高 30~70cm。茎直立或斜生，粗糙，被粗毛及短小硬毛；分枝细，密被短柔毛。叶薄革质，披针形或卵状披针形，稀矩圆形，顶部的线状披针形。花单生于叶柄之间或近腋生，组成少花的总状花序；花萼基部上方具短距，带红色；花瓣 6，其中上方两枚特大而显著，花色有紫红色、淡紫色、白色。蒴果，种子细小。花果期几乎全年，盛花期 5~8 月。

【生态习性】

原产于墨西哥。耐热，喜高温，稍耐阴，不耐寒，在 5℃以下常受冻害。萼距花对环境条件要求不严，极易栽培管理，全日照、半日照均理想，稍荫蔽处也能生长，但日照充足则生长发育较旺盛。对土壤适应性强，耐贫瘠，砂质壤土栽培生长更佳，耐水湿。

【品种及分类】

同属常见栽培种有：

火红萼距花(*C. platycentra*)　分枝极多，呈丛生状，披散，萼筒细长，基部背面有

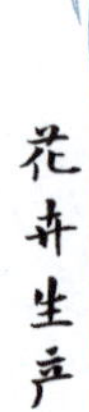

距，火焰红色，末端有紫黑色的环，无花瓣。

披针叶萼距花（*C. lanceolata*） 茎具黏质柔毛或硬毛，高可达1m。叶对生，矩圆形或披针形，稀近卵形。花单生，淡紫红色。

平卧萼距花（*C. procumbens*） 茎圆柱形，基部平卧，上部直立，长20~50cm，被黏质的粉红色至紫色腺毛，同时被短柔毛或柔毛。小枝略四棱形。

神香草叶萼距花（*C. hyssopifolia*） 多分枝。叶线形、线状披针形或倒线状披针形。花单生于叶腋，花冠筒紫色、淡紫色至白色。

香膏萼距花（*C. alsamona*） 一年生草本植物，高12~60cm。小枝纤细，幼枝被短硬毛，后变无毛而稍粗糙。花细小，蓝紫色或紫色。

小瓣萼距花（*C. micropetala*） 直立灌木，高达1m。茎粗壮，多少被刚毛或几无毛。分枝多而稍压扁，常带紫红色。叶密集，近对生。花被茸毛，下部深红色，有距，上部黄色，由下向上渐收缩，近顶处呈缢状，口部偏斜。

粘毛萼距花（*C. Petiolata*） 直立一年生草本植物，高5~20cm，枝圆柱形，密被极黏质的柔毛及紫色硬毛。

【种苗繁育】

萼距花主要采用扦插繁殖。

全年可进行，一般以春、秋两季扦插为好。选取健壮、无病虫害的带顶芽枝条5~8cm，去掉基部2~3cm处的叶片，插入沙床2~3cm，10~15d开始生根，1~2个月后上盆栽植。

【栽培管理】

盆栽基质 要求肥沃疏松、排水好。可用园土、泥炭、沙1份按2∶1∶1，或菜园土、炉渣按3∶1，或园土、中粗河沙、锯末（菇渣）按4∶1∶2，或泥炭、珍珠岩、陶粒按2∶2∶1，或菜园土、炉渣按3∶1，或泥炭、炉渣、陶粒按2∶2∶1，或锯末、蛭石、中粗河沙按2∶2∶1混合配制营养土。

光照管理 栽培过程中全日照、半日照均可以，稍荫蔽处也能生长，但日照充足则生育较旺。盛夏季需遮阴50%。

温度管理 生长适温为18~32℃，忌寒冷霜冻，越冬温度需要保持在10℃以上。在冬季气温降到4℃以下时，进入休眠状态；环境温度接近0℃时，会发生冻害。

水分管理 管理粗放，上盆后注意保持土壤湿润，浇水原则为“不干不浇，浇就浇透”。幼苗上盆恢复生长后3~5d浇水一次。夏季不耐干旱，8月需水量最大，注意遮阴浇水。

养分管理 萼距花喜肥，也耐贫瘠，定植后可每隔10d左右施一次液肥，在生长期间可以每个月施一次复合液肥，也可施通用肥或有机肥料。

整形修剪 萼距花生长期应经常进行摘心，以控制株高，促发分枝，形成丰满的株形。随时对植株进行修剪，剪去过密枝和瘦弱枝，以改善植株内部的通风透光性，利于植株的生长与开花。秋季要注意整株修剪，保持优良株形。开花期间，把残花带3片叶剪掉，可以延长花期。

7. 龙吐珠（*Clerodendrum thomsonae*）

又名九龙吐珠、麒麟吐球、珍珠宝莲，马鞭草科大青属。其花开时，红色的花冠从白色的萼片中伸出，雄蕊及花柱较长，伸出花冠外，白里吐红，宛如游龙含珠，故而得名。其花形奇特，开花繁茂，萼片白色，花冠绯红，红白相映，未开放时，花瓣抱若圆球形，为盆花的上品。

【形态特征】

常绿攀缘状灌木，高 2~5m。幼枝四棱形，被黄褐色短茸毛，老时无毛；小枝髓部嫩时疏松，老后中空。叶片纸质，狭卵形或卵状长圆形，全缘，表面被小疣毛，略粗糙，基脉三出。聚伞花序腋生或假顶生，二歧分枝；苞片狭披针形；花萼白色，基部合生，有 5 棱脊，顶端 5 深裂，裂片三角状卵形；花冠深红色；雄蕊 4，与花柱同伸出花冠外。核果近球形，棕黑色。花期 3~5 月。

【生态习性】

原产于热带非洲西部、墨西哥，喜温暖、湿润和阳光充足的半阴环境，不耐寒。冬季呈休眠或半休眠状态，在室内盆栽温度不能低于 8℃。夏季高温时需遮光，浇水宜适量，以保持盆土湿润为宜。冬季放在室内阳光充足的地方。

【品种及分类】

同属常见观赏植物有：

红萼龙吐珠（*C. speciosum*） 又名美丽龙吐珠、红花龙吐珠、红萼珍珠宝莲。多年生常绿缠绕类藤本。单叶对生，纸质，叶面暗绿色。聚伞花序圆锥状，小花密生，花冠鲜红色、卵形。

假赪桐（*C. fallax*） 株高 60cm，花鲜红色。

鬼灯笼（*C. fortunatum*） 花白色，果实黑色。

福氏赪桐（*C. foxii*） 叶深绿色，花鲜红色。

香赪桐（*C. fragrans*） 矮生，花粉红色、重瓣。

假茉莉（*C. inerme*） 灌木，蔓生，花白色。

【种苗繁育】

可用扦插、播种和分株的方法繁殖，但以扦插繁殖为主。

扦插时间 一般于每年 5~6 月或 8~9 月进行。

选穗条 剪取当年生健壮、无病虫害枝条顶端的嫩枝或 1 年生枝条。

剪插穗 将穗条剪成 8~10cm 的茎段作为插穗。芽插时取枝条上的侧生芽，带一部分木质部作为插穗。根插时将根状匍匐茎剪成 8~10cm 长作插穗。

扦插基质 可用泥炭、珍珠岩、腐叶土、河沙和蛭石等基质。

扦插 株行距 5cm×10cm，扦插深度为 3~4cm。

扦插后管理 扦插后覆盖塑料薄膜保湿，稍遮光，温度保持在 20~25℃，20~30d 生根。扦插前也可用 0.5%~0.8%的吲哚丁酸溶液处理插穗基部 1~2s，以促进生根。

【栽培管理】

盆栽基质 盆土由腐叶土、河沙、腐熟鸡粪按 5∶3∶2 的比例混合而成，pH 以中性或微酸性为宜。

光照管理 冬季需光照充足，夏季高温应适当遮光，避免烈日暴晒，否则叶子发黄。

光线不足时，会引起蔓性生长，不开花。花芽分化不受光周期影响，但较强的光照对花芽分化和发育有促进作用。

温度管理　龙吐珠生长适宜温度为18~24℃，冬季若长时间处于5℃以下低温，轻者落叶，重者嫩茎枯萎。在30℃以上的高温条件下，保持供水，仍可正常生长。花期适温为17~18℃。

水分管理　浇水应遵循“见干见湿”原则，浇水均匀，切忌过湿或过干。花期不宜浇过多的水，浇水时勿溅到花朵上。夏季可适当浇水，应防暴雨冲淋。冬季植株进入休眠期，保持盆土稍干。

养分管理　施肥不应过多，每15d施肥一次。花期增施以磷肥为主的液态肥，浓度为0.2%，并加入0.2%的硫酸亚铁。花芽分化后期和开花前施肥并加1%的磷酸二氢钾，或每隔7~10d施一次腐熟的稀薄饼肥水，连施3~4次。冬季则减少浇水并停止施肥。在栽培过程中若发现有黄化现象，可结合施追肥施用0.2%的硫酸亚铁，即可使叶片逐渐由黄转绿。

整形修剪　幼苗盆栽长至15cm时，在距盆面10cm处截枝，以促进萌发粗壮新枝。生长期要严格控制分枝的高度，注意摘心，以求分枝整齐。在摘心后15d，施用B9或矮壮素来控制植株高度，使株矮、叶茂、花多。每年春季结合换盆，对上部枝条进行短截修剪，使株形圆整，枝多、花多。

(三)其他观花盆花生产

其他观花盆花见表3-3-5。

表3-3-5　其他观花盆花生产

中文名	学名	科属	主要习性	种苗繁育
银莲花	*Anemone cathayensis*	毛茛科银莲花属	耐寒，喜半阴	播种、分株
文殊兰	*Crinum asiaticum*	石蒜科文殊兰属	喜温暖湿润，不耐寒	分株、播种
荷包牡丹	*Dicentra spectabilis*	罂粟科荷包牡丹属	耐寒，忌高温，喜湿润、富含腐殖质的砂壤土	分株、播种
紫露草	*Tradescantia reflexa*	鸭跖草科紫露草属	喜光，也耐半阴，适应性强	分株
铃兰	*Convallaria maJalis*	百合科铃兰属	喜凉爽、湿润和半阴的环境，冬季耐寒冷	分割根状茎、播种
百子莲	*Agapanthus africanus*	石蒜科百子莲属	喜温暖、湿润和半阴环境	分株、播种
番红花	*Crocus sativus*	鸢尾科番红花属	喜凉爽、湿润、半阴环境，较耐寒，忌暑热	分球、播种
何氏凤仙	*Impatiens holstii*	凤仙花科凤仙花属	喜冬暖夏凉，不耐寒，忌炎热	扦插、播种
新几内亚凤仙	*Impatiens hawkeri*	凤仙花科凤仙花属	喜冬暖夏凉，不耐寒，忌炎热	扦插、播种
花烛	*Anthurium andraeanum*	天南星科花烛属	喜温暖、潮湿和半阴的环境	分株、组织培养
鹤望兰	*Strelitzia reginae*	旅人蕉科鹤望兰属	喜温暖湿润，忌强光暴晒，不耐寒	分株
风信子	*Hyacinthus orientalis*	百合科风信子属	喜冬季温暖、夏季凉爽，较耐寒，喜阳光	分球、播种

（续）

中文名	学名	科属	主要习性	种苗繁育
喇叭水仙	*Narcissus seudonarcissus*	百合科水仙属	喜凉爽湿润，较耐寒，忌暑热，喜光	分球、播种
朱顶红	*Hippeastrum rutilum*	石蒜科孤挺花属	喜凉爽湿润，较耐寒；耐半阴，忌烈日暴晒	分球、播种
花毛茛	*Ranunculus asiaticus*	毛茛科毛茛属	喜半阴和冷凉，忌炎热，不耐寒，怕干旱	分球、播种
马蹄莲	*Zantedeschia ethiopica*	天南星科马蹄莲属	喜温暖湿润，稍耐寒	分球、组织培养
六出花	*Alstromeria aurantiaca*	石蒜科六出花属	喜温暖、半阴或阳光充足，耐寒，忌积水	分株、播种
牡丹	*Paeonia suffruticosa*	毛茛科芍药属	喜温暖，不耐酷热，较耐寒，忌积水，喜光，忌暴晒	分株、播种
栀子花	*Gardenia jasminoides*	茜草科栀子属	喜光，耐阴，喜温暖、湿润，耐热也稍耐寒	扦插、分株
八仙花	*Hydrangea macrophylla*	虎耳草科八仙花属	喜温暖湿润、半阴，忌烈日暴晒，耐高温，稍耐寒	扦插、分株
山茶花	*Camellia japonica*	山茶科山茶属	喜温暖湿润、半阴环境，忌烈日暴晒，忌积水	扦插、嫁接
茶梅	*Camellia sasanqua*	山茶科山茶属	喜温暖湿润、半阴环境，忌烈日暴晒，忌积水	扦插、嫁接
令箭荷花	*Nopaluxochia ackermannii*	仙人掌科令箭荷花属	喜光，通风，忌积水	扦插
昙花	*Epiphyllum oxypetalum*	仙人掌科昙花属	喜温暖湿润和半阴，耐干旱，不耐寒，忌强光	扦插
薰衣草	*Lavandula angustifolia*	唇形科薰衣草属	喜光，喜干燥，耐旱、耐寒、耐瘠薄，抗盐碱	播种、扦插
蜘蛛兰	*Hymenocallis speciosa*	兰科蜘蛛兰属	喜光照、温暖湿润，不耐寒	分球
雪滴花	*Leucojum vermum*	石蒜科雪滴花属	喜凉爽湿润，耐寒；喜光，耐半阴	分球
地涌金莲	*Musella lasiocarpa*	芭蕉科地涌金莲属	喜温暖，不耐寒；喜阳光充足	分株
旱金莲	*Trpaeolum majus*	金莲花科金莲花属	喜温暖湿润和阳光充足	播种、扦插
扶桑	*Hibiscus rosa-sinensis*	锦葵科木槿属	强喜光，喜温暖湿润，不耐寒	扦插、嫁接
米兰	*Aglaia odorata*	楝科米兰属	喜温暖多湿，忌寒冷，怕干旱	扦插
茉莉花	*Jasminum sambac*	木犀科茉莉属	喜炎热、潮湿气候，不耐寒，喜光	扦插
白兰花	*Michelia alba*	木兰科含笑属	喜温暖湿润，怕积水，不耐寒	压条、嫁接
金粟兰	*Chloranthus spicatus*	金粟兰科金粟兰属	喜阴湿、温暖、通风	分株、扦插
猩猩草	*Euphorbia heterophylla*	大戟科大戟属	喜温暖及阳光充足，不耐寒；耐干旱，不耐湿	播种
毛萼口红花	*Aeschynanthus radicans*	苦苣苔科芒毛苣苔属	不耐寒，喜温暖、湿润，忌强阳光直射	扦插、分株

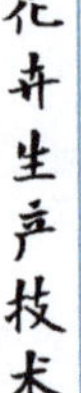

（续）

中文名	学名	科属	主要习性	种苗繁育
喜荫花	*Episcia cupreata*	苦苣苔科喜荫花属	喜温暖，宜高湿，忌强光直射	扦插、分株
金脉单药花	*Aphelandra squarrosa*	爵床科单药花属	耐寒，喜温暖；稍耐阴，忌强光直射；喜湿润	扦插
虾衣花	*Callispidia guttata*	爵床科麒麟吐珠属	不耐寒，喜温暖；喜光，也耐阴；喜湿润	扦插
金苞花	*Pachystachys lutea*	爵床科金苞花属	喜温暖、潮湿，不耐寒；喜阳光充足	扦插
五星花	*Pentas lanceolata*	茜草科五星花属	不耐寒，喜温暖；喜光，不耐阴	扦插

三、观果盆花生产

观果盆花

1. 朱砂根（*Ardisia crenata*）

又名富贵籽、黄金万两、珍珠伞、铁凉伞、凉伞遮金珠，紫金牛科紫金牛属。核果圆球形，如豌豆大小，初时淡绿色，成熟时鲜红色，挂果时间特别长，经久不落，甚美观，象征着成功和丰收的喜悦，寓意富贵吉祥，是优良的室内盆栽观叶、观果花卉。

【形态特征】

灌木，高可达1~2m，茎粗壮。叶片革质或坚纸质，椭圆形、椭圆状披针形至倒披针形，边缘具皱波状或波状齿，两面无毛。伞形花序或聚伞花序，着生于花枝顶端；花瓣白色，盛开时反卷。果球形，鲜红色，5~6月开花，10~12月结果。

【生态习性】

分布于中国、印度、马来半岛、印度尼西亚和日本。喜温暖、湿润、荫蔽、通风良好的环境。不耐干旱瘠薄和暴晒，在全日照下生长不良，不耐水湿。对土壤要求不严，但以疏松湿润、排水良好和富含腐殖质的酸性或微酸性的砂质壤土或壤土为宜。

【品种及分类】

朱砂根主要品种有：‘青叶红枝’朱砂根、‘金玉满堂’朱砂根、‘迷你富贵’朱砂根、‘金边富贵’朱砂根、‘红叶’朱砂根、‘竹叶富贵’朱砂根、‘红背青叶’朱砂根、‘闽侯富贵’朱砂根、‘亮叶富贵’朱砂根、‘大富贵’朱砂根和‘福株’朱砂根等。

【种苗繁育】

可以采用播种、扦插等方法繁殖。一般以播种繁殖为主。

(1)播种繁殖

采种　果实呈鲜红色且坚硬时，表明已经成熟，可以采收。

种子处理　将成熟的果实与细沙混合搓揉，至水中去掉漂浮的果肉、果皮和不成熟种子，捞起沥干。播种前用温水浸泡24h，捞起后用布袋装好，置于30℃的暗处催芽7~10d，每天用30℃的温水冲洗一次，待85%左右的种子萌发时播种。

播种时间　通常在春季，以气温稳定在18℃以上时为佳。南方一般在2~3月进行，北方一般在4~5月进行。

播种及播后管理　用花盆或育苗盘播种。均匀点播，播后覆盖1.5~2cm厚的营养土或泥炭、蛭石等。浇透水，覆盖塑料薄膜，遮阴，3~5d揭膜洒水一次。温度控制在20~28℃，20d后即可发芽。

上盆　当幼苗具有3片真叶时，停水蹲苗7d，后移栽上盆。

(2)扦插繁殖

扦插时间以4~5月或8月下旬至9月上旬为宜。剪取1~3年生、生长健壮、无病虫害的主茎枝作插穗，长10~15cm，切口用生根粉或维生素B_{12}等拌泥浆处理，扦插基质可用疏松的砂质壤土或混以50%河沙的营养土，插后浇透水并保持插床湿润和遮阴。40~50d即生根，70d后移栽上盆。

【栽培管理】

盆栽基质　营养土要达到肥沃疏松、排水性能良好的要求。可使用泥炭与椰糠按5∶1配制，或用泥炭、珍珠岩按1∶2混合配制成营养土。

光照管理　朱砂根比较耐阴，生长期间在散射光环境下生长良好。小苗长期遮光率以50%为最佳，开花结果期遮光率应控制在60%以内，挂果后遮光率应控制在70%以内。

温度管理　适宜温度为16~28℃，10℃以下、35℃以上时停止生长。40℃时叶片灼伤，不能忍受40℃以上的高温。当气温在0℃以下时，易发生冻害。

水分管理　浇水要适时、适量，保持盆土湿润。浇水原则是“见干见湿”。一般春季雨水多，气温低，可3~4d浇一次水；夏、秋季温度高，生长旺盛，需每天浇一次水；秋末及冬季气温下降，可4~5d浇一次水。空气湿度以65%~75%为宜。盛夏气温高、湿度小，要及时洒水、喷雾、遮阴降温，以防花、叶枯萎。

养分管理　小苗生长期应薄肥勤施，每15d施一次浓度为10%的复合肥肥液；中苗生长期增大用肥量，每20d施一次浓度为15%的复合肥肥液；花期和挂果期应增施磷、钾肥，也可同时施叶面肥，选浓度为0.15%~0.2%的水溶性花肥，每隔20d喷洒一次。

促花保果　花期对新梢抹芽，抑制顶端生长优势；控制水分，合理施肥，如花蕾膨大期，用0.01%的硼肥进行根外施肥1~2次，或用0.1%的尿素、0.1%的磷酸二氢钾在花期喷洒；利用蜜蜂或人工授粉。

2. 乳茄(*Solanum mammosum*)

又名黄金果、多头乳茄、五指茄、开心果、五代同堂等，茄科茄属。果色鲜艳，挂果期长，果形奇特，具有很高的观赏价值，同时有财源滚滚、五子拜寿、五子登科的吉祥寓意，是一种珍贵的盆栽观果植物。

【形态特征】

多年生灌木型直立草本。高约1m，茎被短柔毛及扁刺，小枝被具节的长柔毛、腺毛及扁刺；刺蜡黄色，光亮，基部淡紫色。叶卵形，3~7裂，常5裂；裂片浅波状，具黄土色细长的皮刺。蝎尾状花序腋外生，常着生于腋芽的外面基部。浆果倒梨状，外面土黄色，内面白色，具5个乳头状突起。花期主要集中在7~9月。

【生态习性】

原产于美洲。喜温暖、阳光充足、通风良好的环境，不耐寒，怕霜冻、水涝和干旱。

宜肥沃、疏松和排水良好的砂质壤土。冬季温度不得低于12℃。

【种苗繁育】

可以采用播种繁殖和扦插繁殖。

(1)播种繁殖

播种时间　3~4月播种。以南方3月、北方4月播种为宜。

播种及播后管理　浆果成熟后取出种子，干燥后贮藏。播种前种子先用含有多菌灵或甲基硫菌灵等杀菌剂的溶液浸种杀菌，2d后播种，覆土0.3~0.5cm，保持湿润，一般7d左右发芽，35~40d苗高15~20cm、5~10片真叶时即可移栽上盆。

(2)扦插繁殖

夏、秋季用顶端嫩枝作插条，长10~15cm，插入沙床，15~20d可生根。也可以使用ABT、IBA等生根剂处理，可促进枝条快速生根，30d后可移栽上盆。

【栽培管理】

光照管理　乳茄需阳光充足的生长环境，光照不足会导致植株徒长，叶片黄化脱落。盛夏可不遮阴。

温度管理　乳茄生长适温为15~25℃，最佳挂果温度为20~35℃。在华南地区略加保护即可露地越冬，在其他地区必须在室内越冬，越冬温度以10~15℃为好。

水分管理　浇水原则是"见干见湿"。春天苗期时保持根土半干半湿，生长期充分浇水，夏、秋季开花结果时不可缺水。

养分管理　乳茄生长期每10~15d施一次稀薄肥水，孕蕾期多施磷、钾肥，或喷施0.2%的磷酸二氢钾于叶面，以促花、促果。

整形修剪　乳茄宜用盆口直径30cm以上的大花盆。当乳茄植株长至25~30cm高时，适当摘心2~3次，促使多发侧枝。盆栽保留3~4个枝，抹去多余的腋芽和分枝，摘除基部的变黄老叶。当开花过多时应当及时疏花疏果，疏除弱小果、畸形果、僵化果、病虫果等，每枝保留4~6朵花，坐果后保留2~3个果。观赏期结束后进行强剪，距盆面20~30cm处剪去上部枝条，加强水肥管理，促进更新。

3. 丽果木(*Gaultheria mucronata*)

杜鹃花科白珠树属。常绿，浆果鲜艳，挂果期长，能保持整个冬季不落果，是元旦、春节理想的盆栽观果花卉，被誉为"观果极品"。

【形态特征】

常绿灌木，高0.5~1m。幼枝红色，枝叶被细茸毛。叶互生，卵状披针形至卵形，全缘或有细齿，革质。雌雄异株，花腋生，下垂，花冠壶形，淡绿色、白色或桃红色不明显。浆果扁球形，径1~1.5cm，有紫红、桃红、暗红、鲜红、玫瑰粉、白等色。花期5~6月。

【生态习性】

原产地在南美洲。耐低温。喜光，喜温暖气候。喜冷凉，不喜欢长时间阳光照射，应放置于半阴或全遮阴环境，早晚温度较低时可接受短时间光照，忌强烈阳光暴晒。喜湿，表土稍微干燥即可浇水，不可干透再浇。忌积水，空气干燥时可用喷壶向植株表面洒水。

【品种及分类】

常见栽培品种有：‘白’丽果木（*G. mucronata*‘Alba’）。

同属常见栽培观赏种有：低矮丽果木（*G. pumila*）。

【种苗繁育】

可用播种繁殖、扦插繁殖或压条繁殖。一般采用扦插繁殖。

扦插时间以春、秋季为宜。穗条选取 1~2 年生、生长健壮、无病虫害的粗壮枝条，剪取 5~10cm 的茎段作插穗，保留 2~3 片叶，待切口干燥后插入花盆或育苗盘的基质中，浇透水，覆盖薄膜，遮阴，保湿，生根后经 1~2 次移植，最后定植于 10~24cm 的花盆中培养。

【栽培管理】

盆栽基质　以富含有机质的肥沃壤土为宜，泥炭、木屑、腐叶土等配制的营养土更好。

光照管理　丽果木喜欢阳光充足，夏季可适当半阴半阳，春、秋和冬季接受全光照。

温度管理　丽果木耐低温，不喜欢高温酷暑，生长适宜温度为 15~22℃，一般冬天可自然越冬。夏季高温应适当遮阴降温，否则易引起枯萎。

水分管理　丽果木喜水湿，生长季节保持土壤充分湿润，冬季适当控制浇水。

养分管理　丽果木对肥料的要求不高，一般可不施肥。秋季结果前追施一次磷酸二氢钾和复合肥。也可于生长季节每 1~2 个月施一次有机肥或复合肥，花期增加磷、钾肥用量。

整形修剪　果期过后修剪一次，剪除病弱枝、交叉枝、内膛枝、枯死枝等，调整冠形。

4. 冬珊瑚（*Solanum pseudocapsicum*）

又名珊瑚樱、红珊瑚、四季果、看果、吉庆果、珊瑚子、玉珊瑚等，茄科茄属。初秋至翌年春季结果，果实从结果到成熟、再到落果，时间可长达3个月以上，是盆栽观果花卉中观果期较长的品种之一，也是元旦和春节难得的观果花卉。

【形态特征】

多年生常绿直立小灌木，多分枝，高达 0.6~1.5m，全株光滑无毛。叶互生，狭长圆形至披针形，全缘或波状。花多单生，很少呈蝎尾状花序；花小，辐射状，白色，萼绿色。浆果橙红色，果柄顶端膨大。花期 7~9 月，果期 11 月至翌年 2 月。

【生态习性】

原产于南美。喜阳光、温暖，耐高温，35℃以上无日灼现象。越冬温度 5℃以上，北方冬季需在室内越冬。冬季观赏期需室温 16℃以上，保持较高的空气湿度。不耐阴，也不耐寒，不抗旱，炎热的夏季怕雨淋、水涝。喜疏松透气、排水良好、富含有机质的栽培基质。

【品种及分类】

常见栽培变种有：

珊瑚豆（var. *diflorum*）　别名玉珊瑚、珊瑚子、看枣、寿星果。小枝幼嫩时以及叶背

沿叶脉处有树枝状簇生茸毛，随着组织老熟而脱落。4~7月开花，8~12月结果。

矮生冬珊瑚（var. *nanum*） 植株矮小，多分枝。

尖果冬珊瑚（var. *weatherilii*） 果实先端较尖，广椭圆形。

橙果冬珊瑚（var. *rigidum*） 果实球形，鲜橙色。

【种苗繁育】

采用播种繁殖、扦插繁殖。一般以播种繁殖为主。

播种时间 以春季（3~4月）室内播种为宜。

采种 冬季采收成熟的种子，漂洗后晾干，第二年春季播种。

播种 盆播或穴盘播种。采用撒播的方法将种子均匀撒在育苗基质上，覆上一层厚0.5~1cm的营养土或园土、蛭石等，浸盆或喷雾浇透水，覆盖塑料薄膜，保持湿润。

播后管理 种子发芽适温为20~25℃，10d左右即可发芽。

移植、上盆 可根据需要，在幼苗具有3~4片真叶时移植一次，具7~8片真叶时上盆栽植。可选择直径为8cm以上的花盆，以后根据花盆的大小及植株生长情况再确定是否需要换更大的盆。或者用口径约30cm的大花盆，每盆种3株。也可以不进行移植，播种约2个月后幼苗直接上盆。

【栽培管理】

盆栽基质 冬珊瑚对栽培基质要求不严，但以富含有机质、排水良好、疏松肥沃的壤土或砂质壤土生长最佳。如果使用一般的土壤作为盆栽基质，应向其混入约1/3的有机质，如泥炭、腐叶土、堆沤过的蘑菇渣等。

光照管理 冬珊瑚在全日照、半日照下均能适应，但在夏季因为阳光太强烈，特别是在阳光最猛烈的中午，宜适当遮阴。但是，如果栽培的环境光线太暗，则植株易徒长，开花结果不良。

温度管理 冬珊瑚生长适宜温度为16~25℃。冬季保持室温在5℃以上，以避免落果，延长观果时间。当冬季室温高于16℃时，要保持较高的空气湿度。

水分管理 冬珊瑚喜湿润，耐旱性较差，忌水涝，怕炎热暑天阵雨淋浇。浇水原则是“见干见湿”。冬季温度低时可减少浇水次数，空气干燥时经常向叶面喷水，注意盆土排水流畅，不能积水。

养分管理 生长期间每1~2个月施肥一次，可以多施磷、钾肥，少量施氮肥，以免出现徒长的情况。

整形修剪 播种苗定植上盆后，可摘心一次。摘心可以促发分枝，使株形丰满，枝条分布均匀、结果多。如果需要种植多年或把植株培育成大株，可在每年春季观果后摘除果实，换入较大的花盆中，添加新土，剪去上一年长出的枝叶的2/3，待新梢长出后再摘心一次，以使植株多发分枝。

5. 五色椒（*Capsicum annuum* var. *conoides*）

又名朝天椒、五彩辣椒、观赏椒、佛手椒、观赏辣椒、樱桃椒、珍珠椒，茄科辣椒属。果实鲜艳、颜色丰富、果形多姿，是重要的盆栽观果花卉。

【形态特征】

多年生草本，常作一年生栽培。株高40~60cm。茎半木质化或半灌木状，直立，分枝多。单叶互生，卵状披针形或矩圆形。花小，白色，单生于叶腋或簇生于枝梢顶端。花萼短，结果时膨大。花期7月至霜降。浆果直立，小而尖，指形、圆锥形或球形，在成熟过程中，由绿色转变成白、黄、橙、红、紫等色，有光泽。果熟期8~10月。

【生态习性】

原产于美洲热带地区。不耐寒，喜温热、向阳、光线充足、干燥环境，在潮湿、肥沃、疏松的土壤生长良好。果实发育适温为25~28℃。属短日照植物，对光照要求不严，但光照不足会延迟结果期并降低结实率，高温干旱、强光直射易发生果实日灼或落果。结果期要求空气干燥，雨水多则授粉不良。以肥沃湿润、排水良好的砂质土壤为好。

【品种及分类】

主要品种类型有：

朝天类　果实向上，圆形、圆心形或圆锥形，单生于叶腋。果实颜色由白变红，或由白色、黄色变蓝紫后变红。也有单一颜色，还有绿色、白色变黄或变红的种类。

簇生类　又名佛手椒。果实多为长心形至圆锥形，多数集生于枝先端，果色多为绿色变红色或白色变为红色。

下垂类　果实生于叶腋，下垂，多为不规则圆锥形。因品种不同，大小不一，果色由绿变红，也有变黄种类。

灯笼类　果实生于叶腋，下垂，截锥状圆方或多棱形，角圆滑，并有长、短、高、矮之分，果色由绿变红、白、黄、黑紫等色。

【种苗繁育】

主要采用播种繁殖。

播种时间　每年2~3月或8~10月。

种子处理　用50~55℃的温水浸种15min，取出后再用清水浸种3~4h，捞起后用干净的湿布包好置于25~30℃的温度下催芽或利用炉灶的余温进行催芽，待种子露白时即可播种。

播种及播后管理　采用撒播的方法将种子均匀地撒在花盆、育苗盘或穴盘的基质上，覆盖培养土、泥炭或蛭石0.5cm左右，盆浸或喷雾浇透水，覆盖薄膜保湿。发芽适温为25~30℃，播种后5~10d即可发芽。

上盆　当幼苗长至17~20cm、具有6~8片真叶时可移栽上盆。

【栽培管理】

盆栽基质　可用园土、腐叶土、沙按5∶4∶1，或园土、炉渣按3∶1，或者园土、中粗河沙、锯末(菇渣)按4∶1∶2，或者泥炭、珍珠岩、陶粒按2∶2∶1的比例配制营养土。或者水稻土、塘泥、腐叶土中的一种。

光照管理　五色椒属短日照植物，对光照的要求不太严格，但光照不足会延迟结果期并降低结果率，高温、强光则会引起果实日灼或落果。

温度管理　五色椒喜温而忌高温，不耐霜冻，生长适温为18~30℃，果实发育适温为25~30℃，但成熟的果实可以耐10℃的低温。

水分管理　五色椒喜湿润至潮湿的土壤。生长期间每天浇水1~2次，保持盆土湿润

而不积水，水分过多会导致授粉不良，推迟结果。花期适当控水，可每2d浇水一次，水多容易落花。坐果期要浇水充足，经常保持土壤湿润，若过于干燥，果色会干黄失色。果实成熟变色后可少浇水，保持盆土湿润即可。

养分管理　五色椒喜肥、耐肥。但生长期追肥不宜过多，以免枝叶徒长。五色椒正常生长发育需要含磷较多的有机肥。为使花多果盛，开花前宜追1~2次骨粉等含磷的有机液肥。坐果后，可每10d追一次稀薄饼肥水，并添加适当过磷酸钙。

整形修剪　在开花之前一般进行两次摘心，以促使萌发更多的开花枝条：上盆1~2周后，或者当苗高6~10cm并有6片以上的叶片时，把顶梢摘除，保留下部的3~4片叶，促使分枝；在第一次摘心3~5周后，或当侧枝长到6~8cm时，进行第二次摘心，即把侧枝的顶梢摘掉，保留侧枝下面的4片叶。进行两次摘心后，株形会更加理想，开花数量也多。

6. 北美冬青（*Ilex verticillata*）

又名轮生冬青、美洲冬青，冬青科冬青属。落叶后，密集、亮丽的红果挂满枝头，十分耀眼和喜庆。

【形态特征】

多年生落叶灌木，树高2~3m。属浅根性树种，主根不明显，须根发达。单叶互生，长卵形或卵状椭圆形，具硬齿状边缘；叶片表面无毛，绿色，嫩叶古铜色，叶背面多毛，略白。为雌雄异株植物，花乳白色，复聚散花序，着生于叶腋处。核果浆果状，红色，2~3果丛生；8月下旬到9月成熟，可宿存至翌年3月。

【生态习性】

原产于北美。多生长在沼泽、潮湿灌木区和池塘边等低洼区，也能生长在较干燥的过渡区域和山地。耐寒，部分品种能抵御-30℃的低温。耐热，喜温暖湿润，不耐持续干旱，耐半阴，但全光照最适宜栽培种开花结果。喜肥沃、疏松、微酸性到中性土壤，pH为4.5~6.5，pH大于7.4时对成活率有一定影响。

【品种及分类】

常见引种栽培的品种有：

‘冬红’（‘Winter Red’）　株型紧凑，叶色深绿，果实红色，比‘奥斯特’大，挂果期可持续到第二年3~4月。

‘冬黄’（‘Winter Gold’）　物候期较‘冬红’晚，果实杏黄色。该品种适合切枝，果实大小与‘冬红’接近。

‘格瑞’（‘A. gray’）　顶端优势强，株形直立，枝条短，叶片质地较硬，适合盆栽。

‘奥斯特’（‘Oosterwijk’）　株形开张，适应性强，生长表现良好。10月上旬果实成熟，果实鲜红有光泽，挂果期至翌年4月。为我国主推品种，适合园林绿化，目前也有盆栽。

国内培养的品种有：‘福来红’。

【种苗繁育】

常见繁殖方法有播种繁殖和扦插繁殖。

(1)播种繁殖

北美冬青种子自然休眠期长达360d，可以采用低温冷藏变温层积催芽的方法进行催芽处理，休眠期可以缩短到90d。其中，采用低温冷藏加80℃温水浸种变温层积催芽的方式效果最佳，可大大提高种子的利用周期和发芽率。萌芽时应注意保温、保湿，温度控制在30℃，相对湿度控制在90%。

生产中也可以在11月种子成熟之后将其采摘下来，第二年冬季将种子放入温水中浸泡，之后播种于砂质土壤中，第三年的4月便可生根发芽。

(2)扦插繁殖

①硬枝扦插

扦插时间　在12月枝条落叶后或翌年3月新芽萌发前进行。

插穗及处理　插穗长度为7~8cm，用1000mg/L NAA浸5s。

扦插基质　可用泥炭、蛭石、珍珠岩、河沙按3∶4∶2∶1或蛭石、泥炭、珍珠岩按2∶3∶5的比例配制营养土。

扦插及插后管理　扦插株行距为3cm×3cm。插穗尽量浅插，以浇水时穗条不倒为宜。插穗可在5月生根，6月下旬成苗移植上盆。

②嫩枝扦插

扦插时间　一年中可安排在5月底、7月或9月中旬完成。新枝萌发、顶叶长成后，即可开始剪穗扦插。

插剪穗及穗处理　插穗长2~3cm，带一叶一芽。用1000mg/L NAA浸2s。扦插容器可用72孔穴盘，选用透气性较好的松鳞、泥炭、珍珠岩、河沙按5∶3∶1∶1混合配制的基质，25~30d后萌发新根，3个月后移植上盆。

【栽培管理】

盆栽基质　用泥炭或泥炭与珍珠岩、河沙配制的营养土作为盆栽基质，可增添有机肥。基质配制好后需测EC值和pH。EC值偏高时需调节降低；土壤pH以中性偏酸为最宜，当土壤pH偏离正常范围时需通过石灰或硫酸亚铁调节。

光照管理　生长期间进行全光照管理，进入坐果后期后，由于夏季炎热，光照较强，需进行适度遮光。一般在6月底至7月初用70%的遮阳网进行遮光直至10月中旬为止。到10月中下旬，果实进入着色期后，去除遮阳网，再进行全光照管理以保证果实顺利转色变红。

温度管理　北美冬青生长适宜温度为15~28℃，能耐-30℃低温。

水分管理　北美冬青须根发达，喜湿，不耐干旱，尤其是炎热的夏季，必须保证充足的水分供应。

养分管理　盆栽北美冬青的水肥需求量比较大，需施足基肥，生长季每隔14d左右用0.5%的水溶肥(主要是磷肥)进行灌根，保证营养多向根系转运以促进根系生长发育。要注意土壤有机质的补充，可覆盖秸秆，施饼肥或其他有机肥。冬季落叶后，再施一次基肥。

授粉　盆栽北美冬青宜用直径45cm的美植袋装盆，按60cm×60cm的株行距进行摆放。由于盆栽北美冬青单株雄花量比大田种植的少，因此盆栽北美冬青雌、雄株应按

8：2配置授粉树。

整形修剪　留植株基部10~15cm重剪，第二年春季抽生5~8个生长枝，再次追肥，枝条会长到60cm以上，成为第三年的结果枝。生长期不需修剪，可任其自然生长。

7. 珍珠橙（*Nertera depressa*）

又名苔珊瑚、灯珠花、橙珠花、珊瑚念珠草、红果薄柱草，茜草科薄柱草属。植株矮小紧凑，叶片和果实都小巧可爱，果实繁多，颜色鲜艳，远远望去果实一颗颗晶莹剔透，极具观赏性。

【形态特征】

多年生匍匐小草本，近无毛。生于茎上部的叶密集，生于下部的叶疏离，卵形或卵状三角形，全缘；托叶卵状三角形，有白色柔毛。花无梗，顶生，单朵，细小。初夏季节开花结果，秋季以后开始进入盛果期。核果球形，直径3~5mm，成熟时红色。

【生态习性】

原产于中美洲和我国台湾。喜明亮光照，不耐旱。喜冷凉潮湿的环境，不喜欢强光。夏天需避免阳光直射。生长的适宜温度在10~20℃，冬天环境温度不应低于8℃。喜冷凉气候，喜疏松透气、肥沃、排水良好的砂壤土。

【品种及分类】

同属观赏栽培种有：薄柱草（*N. sinensis*）、黑果薄柱草（*N. nigricarpa*）、橙果薄柱草（*N. granadensis*）、贝尔福薄柱草（*N. balfouriana*）。

【种苗繁育】

珍珠橙可以采用播种繁殖、分株繁殖和扦插繁殖。

（1）播种繁殖

播种可在2~3月进行。以干瘪发黑的果实在水中搓洗，取出果皮、果肉和未成熟、空瘪的种子，沥干。播种前用适量生根剂进行浸泡催芽，然后撒播于花盆或育苗盘的基质上。播种基质可用泥炭、腐叶土、珍珠岩按2：1：1比例混合配制。播后覆盖1mm厚的泥炭或者铺盖新鲜水苔，浇透水，保持温度在10~15℃，2~3周即可发芽。注意避免强光直射，保持通风，控制浇水。播种繁殖植株生长缓慢，且易发生变异。

（2）分株繁殖

以夏季（8月）进行分株为宜。将植株从盆中脱出，抖落遗留在植株上的残果，分为5~6株一丛，重新上盆。由于根部受损，用阿司匹林溶液（阿司匹林肠溶片一片兑水500mL）、葡萄糖水（0.1%的葡萄糖水）按1：1混合并进行拌土，拌至土壤润而不湿即可，用拌好的基质直接进行栽植。栽后1~2周不用浇水，每天在周围喷水一次即可；弱光养护5~7d，然后逐步将光线补足。保持温度在16~18℃，几个月即可满盆。

（3）扦插繁殖

剪取长2.5~5cm的茎枝顶部作插穗，5~6枝插在一个直径5cm的花盆内，培养土由泥炭和河沙混合而成，覆盖塑料薄膜，然后置于明亮的漫射光线下，温度保持在16℃。

【栽培管理】

盆栽基质　珍珠橙喜土壤湿润，忌涝，栽培基质以泥炭、珍珠岩、蛭石按1：1：1，或腐叶土、木炭粉、珍珠岩、干净河沙、田园土按 1∶0.3∶0.5∶0.5∶1，或腐叶土、田园土、干净河沙按 1∶1∶1 的比例配制均可。

光照管理　珍珠橙的生长需要一定的光照，在栽培过程中，应该将植株放在明亮的散射光下，但是要避免强烈的阳光直接照射，尤其是夏季，需要进行遮阴。可以耐半阴，但是不能过于荫蔽，否则会影响开花和结果。

温度管理　珍珠橙的抗寒能力较强，生长的适宜温度是 10~16℃。若温度在 18℃以上，则叶徒长。冬季可以忍耐-10℃以下的低温，栽培种越冬的温度应当保持在 5℃以上。

水分管理　为使植株更好地开花结果，保持空气湿度 50%~60%。从开花到果熟这段时间，每天都要用水轻喷植株 1~2 次，但是要注意叶面不要积水，以免导致茎叶腐烂。浇水要适量，保持盆土充分湿润即可，一般待表土约 1cm 干燥时方可再次浇水。即使在冬季短暂的休眠期，也不要使盆土干燥，最好是待表土 3cm 干时再浇水。浇水的方式最好采用盆底供水，慢慢渗透，不宜向植株直接浇水。

养分管理　生长期不需施肥，以免徒长。自开花结果到果熟每月施一次薄肥，尽量不单施氮肥。当果实开始着色时加施磷、钾肥，以使果实色泽鲜艳，种子饱满。

授粉　开花时须进行人工辅助授粉，方法是：开花盛期，用软毛笔在花间来回轻扫，使花粉散出授粉。这样可提高受粉率，结果多而均匀。

观茎盆花

四、观茎盆花生产

1. ‘人参’榕（*Ficus microcarpa* ‘Ginseng’）

又名中国根、河豚树、榕树瓜、薯榕、地瓜榕，桑科榕属。由细叶榕（*F. microcarpa*）的实生苗培育而成。其根茎发达，根盘显露，形态自然，形似人参，是一种良好的观叶和观根植物。

【形态特征】

常绿灌木或小乔木。其基部膨大的块根实际上是种子发芽时的胚根和下胚轴发生变异突变而形成的，形似人参，因此得名。树干的形状酷似一个正在守望的人形，有的植株还在其干基部嫁接了金钱榕（*F. deltoidea*）或卵叶榕（细叶榕的一个变种），显得更为高雅。

【生态习性】

生长于热带、亚热带地区。主要分布于我国西南及华南地区。喜温暖湿润和阳光充足的环境，不耐寒，耐半阴，冬季要求温度不低于 5℃。栽培土壤要求疏松肥沃、排水良好、富含有机质、呈酸性的砂质壤土，碱性土易导致其叶片黄化、生长不良。

【种苗繁育】

可以采用播种繁殖、扦插繁殖和嫁接繁殖。一般幼苗培育采用播种繁殖，盆栽造型采用嫁接繁殖。

（1）播种繁殖

播种时间　可周年播种。在气候温暖的南方一年四季都可进行，但以 6 月至翌年 2 月为佳。其他产区则多在春、秋两季播种。

播种基质　可使用壤土、煤渣、河沙等。可用河沙：煤渣按1：1比例配制，加入少量过磷酸钙，也可用煤渣、腐熟有机肥、壤土按5：2：3，或腐熟有机肥、砂质壤土按3：7比例配制营养土。有条件的地区可采用无土栽培基质，如泥炭、椰糠、珍珠岩等，以椰糠、珍珠岩按7：3混合配制的播种基质的出苗率较高。

种子处理　首先用棉纱包裹成熟浆果，在清水中洗干净，捞出沥干，晾晒后待播种。

播种　直接将处理好的种子均匀撒播在花盆或育苗盘的基质上，不必覆土，每天喷水1~2次，在25~30℃的温度下，10d后可发芽。

(2)扦插繁殖

扦插时间　南方一般在3月进行，北方一般在4~5月进行。

选穗条　选取1年生、生长健壮、无病虫害、粗壮的枝条作插穗。

剪插穗　插穗长10~15cm，保留两枚左右叶片；下剪口在节下方0.5cm左右，为平口，上剪口在节上方1cm左右。

扦插及插后管理　将插穗插入素沙或培养土中，株行距5cm左右，以叶片不相互重叠为宜，扦插深度为插穗长的1/3~1/2。浇透水，遮阴，保持湿润，注意通风。在环境温度保持25~30℃的情况下，20d左右便可生根。

(3)嫁接繁殖

嫁接时间　4月初。

砧木和接穗选择　砧木和接穗都要采用新萌发的枝条。

嫁接方法　用消过毒的锋利刀刃切除砧木的顶端，然后沿着砧木的髓心向下切一个小口。在'人参'榕母株上剪取一段保留了顶芽和少许叶片的接穗，将下端切成"V"形插入砧木中，最后捆绑牢固即可。

【栽培管理】

盆栽基质　在园土、腐熟有机肥、泥炭按5：1：1比例配制的营养土中添加少量过磷酸钙，或在园土中加入30%腐熟有机肥(或20%煤渣，5%发酵后豆饼，2%砻糠灰和2%过磷酸钙)，充分搅拌均匀，并调整pH为6.0~6.5、EC值为0.6~1.0mS/cm。有条件的生产单位宜采用无土栽培基质。

光照管理　春、秋季可以放置于有适当光照的地方，在夏季时要注意适当遮阴。要有一定的空气湿度，阳光不充足、通风不畅、无一定空气湿度，会使植株发黄、发干，导致病虫害发生甚至死亡。

温度管理　'人参'榕生长适宜温度为18~30℃，冬季不能低于10℃，低于5℃极易受到冻害。

水分管理　浇水原则是见干见湿。浇水要适度，不宜过频。每次浇水要待表土干后再浇，浇时要浇透。盛夏高温季节，以早、晚凉爽之时浇水为宜；寒冷的冬天，则以中午稍暖之时浇水为好。

养分管理　在生长期，即夏季，一般15d施一次肥，施肥的原则是"薄肥勤施，少量多次"。氮、磷、钾肥轮用，以氮肥为主。

翻盆　'人参'榕生长2~3年后，通常需翻盆换土。翻盆换土只需将宿土下部挖去1/3~2/3，修剪去老根、长根和无用粗根后重新栽植。换土后浇足水，放置于光照充足处。

提根　培育‘人参’榕要根据实际需要，适时提根造型。小型盆栽宜在上盆8~10个月后，块根重400~450g时提根造型；中型盆栽宜在换盆栽培8~10个月后，块根重800~1000g时提根造型；大型盆栽通常需露地栽培2~3年，待块根长大后再提根造型。

嫁接　为提高‘人参’榕的观赏价值，常需进行嫁接换头，用更富观赏价值的印度榕、台湾榕、花叶榕等为接穗嫁接块根榕。嫁接方法有枝接和楔接两种，在每年的清明节前后或秋芽萌动期间进行。砧木和接穗均宜选用新近萌动的枝条，但接穗用枝条要相对成熟一些，砧木枝条则必须是正在抽长、尚未封顶的嫩枝。

修剪　嫁接换冠的植株生长至鸡爪枝形时，要把所有叶片摘除，每一小枝仅留2~3节，让所有小枝重新长出新芽。新芽长出后以每一小枝为单位，及时剪除小叶。对高密度、不规则的芽点，在长出1~2片叶时，宜把长在枝条顶部约1cm以下的芽点清除干净；长在1cm高度的芽点，小叶生长至第三叶时，把第三小叶剪掉；待蓄留的两片小叶再长出第三小叶时，再剪除第三片小叶，如此反复进行3~4次。及时剪除交叉、重叠等有碍树冠美观的叶片、小枝，还可用绑扎、牵引或更换摆放位置与方向等方法改变树冠形状。原砧木抽生出的新枝必须及时剪除。

2. 佛肚竹（*Bambusa ventricosa*）

又名罗汉竹、葫芦竹、密节竹，禾本科簕竹属。秆短小畸形，状如佛肚，姿态秀丽，四季翠绿。盆栽数株，当年成型，扶疏成丛林式，缀以山石，观赏效果颇佳。

【形态特征】

佛肚竹秆二型。尾梢略下弯，下部稍呈“之”字形曲折；节间圆柱形，幼时无白蜡粉，光滑无毛，下部略微肿胀；秆下部各节于箨环上、下方各环生一圈灰白色绢毛，基部第一、第二节上还生有短气生根；分枝常自秆基部第三、第四节开始，各节具1~3枝，其枝上的小枝有时短缩为软刺；秆中上部各节为数至多枝簇生。

【生态习性】

耐水湿，喜光，亦稍耐阴。喜温暖湿润气候，抗寒力较弱，能耐轻霜及极端0℃左右低温，冬季气温应保持在10℃以上，低于4℃易发生冻害。北回归线以南的热带地区，可在露地安全越冬。喜光，忌北方干燥季节的烈日暴晒。喜肥沃、湿润的酸性土，要求疏松和排水良好的腐殖土及砂壤土。

【品种及分类】

常见栽培品种有：

‘小’佛肚竹（*B. ventricosa* ‘Nana’）　灌木状，露地栽培秆身正常，高25~50cm，直径0.5~1cm。节间缩短，下半部肿胀如弥勒佛大肚状，分枝的节间亦缩短肿胀。

【种苗繁育】

可采用分株、扦插的方法繁殖。

（1）分株繁殖

分株时间　每年的2月底至3月初，气温回暖时进行。也可于秋季结合翻盆进行。

分株　将佛肚竹从花盆中脱出，清理宿土，露出根颈，用利刀从旧株根颈处切断或

用修枝剪剪断，同时修剪掉病根、残根、腐烂根、枯残枝，摘除黄叶。

上盆　选用微酸性的疏松腐叶土和肥沃的矿质土混合作盆栽用土。根据苗大小选择适合的浅底花盆，将切分好的佛肚竹苗进行上盆。

（2）扦插繁殖

扦插时间　一般在每年3~5月。

插穗选择　选择1~2年生的嫩秆，从基部带蔸砍下作插穗。

插穗处理　将砍下的插穗浸水一昼夜，使竹秆吸足水分。剪去大部分叶片，每穗保留3个节芽。

扦插及扦插后管理　将处理过的插穗插入湿沙床内，扦插深度以5cm为宜。扦插后立即浇透水并用遮光率75%的遮阳网覆盖。经常喷雾保湿，冬、春两季覆盖薄膜，确保温度在18℃以上，湿度在80%以上，基质保持湿润，约1个月可发根，2个月左右可移栽上盆。

【栽培管理】

盆栽基质　宜用疏松、含有腐殖质的砂质土壤，忌黏重的土壤。盆栽基质可用添加适量腐熟有机肥的砂质壤土，或用园土、河沙、腐熟基肥按4：2：1比例配制的营养土。

光照管理　佛肚竹喜光，生长季节给予充足光照，夏季高温适当遮阴，提高空气湿度。

温度管理　冬季要将温度保持在8℃以上，若温度低于4℃，就会遭受冻害。宜放置在向阳背风的地方。秋末温度较低时，移入室内。

水分管理　浇水以“见干见湿”为原则。佛肚竹喜湿润，栽培过程中要保证盆土处于湿润的状态，但不可积水。夏天温度高的时候，一天可以浇2次水；冬季控制浇水量，适当进行叶面喷水，使叶片更加青翠美观。在新竹抽出，竹笋刚露出土面时，应控制浇水，抑制其生长；在盆土较干燥、竹叶轻度萎蔫时，可先向叶面喷水，约1h后再浇透水，反复数次；待新竹长到40cm左右、竹节基本定型时，再恢复正常浇水。

养分管理　佛肚竹施肥不宜过多，肥水过多会导致植物枝叶徒长，影响美观。3~9月，每月施一次腐熟稀薄的液肥即可。氮肥不宜施用过多，以免出现节间过长，不形成佛肚状，降低观赏价值。

整形修剪　当新笋出土10cm左右时，若竹秆为平腹，则需要剥笋箨。可隔天剥一片，能使节间变短、变粗，进行矮化。植株长大后应将过密枝、重叠枝、交叉枝及影响造型美观度的枝条剪除；对生长过长的枝条要剪短，使植株结顶，促其发侧枝，使整体造型美观；对生长位置不适当、过密、节长腹平的竹笋要及时剪掉；靠近基部的侧枝一律剪去，以显出绿竹扶疏与挺秀；定型后的植株，一般应将再出土的新笋及时除掉，以保持竹林的风姿。

3. 文竹（*Asparagus setaceus*）

又名云片松、刺天冬、云竹、山草、鸡绒芝，天门冬科天门冬属。体态轻盈，姿态潇洒，文雅娴静，翠叶层层，独具风韵，享有“文雅之竹”之称。

【形态特征】

多年生直立或攀缘草本。根部稍肉质。茎柔软丛生，细长。茎的分枝极多，近平滑。

叶状枝通常每10~13枚成簇，刚毛状，略具三棱。鳞片状叶基部稍具刺状距或距不明显。花腋生，白色。浆果，紫黑色。花期9~10月，果期10~12月。

【生态习性】

原产于南非东部和南部。喜温暖、湿润、半阴及透风的环境，不耐干旱、强光和低温。盆栽土以疏松、透气性好、肥沃、微酸性壤土为宜。

【品种及分类】

文竹主要栽培变种有：

矮文竹(var. *nanus*)　植株矮小，茎丛生直立，颜色嫩绿，冠平顶或伞形，枝叶短小而紧凑，姿态优雅，生长缓慢。

大文竹(var. *robustus*)　植株健壮，整片叶状枝较文竹的长，小叶状枝较短且排列不规则。

细叶文竹(var. *tenussimus*)　叶状枝细而长，淡绿色，具白粉。浆果鲜红色。

同属栽培种有：

天门冬(*A. sprengeri*)　具纺锤状肉质块根。茎半蔓性，斜向下垂。叶枝状线形。

镰叶天门冬(*A. falcatus*)　半灌木状，枝条柔软，长达1m。茎绿色，具硬刺。叶镰刀状。

蔓竹(*A. asparagoides*)　蔓性草本。分枝密集，长可达2~3m，无刺。根肥大呈纺锤状。叶绿色，卵形，薄革质。花白色，有香味。浆果红紫色。

【种苗繁育】

可以采用播种繁殖和分株繁殖，一般采用播种繁殖。

(1)播种繁殖

播种时间　一般在3~4月。

采种及种子处理　在浆果变成紫黑色时采收，搓去外果皮取出种子，漂洗干净后可进行播种，也可在阴凉处晾干后存放(或沙藏)。一般当年种子当年播种，隔年种子萌芽力降低。

播种　用花盆或育苗盘播种。采用点播的方法，株行距2~5cm，覆盖0.2~1cm基质。浸盆或喷雾浇透水，覆盖玻璃或塑料薄膜，放置于阳光充足处。

播种后管理　温度以20~25℃为宜，一般25~30d可发芽。当幼苗长到5cm高时，可分苗移栽上盆。

(2)分株繁殖

文竹的丛生性很强，3年生以上的文竹便会在根际处萌发出新的蘖苗，当小植株壮大后，就可以进行分株繁殖。分株繁殖时间最好选在春季。将文竹从花盆中脱出，去除宿土，用利刀或修枝剪分成2~3丛，使每丛含有3~5个芽，然后分别移植上盆，浇透水，缓苗后进行正常管理。

【栽培管理】

盆栽基质　通常采用壤土、腐叶土、沙土、腐熟厩肥按4∶5∶1∶1的比例配制营养土，以微酸性为宜。

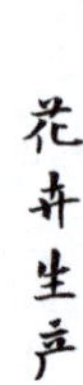

光照管理　在早春和秋末阳光不太强烈的条件下，可将其放在室外或摆在向阳窗台上接受光照，而春末至秋初则摆在室内具有明亮散射光处或移放到室外不受阳光直晒的荫棚下遮阴。开花期既怕风，又怕雨，同时还要注意通风良好，否则会造成落花不结种子。

温度管理　文竹适宜生长温度为15~25℃，超过20℃时要通风散热。夏天，当温度高于32℃时会停止生长。越冬温度为5℃以上，冬天，温度最好保持在10℃以上。

水分管理　一般浇水原则是"见干见湿，宁干勿湿"。夏季是植株生长旺盛的时期，同时蒸发量大，必须保证充足的水分，每天早、晚都应浇水，水量稍大些也无妨碍，但若浇水量过大，新茎会出现水渍状而枯死。春、夏、秋浇水时间为傍晚，冬季为中午浇水。

养分管理　宜"薄肥勤施"，忌用浓肥。生长季节施用以氮、钾为主的稀薄水肥作追肥，也可用腐熟饼肥等有机肥。1年生文竹一般每隔15~20d施一次肥，2年生以上的文竹宜每隔10~15d施一次肥。追肥浓度过高或施用未腐熟的有机肥，很容易造成肥害，导致叶子干枯、脱落。一旦产生肥害，就要将植株去除，更换新的培养土。

整形修剪

塔式：选2~3个高而挺拔秀丽的茎干为"主峰"，摘去茎上各个生长点，定株高为30~35cm。余下的枝干和新生的茎干不要高于"主峰"。对于新生芽，可视其茎的粗细来决定是否摘去生长点。若其茎比"主峰"的茎粗，应摘去；若比"主峰"的茎细，则不必摘，任其生长。与此同时，还需利用物遮法和其本身的趋光性不断调整株形。

双丛式：在盆中栽植一高、一低两株文竹，高者30cm左右，低者18cm左右，生长期间再像塔式文竹那样造型即可。

自然式：以文竹自然生长的株形为主，采用摘去生长点、物遮和利用其趋光性等基本方法，使枝叶舒展，给人以自然的美感。

4. 酒瓶兰(*Beaucarnea recurvata*)

又名象腿树，天门冬科酒瓶兰属。茎干基部肥大，状似酒瓶。顶生叶下垂呈伞形，婆娑而优雅，形成其独特的观赏性状，是优良的热带盆栽观茎、观叶植物。

【形态特征】

常绿小乔木。茎干直立，基部膨大，状似酒瓶，可以储存水分。茎干膨大，树皮具有厚木栓层，呈灰白色或褐色。老株表皮会龟裂，状似龟甲，颇具特色。单一的茎干顶端长出丛生的带状、内弯的革质叶片。叶线形，全缘或细齿缘，软垂状，革质而下垂，叶缘具细锯齿。叶丛中长出圆锥状花序，花小、白色，10年生以上的植株才能开花。

【生态习性】

原产于墨西哥西北部干旱地区。喜温暖、湿润及日光充足环境，一年四季均可接受阳光直射，即使在酷暑盛夏，也可在骄阳下持续暴晒。较耐旱，不耐寒。生长适宜温度为16~28℃，越冬温度为5℃以上。喜肥沃土壤，在排水通气良好、富含腐殖质的砂质壤土上生长较佳。

【品种及分类】

常见栽培品种有：

‘锦’ 叶片上有黄色的纵条纹。

‘缀化’ 茎干顶端的生长点是横向发展的，连成一条线，使植株顶部呈鸡冠形或者扇形，叶片较短。

同属栽培观赏种有：

直叶酒瓶兰(*N. stricta*) 叶较宽，硬且直，叶色青灰。茎干表皮颜色比酒瓶兰深。

【种苗繁育】

可以采用播种繁殖和扦插繁殖。

(1)播种繁殖

播种时间 一般在秋季至早春进行室内播种。

播种 宜在室内盆播，株行距为3cm×5cm，将种子点播于用腐叶土和河沙混合配制的基质中，覆盖1cm厚基质，喷雾浇透水。

播后管理 保持湿润，在温度20~25℃及半阴环境中，播后20~25d发芽；苗高4~5cm时移栽上盆；幼苗生长缓慢，第二年可供观赏。酒瓶兰播种后，如果遇到寒潮低温，可以用塑料薄膜把花盆包起来，以利于保温、保湿，幼苗出土后，要及时把薄膜揭开，并在每天的9:30之前或者15:30之后让幼苗接受太阳光照，否则幼苗会生长得非常柔弱。

(2)扦插繁殖

一般于春末或秋初用当年生的枝条进行嫩枝扦插，或于早春用上一年生的枝条进行硬枝扦插。进行嫩枝扦插时，选择母株上当年自然萌生的侧枝作插穗，长8~15cm，插穗剪好后，插于河沙或素土中，上覆薄膜保湿、保温，在20~25℃条件下极易生根。硬枝扦插，选用2年生粗壮枝条作为插穗。把枝条剪下后，选取壮实的部位，剪成10~15cm长的茎段，每段要带3个以上的叶节。

【栽培管理】

盆栽基质 可用腐叶土、园土、河沙按2∶1∶1比例配制营养土，同时添加少量草木灰。

光照管理 酒瓶兰喜充足阳光，但又有一定的耐阴能力。若光线不足，植株生长细弱。春、秋季应将其置于光照充足处，夏季要适当遮阴，否则叶尖枯焦、叶色发黄。为防止植株偏冠，每隔4~6周转盆。

温度管理 为保证植株安全越冬，应加强水肥管理，以促进植株健壮生长，提高其抗寒能力。在室内，应放在向阳处，白天能充分接受光照，室内温度维持在5℃以上。

水分管理 酒瓶兰因膨大的茎部可贮存一定的水分，耐旱能力较强，所以浇水时以盆土湿润为度，掌握“宁干勿湿”的原则，避免盆土积水，否则肉质根及茎部容易腐烂。秋末后气温下降，应减少浇水量，以提高植株抗寒力。冬季控制浇水，盆土宜干不宜湿。酒瓶兰喜湿润气候，空气相对湿度宜在70%~80%，湿度过低会使下部叶片黄化、脱落，上部叶片无光泽。

养分管理 一般可在春季或秋季每隔2~3年更换一次盆土。上盆或换盆时，均宜将基部膨大部位露出土外，以增加观赏性。春、夏、秋是酒瓶兰的生长旺季，每2~3周施一次复合肥，以促进基部膨大。在施肥时注意增加磷、钾肥，氮、磷、钾比例为5∶10∶5。冬季停止施肥。

整形修剪　酒瓶兰作为盆栽观赏植物，室内植株高度应控制在0.5~1m范围内。既要防止徒长，减少水、肥的施用，又要经常把瘦弱枝、病虫枝、枯死枝、老叶、过密枝等剪掉，以保持其观赏价值。

5. 山影拳(*Cereus* ssp. f. *monst*)

又名山影、仙人山、山影拳，仙人掌科仙人柱属。形态似山非山，似石非石，是一种伏层起叠、气势磅礴的多肉植物，因外形峥嵘突兀，形似山峦，故名仙人山。

【形态特征】

多年生常绿多肉植物，是仙人柱的变种，外观形态就好像山石一般。茎暗绿色，肥厚，有纵棱或者钝棱角；分枝多，无叶片；短茸毛和刺堆叠式成簇生长于肉质茎上，刺座上无长毛，刺长，颜色多变化。夏、秋开花，花大型，喇叭状或漏斗形，白或粉红色，夜开昼闭。果大，红色或黄色，可食。种子黑色。

【生态习性】

原产于西印度群岛、南美洲北部及阿根廷东部。性强健，喜排水良好、适度贫瘠的砂壤土。冬季可耐5℃的低温。

【品种及分类】

山影拳有很多品种，分类也是多样的。常见的品种有：‘紫砂’‘狮子’‘岩石狮子’‘金狮子’‘姬墨狮子’‘罗汉’‘虎头’等。

【种苗繁育】

山影拳一般采用扦插繁殖。

扦插时间　全年都可进行，以4~5月为好。

选插穗　选取小变态茎，切下后晾1~2d，待切口干后扦插。

扦插及扦插后管理　将处理好的插穗扦插于河沙中2~3cm，暂不浇水，可喷一些水保持湿润，压实。一般在14~23℃条件下，大约20d即可生根移栽上盆。

【栽培管理】

盆栽基质　山影拳盆栽宜选用通气、排水良好、富含石灰质的砂质土壤。可以选用园土、炉渣按3∶1，或者园土、中粗河沙、锯末(菇渣)按4∶1∶2，或泥炭、珍珠岩、陶粒按2∶2∶1，或园土、炉渣按3∶1，或泥炭、炉渣、陶粒按2∶2∶1，或锯末、蛭石、中粗河沙按2∶2∶1比例混合配制的营养土作盆栽基质。

光照管理　山影拳喜光，夏季光照过强时适当遮阴，遮光度在50%左右比较好。在其他季节，一般是不用遮阴的。冬季，宜放置在光照充足的地方，有利于过冬。

温度管理　山影拳生长适宜温度为15~32℃，夏季气温33℃以上时进入休眠状态。越冬温度需要保持在10℃以上，温度降到7℃以下时进入休眠，环境温度接近4℃时，会产生冻害。

水分管理　浇水宜少不宜多，可每隔3~5d浇一次水，保持土壤稍干燥，可使植株生长慢、粗矮，株形优美。在夏季，每天可喷雾 2~3 次，降温增湿。怕雨淋，最适空气相对湿度为 40%~60%。

养分管理　山影拳对肥的需求量很少，可 2~3 个月施肥一次，而且施肥量不用太多。对山影拳要扣水扣肥，否则容易烂根，或使其徒长变形，出现“返祖“现象(长成柱状)，失去观赏价值。

考核评价

查找资料、实地调查后，小组讨论，制订盆花生产实施方案，完成工作单 3-3-1、工作单 3-3-2。

工作单 3-3-1　正确认识和区分常见盆花种类及品种类型

组别：　　　　组长：　　　　组员：　　　　时间：

<table>
<tr><th colspan="2">观赏类型</th><th>种类</th><th>品种类型</th></tr>
<tr><td rowspan="2">观叶</td><td>草本观叶</td><td></td><td></td></tr>
<tr><td>木本观叶</td><td></td><td></td></tr>
<tr><td rowspan="2">观花</td><td>草本观花</td><td></td><td></td></tr>
<tr><td>木本观叶</td><td></td><td></td></tr>
<tr><td colspan="2">观果</td><td></td><td></td></tr>
<tr><td colspan="2">观茎</td><td></td><td></td></tr>
<tr><td colspan="2">闻香</td><td></td><td></td></tr>
<tr><td colspan="4">评判成绩</td></tr>
</table>

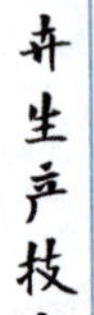

工作单 3-3-2　盆花的日常养护管理

组别：　　　　组长：　　　　组员：　　　　时间：

序号	养护管理项目	养护管理内容	结果考核
1	转盆		
2	换盆		
3	倒盆		
4	松土		
5	除草		
6	水分管理		
7	养分管理		
8	温度管理		
9	光照管理		
10	整形修剪		
11	病虫害防治		
12	其他管理措施		
		评判成绩	

项目4

鲜切花生产

任务4-1 认识鲜切花生产技术要点

任务目标

1. 掌握鲜切花的概念。
2. 熟悉鲜切花生产方式。
3. 掌握鲜切花栽培土壤的改良与消毒、采收、分级和包装等技术。

任务描述

认识鲜切花生产技术要点是进行鲜切花生产的重要前提。本任务是以小组或个人为单位，对校内外实训基地、花卉市场、花店等进行花卉种类及应用形式的调查，识别常见鲜切花种类，并能掌握鲜切花生产技术要点。

知识准备

一、鲜切花概念及特点

鲜切花是从活体植株上剪切下来的具有观赏价值的枝、叶、花、果的总称。

鲜切花的特点：

• 离体、不带根，寿命短。鲜切花剪切脱离母体后寿命有限，故在栽培、采收、运输等过程一定要考虑保鲜问题。

• 应用广泛，比较接近群众生活。现代生活越来越离不开鲜切花。

• 可视性强，有较高的观赏价值。

• 种类丰富，富于变化。

• 包装、贮运较为简单。

• 一次性消费，价格高。

二、鲜切花品种选择的必备条件

• 花色纯正、明亮。

• 花形优美、生动别致。

• 瓣质厚实、质硬。

• 叶片洁净平整。

• 自然花期长。

• 生长健壮，无病虫害，无毒、无异味。

• 花茎挺直、粗壮且有韧性。

• 枝条必须有足够长度。

• 枝、叶、花配合协调。

• 水养较长久。

三、鲜切花生产方式

鲜切花生产有露地栽培和保护地栽培两种方式。露地栽培季节性强，管理粗放，鲜切花质量难以保证。保护地栽培可调节栽培环境，产量高，质量好，能实现周年生产，因此采用温室、大棚等进行保护地栽培是鲜切花生产的主要方式。

四、基质配制与消毒

鲜切花栽培一般需要排水良好、疏松肥沃的土壤，即含60%~70%的砂粒和30%~40%的粉粒和黏粒。近年来，鲜切花生产越来越多地使用人工配制的营养土(基质)。其所用的原料主要有腐殖土、河(塘)泥、山泥、堆肥、火山灰土、煤(炉)渣、珍珠岩、椰子壳、棕丝、刨花、菇渣、蔗渣和锯末等。栽培不同种类的鲜切花，基质成分及比例不同。

为了减少病虫的危害，大棚、温室鲜切花在种植前要进行土壤消毒。常用的消毒方法有物理消毒和化学药剂消毒。常用的消毒药剂有三氯硝基甲烷、甲基溴化物、福尔马林等，消毒时将药物喷洒在土壤表面，并与土壤拌匀，然后用塑料薄膜密封，同时将大棚、温室密封，熏蒸24~30h后解除覆盖，通风换气7~10d后，方可种植。

采用轮作制和多施基肥，是控制病虫害、改良土壤、维持土地生产力的有效措施。

五、种苗来源

鲜切花生产的种苗来源于当地培育或从外地购进。当地苗圃培育的苗木，种源及历史清楚，种苗适应性强，来源广，运输成本低；外地购进种苗可解决当地种苗不足的问题，但必须进行严格的种苗检疫。

种苗类型主要有组培苗、种球、嫁接苗、扦插苗等。

六、采收、分级和包装

鲜切花是从活体植物上采摘下来的，虽然脱离了母体，但还具有一定的生活力，含有大量水分，代谢旺盛，需要的营养物质主要靠自身贮存供给。因此，除栽培技术外，从采收、分级到包装的各个生产环节，都应用科学的方法，精心操作，以达到保鲜并延长观赏期的目的。

1. 鲜切花采收

(1)采收时期

鲜切花采收时期的确定：应保证在鲜切花使用时刚刚开放，并使未开放的花蕾能够继续开放，争取有最长的观赏期和最好的观赏效果。根据花朵在开放时对于养分来源的依赖，采收时期有以下3种。

①蕾期　一般在花蕾开始松口、露出花色时就可切取。采收后，花蕾能够继续生长、开放。这类花有百合、菊花、翠菊、唐菖蒲和香石竹等，一般花枝上带有叶片，可提供开花需要的养分。

②花蕾初放时　要在单花已微绽，或花序上的小花部分开放后采收，其单花或花序

上的所有小花才能正常开放。这类花有马蹄莲、满天星、晚香玉和月季等。

③盛花期　鲜切花需依赖母株提供的营养才能正常开放，否则就不能正常开放，或出现“弯茎”现象，易于枯萎。这类花有非洲菊、一品红、向日葵和红掌等。

切叶与切花不同，当叶色由浅绿色转为深绿色，叶柄坚挺而具韧性，叶片已充分发育完成时，可进行采收。

(2)采收时间

采收的适宜时间因鲜切花种类、季节、天气而不同。一年四季中，夏季气温高，可在单花已微绽或花序上的小花部分开放后采收；冬季气温低，可在花苞开放较大时采收。

一天之内，不需要长距离运输的鲜切花，宜在早晨或傍晚采收，此时鲜切花含水多，茎叶挺直，花色鲜艳，观赏效果好；需要贮藏和长距离运输的，宜在上午10:00以后或傍晚前采收，这时茎、叶、花含水量少，切花不易损伤，便于包装和运输。要尽可能避免在高温和高强度光照下采收。

(3)采收部位和方法

采收鲜切花时，既要满足鲜切花使用的需要，又要保证植株能正常生长。在商品鲜切花的采收中，月季一般要求花枝长40~60cm，在花枝基部留一个芽，红掌、非洲菊则要从基部把整个花柄采下。

鲜切花的采后寿命与花枝剪取的时间和部位关系密切。有些要带有一部分叶片采收，如月季、百合、香石竹、晚香玉和勿忘我等；有些只取花枝，如非洲菊、灯烛花和马蹄莲等。除木本花卉要用剪刀剪取外，对于枝条发脆的花卉宜轻轻折断，以免压伤茎干导管，影响水分和养分输送。

2. 鲜切花分级和包装

切花采收后，要摊开在工作台上或凉席上进行分级。我国已经出台了鲜切花的分级标准，一般根据花枝长短、花朵直径、色泽、整体感、成熟度、病虫害等，按品种分为3~4个等级。

鲜切花分级后，进行计数，按10枝或20枝一束进行绑扎，以便包装和运输。

为了保护鲜切花免受机械损伤，保证产品质量，鲜切花分级后必须进行恰当的包装。常用的包装材料有纤维板箱、瓦楞纸箱。一般都采用瓦楞纸箱加保鲜膜内包装的组合型保鲜包装。包装箱按照功能可分为生物式保鲜纸箱、夹塑层瓦楞纸箱、远红外保鲜纸箱、混合型保鲜瓦楞纸箱和泡沫板复合瓦楞纸箱等。

考核评价

查找资料后，小组讨论，完成工作单4-1-1。

工作单4-1-1　鲜切花生产技术要点

内　容	生产技术要点
生产方式	
土壤准备	
土壤消毒方法	
种苗类别	

内　容	生产技术要点
采收时期	
采收时间	
采收方法	
分级与包装方法	

任务4-2 五大鲜切花生产

任务目标

1. 能识别五大鲜切花及其主要品种。

2. 能依据花卉生长习性提出花卉生产所需的设施及环境因子调控方法。

3. 能以小组为单位，根据生产需要、品种特性及气候和土壤等条件制订并实施五大鲜切花生产技术方案。

4. 能根据实际情况调整鲜切花生产技术方案，使之更符合生产实际。

5. 能独立分析和解决实际问题，吃苦耐劳，合理分工并团结协作。

任务描述

五大鲜切花规模化生产主要采用设施条件下的周年生产方式。本任务是以小组或个人为单位，对校内外实训基地、花卉市场、花店等进行五大鲜切花生产及应用形式的调查，识别五大鲜切花常见品种，并能进行五大鲜切花的生产。

知识准备

一、五大鲜切花概念

世界五大鲜切花为切花月季、切花菊、切花香石竹、切花唐菖蒲、切花非洲菊。它们是按照市场份额，排在前五位的鲜切花种类。

二、五大鲜切花生产流程

选择好五大鲜切花品种

↓

确定栽培设备的设置、准备基质

↓

确定五大鲜切花适宜的环境条件

↓

确定五大鲜切花周年生产体系

↓

确定栽培方式，实施可行的栽培技术措施

↓

在不同栽培阶段进行环境因子(光、温、水、肥)调控

↓

五大鲜切花的采收、分级、包装、贮藏和运输

任务实施

五大鲜切花生产：

五大鲜切花

1. 切花月季(*Rosa hybrid*)

月季又名现代月季、玫瑰、杂种月季，蔷薇科蔷薇属，原产于中国、西亚、东欧及西欧等，由10多种蔷薇属植物反复杂交而来，栽培遍及世界各地，为世界公认的“爱情花”，其寓意为：爱情、爱慕之情、爱情真挚、和平友好、幸福荣誉等。

【形态特征】

灌木。小枝常具粗壮略带钩的皮刺。一回奇数羽状复叶互生，小叶3~5，少数7，宽卵形或卵状披针形，有锯齿，两面无毛；托叶大部与叶柄合生。花单生、丛生或呈伞房花序生于枝顶，花梗长，花型与花瓣数因品种不同差异较大，花色丰富，多具香气，四季开花。

【生态习性】

喜温暖、湿润气候及阳光充足和通风良好的环境，喜光，为中日照植物。稍耐寒，怕积水和干旱，不耐炎热，不耐阴。生长适温为15~28℃，温度在5℃以下或30℃以上时进入半休眠状态，并易患病害，温度在35℃以上时易死亡。要求深厚肥沃、疏松、排水良好的微酸性黏壤土，pH为6~6.5，在强酸性土、碱土、砂土及高温高湿条件下生长不良。切花月季在长江流域的自然条件下，2月开始萌芽，从萌芽至开花需50~70d，5月上旬为第一次开花高峰期，若管理好，可持续至7月初；9月再次萌芽，10月上旬至11月为第二次开花高峰期。温室栽培则四季均开花。通常切花月季生长5~6年后开始衰弱，需更新。

【品种及分类】

切花月季常见品种有：

红色系　‘卡罗拉’‘黑魔术’‘红拂’‘传奇’‘爱神’等。

粉色系　‘水蜜桃’‘柏拉图’‘粉佳人’‘戴安娜’‘粉红雪山’等。

黄色系　‘金枝玉叶’‘皇冠’‘蜜桃雪山’‘黄蝴蝶’‘假日公主’等。

紫色系　‘紫美人’‘紫霞仙子’‘冷美人’‘多洛塔’‘海洋之歌’等。

白色系　‘坦尼克’‘雪山’‘芬得拉’‘白荔枝’‘白戴安娜’等。

小花型　‘迷雾泡泡’‘九星蓝狐’‘黄金时代’‘橙色芭比’‘流星雨’等。

【种苗繁育】

切花月季在生产中常用扦插繁殖、嫁接繁殖和组织培养繁殖。

(1)扦插繁殖

扦插常在4~10月进行。可于春、秋结合修剪进行扦插。取刚开花的健壮、半木质化枝条，剪成具2~3个芽的插穗，保留上端一片羽叶中2~4小叶，用300~500mg/LABT生根粉(或吲哚丁酸或萘乙酸)溶液浸泡插穗基部30s，插于插床中。扦插及管护方法与菊花相似。插后约30d生根。

(2)嫁接繁殖

常用的有"T"形芽接法、芽嵌接法等。另有嫁接与砧木扦插同时进行的方法：在夏、秋生长季采取健壮的粉团蔷薇枝条，剪成长20cm的插穗砧，用芽接法或对接法将接穗嫁接到插穗砧上，然后将插穗砧扦插，其扦插及插后管理与菊花相似。

(3)组织培养繁殖

基本培养基见表4-2-1所列。

表4-2-1　切花月季组织培养繁殖基本培养基

外植体	基本培养基及植物激素
侧芽	初代：MS+1.0~2.0mg/L BA+0.01~0.1mg/L NAA
	增殖：同初代
	生根：MS+1.0mg/L或0.5mg/L IBA

【栽培管理】

整地作畦　切花月季生产应选择地势高，光照充足，通风，以及土壤深厚肥沃、微酸性、排水良好的土地种植。翻土深度40~50cm，施入腐熟有机肥4.5~6kg/m^2。种植床高25~30cm、宽1m，步道宽30~40cm，按当地降雨情况而定。土壤pH以6~6.5为宜，偏酸时用石灰调节，偏碱时用石膏粉调节。

定植　若温室温度适宜，周年均可定植。南方地区一般在9~11月定值，北方地区宜在3~4月定植。定植株行距(20~40)cm×(30~40)cm，根据品种的开张程度而定。嫁接苗以培土至嫁接口下1~2cm处为好，避免高于嫁接口引起接穗生根。其他苗木培土至根颈之上。定植后立即浇一次透水，缓苗期保持土壤湿润。通常从定植到开花需7~8个月。

定植后光照、温度、水分、养分管理　及时除杂草、弱苗，保证通风见光。结合生长，沿畦种植床两侧立支架，在1~1.5m高度处围粗铁丝防止倒伏。生长和产花期，要追肥。营养生长期多施速效氮肥。在现蕾期加施含磷、钾的叶面肥，减少氮肥；苗期及采花后侧芽萌动时多施速效氮肥。萌芽前适当控水，抽芽时适量浇水，新梢生长、花蕾现色至开花时需水量大，要浇足水。冬季在北方要用大棚保温越冬，温度保持5℃以上，并控水停肥。有增温条件的大棚，温度控制在生长适温的范围内，按常规浇水施肥，可正常产花。南方地区在夏季气温过高时，用遮阳网遮阴降温，并加强通风，盖塑料薄膜防雨，以降低空气湿度，防止病虫害发生。

修剪

蓄养主枝修剪：定植后3~4个月内，幼苗长出的枝条现蕾时，剪去上部第三片叶以上的枝段，待下部萌发新枝，选留 2~3 个粗壮直立枝作主枝，剪去其余侧枝；主枝现蕾时，剪去上部第三片叶以上的枝段，促使下部侧芽萌发抽生成切花枝(图 4-2-1)。生长期常检查，随时摘除萌发的侧芽和侧蕾。

采花后修剪：剪花后，选留新抽生的 4~8 个壮枝作切花枝，其余的剪去。随着不断采花，每剪一茬花植株约增高 5cm。为避免植株过高，每年进行一次回缩修剪，使株高控制在 50~60cm。南方可作盛夏休眠折枝(图 4-2-2)，即在植株高 50~60cm 处不截枝，而是折弯枝，将枝条压向地面，尽量保留叶片，从伤枝基部抽发的新枝可蓄养作更新主枝和花枝。在北方则作冬季休眠回缩修剪，即选 3~4 个强健主枝从基部 20~50cm 处短截，其余枝条全部剪除，从翌年早春抽发的许多粗枝中选留主枝和花枝。

图 4-2-1 营养枝与切花枝并存

图 4-2-2 折枝

【采收保鲜】

月季采收时期因品种而异，一般黄色系品种应在花萼反卷时采收，红色或粉色系品种应在有 1~2 片花瓣开始松动时采收，白色品种可在有 2~3 片花瓣展开后采收。以清晨采收最好，剪切时保留花枝基部 2~3 片叶，去除花枝切口以上 15cm 的叶刺，按等级、花色分级包扎，20 枝/束。花枝长 40~70cm 或以上，花枝 20g 以上、长 40cm 以上才定级。花束浸吸保鲜液后存放在 0~1℃条件下，以待上市。瓶插寿命 7~12d。

【周年生产安排】

切花月季的周年生产可通过调整定植及修剪的时间来实现。通常从定植到开花需 7~8 月。一般在北方 3~4 月定植，5 月至 8 月末修剪，9 月初至 11 月上旬首批切花采收；在南方 9~11 月定植，12 月上旬至翌年 4 月中旬修剪，翌年 4 月末至 5 月初可采首批切花(表 4-2-2)。一般从修剪到开花所需时间为：春、秋季需 40~50d，晚春、夏季、早秋等高温季节需 35~45d，冬季需 55~70d。可根据供花时间及品种灵活安排。

表 4-2-2 切花月季周年生产安排

3月	4月	5月	6月	7月	8月	9月	10月	11月	12月	1月	2月	3月	4月	5月	6月
●	●	※	※	※	※	=	=	=							
						●	●	※	※	※	※	※	=	=	=

注：●定植，※修剪，△加温，= 开花期。

2. 切花菊(*Dendranthema morifolium*)

切花菊为菊科菊属多年生宿根花卉，是我国原产的传统名花。在18世纪中叶，欧洲开始利用温室进行菊花的鲜切花生产。经过多年的研究与实践，我国已经形成以日本、韩国、新加坡等国家为出口对象，以山东、云南、海南为规模较大的产区，以江苏、广东、上海、北京为代表的二级产区，目前已经遍布除西部少数省份以外各个地区的生产市场。

【形态特征】

株高80~150cm。茎基部稍呈木质化。单叶互生，叶形变化丰富，从卵形到广披针形，边缘有缺刻及锯齿。头状花序，顶生或腋生，一般由300~600朵小花组成。瘦果，果内结一粒无胚乳的种子。

【生态习性】

菊花适应性强，喜阳光充足、地势高燥、通风良好的环境条件，忌暴晒。生长适温为15~25℃，花芽分化温度为15~20℃，温度超过32℃或低于-10℃生长受影响。秋菊、寒菊是典型的短日照植物，日照短于13h花芽开始分化，日照短于12h花蕾生长开花。夏菊为中日照植物，只要长至16~17片叶，即可开花。菊花栽培要求深厚、排水良好、富含腐殖质的砂壤土，pH以6.6~7.2为宜，忌连作，忌低洼积水。

【品种及分类】

按照头状花序大小　独头大花型、多头小花型。

按自然花期　夏菊(3~7月开花)适合春季与初夏作切花栽培；夏秋菊(8~9月开花)常作夏季栽培的切花；秋菊(10~11月开花)可作周年栽培；寒菊(12月至翌年2月开花)常作冬、春季栽培。

按照花型　平瓣、匙瓣、管瓣和桂瓣与畸瓣类。

切花菊常见品种有：

红色系　‘赤炎’‘红巴卡’等。

白色系　‘神马’‘虹之银装’‘白乒乓’‘秘舞’(小花型)、‘安妮公主’(小花型)等。

粉色系　‘艺雅’‘虹之玉洁’‘星安娜’‘罗斯安娜’‘粉红回忆’(小花型)等。

黄色系　‘黄安娜’‘黄乒乓’‘金绣’(小花型)‘长乐菊’(小花型)、‘黄金甲’(小花型)等。

橙色系　‘血精灵’(小花型)、‘星光橙’(小花型)等。

绿色系　‘绿乒乓’、‘星光绿’(小花型)、‘绿宝石’(小花型)、‘绿旅人’(小花型)等。

【种苗繁育】

切花菊在生产中常用扦插繁殖和组织培养繁殖。

(1)扦插繁殖(图4-2-3、图4-2-4)

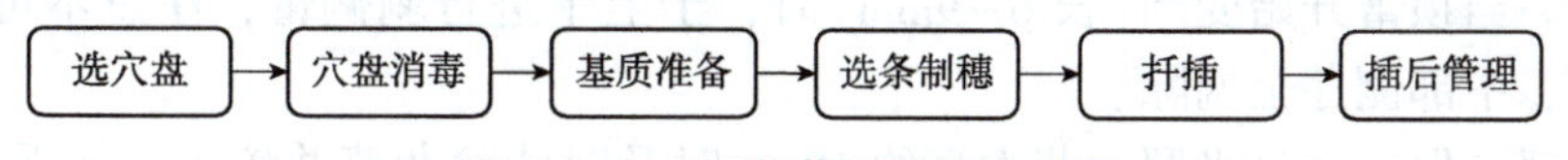

图4-2-3　切花菊扦插繁殖流程

图 4-2-4　切花菊扦插繁殖苗

选穴盘　选择 72 孔或不带孔穴盘。

穴盘消毒　用 1500 倍高锰酸钾溶液对穴盘进行消毒。

基质准备　河沙(或珍珠岩)：蛭石 = 1：1，泥炭(或河沙或珍珠岩)：碳化稻壳 = 1：1 均可，用多菌灵 500~800 倍液消毒。

选条制穗　选择健壮、无病虫枝条剪成 5~7cm 长，下面叶片去掉，保证顶部两叶一心。

扦插及插后管理　参照项目 2 任务 2-2。

(2)组织培养繁殖

基本培养基见表 4-2-3 所列。

表 4-2-3　切花菊组织培养繁殖基本培养基

外植体	基本培养基及植物激素
茎尖、叶片	诱导：MS+2~3mg/L BA+0.01~0.05mg/L NAA 增殖：MS+0.5~2mg/L BA+0.05~0.1mg/L NAA 生根：1/2MS+0.1~0.2mg/L NAA(IBA)

【栽培管理】

整地作畦　选择地势高、阳光充足、不连作、深厚肥沃、富含有机质、排水良好、pH 为 6.5~7.0 的砂壤土地块种植。栽培前深翻土地(深度 40cm)，施入腐熟牛栏肥 4~5kg/m^2、复合肥 0.3kg/m^2、草木灰 0.06kg/m^2，并进行土壤消毒。碎土、耙平作高畦，畦高 20~30cm，宽 1~1.2m，长度适中，周围挖好排水沟。

张网　小苗定植时，先在栽培床或畦的两端插立铁杆，将塑料方格网贴近地面拉紧，挂在栽培床两端的铁杆上，随着植株生长，可将网不断向上提升。此法可保证枝条在网眼中生长，防止植株弯曲和倒伏，既节省劳力，又避免菊叶的损伤。通常设两层支撑网，第一层网离地面约 20cm，第二层网离地面 50~60cm。

定植　标准大花品种株行距 12cm×12cm，中花品种株行距 9cm×9cm，多花品种株行距 18cm×18cm。定植时间因品种、栽培方式不同而异。多头秋菊应于 5 月下旬定植；要 12 月上市的寒菊在 6 月下旬定植，1 月上市的寒菊在 7 月上旬种植；夏菊可在上市前 135d 定植。种植深度以入土深度略超过原幼苗的根颈处即可。定植后(图 4-2-5)，及时浇水缓苗。

摘心、剥芽、剥蕾　大花型品种应在菊株具 6~7 片叶时摘去顶梢，保留 4~5 叶，从萌发的新枝中选留 3~4 个健枝，剪去多余的侧枝，及时抹去分枝上腋芽。多花型小菊品种在定植后 1 个月左右摘去幼嫩的顶芽，留茎下部 4~5 片叶，促进萌发侧枝，保留全部侧枝和花蕾。当顶蕾开始变圆(长 6~9mm)时，于上午进行剥侧蕾，注意不可碰伤主蕾，并将花枝上、中部侧芽全摘除。

肥水管理　保证充足光照，苗木高约 10cm 时及时清除杂草并培土，加强通风。夏季光照强，适当遮阴。生长期结合浇水每月追施一次薄肥，现蕾期(图 4-2-6)到开花期，

图 4-2-5 定植的切花菊

图 4-2-6 现蕾期的切花菊

每周用0.1%~0.2%的尿素加0.2%~0.5%的磷酸二氢钾喷灌或滴灌追肥一次。经常用清水淋洗叶上的泥土、污水，以防落叶。

促成和抑制栽培 促成栽培是使秋菊提前开花，即从预定开花期的前50d起，每天17:00开始遮光，次日早上8:00~9:00打开黑幕，一直到花蕾开始显色为止。要求遮光严密，防止因漏光影响遮光效果，并要加强通风。

抑制栽培是使秋菊推迟开花，即在短日照开始前，人工补光，抑制花芽分化，一直补光处理到开花前60~75d，停止补光。具体做法是：每$10m^2$装一个100W的灯泡，高度在菊花顶芽上方70~80cm处，在每天23:00到次日2:00之间(即暗期)，开灯照明6min后，关灯黑暗24min，如此重复处理6次，总计开灯36min就可达到光照3h的效果。在栽培过程，要注意保持昼温约20℃，夜温在13~15℃。

【采收保鲜】

标准大花型品种花开6~7成时采收；多头型小花品种当主、侧枝有2~3朵小花开放，多数花蕾现色时采收。采花时，剪口离地面约10cm，这样花枝瓶插寿命较长，也利于抽生脚芽。采收后，去除切口以上10cm的叶片，喷杀菌剂，依等级、花色分级包装，每10枝或20枝一束(通常花枝长60cm以上)，用塑料膜或尼龙网套包扎花头后装箱，贮藏在2~4℃条件下，将切口浸插在保鲜液中。该处理下切花菊瓶插寿命为1~2周。

【周年生产安排】

切花菊周年生产安排见表4-2-4所列。

3. 切花香石竹(*Dianthus caryophyllus*)

香石竹又名康乃馨、麝香石竹，为石竹科石竹属宿根草本植物。其色彩丰富，常年开花。寓意爱心长存、情谊永恒、热情、慈祥、温馨、真挚，被视为母爱之花。

【形态特征】

株高30~100cm。茎直立，多分枝，节部膨大。单叶对生，全缘，条状披针形，基抱茎。花单生或2~3朵簇生于枝端，具淡香；花蕾椭圆形，花径5~10cm，花瓣扇形、具爪，内瓣多呈皱缩状；花色丰富，有白、红、桃红、橘黄、紫红、杂色与点洒绛红等复色，或镶边。花期5~10月。蒴果，种子褐色。

表 4-2-4　切花菊周年生产安排

栽培型	5月	6月	7月	8月	9月	10月	11月	12月	1月	2月	3月	4月	5月	6月	7月	8月
秋菊温室抑制栽培		↓	●×	—✲	✲	△	=	=								
			↓●	×—	✲	✲△	△=	=								
				↓●	✲	✲△	✲△	✲=	✲=							
夏菊露地栽培								↓△	↓●	×—↓	=	=	=	=		
										↓	●×	—︿	︿	—	=	=
秋菊露地栽培	●	×︿	︿	—	=	=										
	↓●	↓●	—=	=	=											
寒菊露地栽培			↓●	×—	=	=										

注：↓扦插，●定植，×摘心，—日常管理，✲补光，△加温，︿ 遮光，=开花期。

【生态习性】

喜阳光充足、干燥通风的环境，是中日照植物。要求冬暖夏凉的气候，不耐寒，忌酷热，忌高温高湿。生长适温白天为15~28℃，夜间为10~15℃。适于排水透气良好、富含腐殖质的微酸性黏质壤土，pH 为 6.0~6.5，忌连作。

【品种及分类】

香石竹品种达1000余种，以栽培方式、花枝的花朵数目与大小、用途等进行分类。

大花香石竹：茎秆坚硬健壮，每枝 1 朵花，花径 6~7.5cm，为大花型，芳香，色彩丰富，产花期长。

切花香石竹常见品种：

红色系　‘马斯特’‘洪福’‘潘多拉’‘大满贯’‘激情’等。

粉色系　‘小桃红’‘理想’‘粉钻’‘粉佳人’‘花香’等。

黄、白、紫色系　‘自由’‘得利’‘海贝’‘白雪公主’‘兰贵妃’等。

复色系　‘奥林匹克’‘虞美人’‘特步’‘神采’‘俏新粮’等。

小花香石竹主要品种：‘红色芭芭拉’‘粉色芭芭拉’‘珍珠粉’‘瑞雪’‘绿茶’‘紫蝴蝶’‘桑巴’‘皇太子’等。

【种苗繁育】

可用扦插繁殖和组织培养繁殖。

(1) 扦插繁殖

扦插繁殖流程如图 4-2-7 所示。

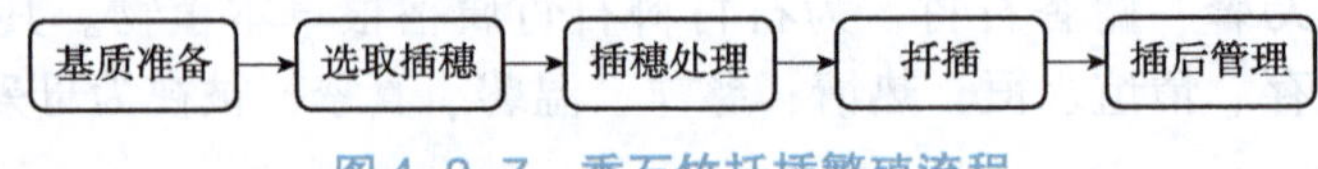

图 4-2-7　香石竹扦插繁殖流程

扦插时间　1~3 月。

基质准备　珍珠岩：泥炭=4：6，或珍珠岩、蛭石、河沙。

插穗选取　选取植株中部生长健壮的侧芽 2~3 个，待其长至 4~6cm 时用手掰取，基部要带有踵状部分。

插穗处理　20 枝一捆放入清水中浸 30min，取出后蘸 500mg/L 的 ABT 生根粉液，也可用吲哚丁酸处理。

扦插及插后管理　扦插深度 1cm，直插。扦插后及时浇透水，温度保持在 15~20℃，湿度保持在 70%~80%，适当遮光，15~30d 即可生根，根长 2cm 时移栽。

(2)组织培养繁殖

基本培养基见表 4-2-5 所列。

表 4-2-5　切花香石竹组织培养繁殖基本培养基

外植体	基本培养基及植物激素
茎尖	诱导：MS+1.0mg/L BA+0.1mg/L NAA
	增殖：MS+0.5mg/L BA+0.1mg/L NAA
	生根：1/2MS+0.2mg/L NAA

【栽培管理】

整地作畦　定植前，将土壤深翻 30cm，同时每公顷施入腐熟鸡粪 5kg/m^2、草木灰 0.3kg/m^2、过磷酸钙 0.2kg/m^2 和珍珠岩、泥灰等，以改良土壤。将土壤 pH 调节到 6~6.5。土壤经消毒后，作高床，床高 10cm，宽 1m，长度适中。步道宽 40~60cm。

定植　株行距(15~20)cm×(15~20)cm，根据品种灵活安排。定植时间因温度、光照不同而异。夏半年栽培需在花前 3 个半月定植，冬半年栽培需在花前 5 个月定植。栽植深度 3~5cm，以覆土不超过小苗根颈为宜，深栽易引起茎腐病。栽后立即在行间少量浇水，忌向茎叶和根蔸淋水。

光温水肥管理　缓苗后进行 2~3 次“蹲苗”，以后使土壤干湿交替，保持根际土壤不积水。最好使用滴灌设备。施肥以“薄施勤施”为原则，结合浇水每隔 7~15d 施一次稀薄液肥。营养生长旺期多施氮肥，孕蕾期加施磷、钾肥，花期施 0.2%的磷酸二氢钾叶面肥。保证光照充足，及时中耕除草去除弱苗，加强通风，保持空气干燥，预防病害。盛夏遮光降温。

张网　为防止倒伏，结合定植及时张网，通常张 3~4 层网(图 4-2-8)。

图 4-2-8　切花香石竹张网

摘心　生产中常采用 4 种方式进行。单摘心：定植 4~6 周，当主茎已长出 5~6 个节间时，摘去顶芽，使下部 4~5 对侧芽几乎同时生长发育、开花，此法从摘心到开花约 3 个月，可同时采收大量切花。半单摘心：单摘心后，当侧枝长到 3~4 节时，对每株的一半侧枝再摘心(每侧枝保留 2~3 节)，此法虽使第一次收花数减少，但能避免出现采花的高峰与低潮问题，稳定产花量。双摘心：单摘心后，待侧芽伸长后，摘去所有侧枝的顶芽，此法使第一茬花产量大而集中，并可推迟采花期。单摘心加打梢：先单摘心，然后在出现生长过旺侧枝时及时摘除其枝梢，此法仅在高光照的条件下采用。

疏芽　每 3~5d 进行一次。大花香石竹，每枝只留茎顶一个花蕾和基部两节侧芽，随时除去花枝的其余侧芽。散枝香石竹，摘掉顶花芽或中心花芽，保留枝端均衡发育的 7~10 个侧花芽和基部两节侧芽，去除中上部侧芽。

【采收保鲜】

大花香石竹宜在花蕾即将绽开时采收；散枝香石竹宜在有两朵花已开放，其余花蕾透色时采收。清晨或上午采收，在茎基部之上 2~3 节处剪切。采后去除花枝切口以上 10cm 的叶，按等级、花色分级包扎，20 枝/束，花茎长 40~66cm 或以上、花枝重 12g 以上定级（图 4-2-9 和图 4-2-10）。花束基部立即浸入含硫代硫酸银的保鲜液，存放在 0~1℃条件下，以待上市。瓶插寿命 10~15d。

图 4-2-9　切花香石竹包装

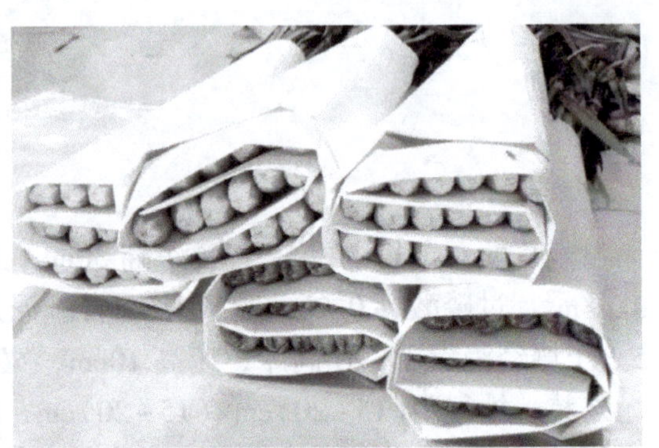

图 4-2-10　包装好的切花香石竹

【周年生产安排】

切花香石竹周年生产安排见表 4-2-6 所列。

表 4-2-6　切花香石竹周年生产安排

栽培型	1月	2月	3月	4月	5月	6月	7月	8月	9月	10月	11月	12月
冬季开花型						●×	×≈	×—	×—	—	〓	〓
	〓	〓	〓	〓	〓	〓						
夏秋开花型							●	×≈	×≈	✵	✵△	✵
	✵△	△	✵△	¤	—	〓	〓	〓	〓	〓	〓	

注：●定植，✵补光，△加温，〓开花期，×摘心，≈张网，—日常管理，¤分化花芽。

4. 切花唐菖蒲（*Gladiolus hyibrius*）

唐菖蒲又名剑兰、菖兰、扁竹莲。鸢尾科唐菖蒲属多年生球根花卉。花茎修长挺拔，花色鲜艳，花期长，深受消费者喜爱。叶形挺拔如剑，有“剑兰”之美誉。其花色艳若云霞，质如绫绸、如锦似绣，五彩缤纷，有“十样锦”之称。

【形态特征】

球茎扁圆形或球形，具环状茎节；茎节有互生腋芽，外被褐色膜质鳞片。基生叶剑形，嵌迭状排成 2 列，互生，常 7~8 枚。花莛单生，自叶丛中抽出，高 50~80cm；蝎尾状聚伞花序顶生，着花 8~24 朵，自下而上依次开花；小花冠呈膨大漏斗形，花径 12~

16cm，花色有红、粉、白、橙、黄、紫、蓝、复色等色系。花期春、夏。

【生态习性】

喜温暖、湿润气候，属喜光长日照植物，不耐寒，怕涝，不耐炎热，要求通风良好、阳光充足的环境。避免闷热及土壤冷湿，否则生长不良，开花率不高，切花质量低劣。球茎在4~5℃时萌动，白天20~25℃、夜温10~15℃时生长最好，降至3℃以下则生长发育停止，-3℃时受冻害。土壤要求以肥沃、深厚、排水良好的砂壤土为好，pH以5.5~6.5为宜，pH高于7.5会引起营养缺乏症，pH低于5.0时常引起氟中毒。

【品种及分类】

唐菖蒲栽培品种极为丰富，世界上有1万多个，以生长发育期、花形、花径、花色等进行品种鉴别。春花类由欧亚原种杂交而成，株矮，茎叶细，花朵小，色彩单调，但耐寒性强，在我国栽培少；夏花类由南非原种杂交而成，植株高大，花朵多，花色、花形、花径以及花期等性状富于变化，但耐寒力弱，夏、秋季开花，为目前广泛栽培类型。

常见品种：

红色系　‘红光’‘红美人’‘奥斯卡’‘胜利’‘玫瑰红’等。

白色系　‘白雪公主’‘白友谊’‘白花女神’‘繁荣’‘佩基’等。

粉色系　‘粉友谊’‘魅力’‘夏威夷人’‘玛什加尼’等。

黄色系　‘金色杰克逊’‘金色原野’‘荷兰黄’‘新星’‘豪华’等。

紫色系　‘长尾玉’‘紫色施普利姆’‘蓝色康凯拉’等。

复色系　‘小丑’等。

【种苗繁育】

唐菖蒲以分球繁殖为主，一个较大的商品球茎栽种开花后，可形成2个以上的新球，新球下面还生出许多小子球。生产栽培以球茎直径大小分级：一级为大球(直径大于6cm)，二级为中球(直径4cm)，三级为小球(直径2.5cm)，四级为子球(直径小于1cm)。一、二级球用于生产，三、四级球用于繁殖，经1~2年栽培后，可作开花种球。

分球繁殖流程如图4-2-11所示。

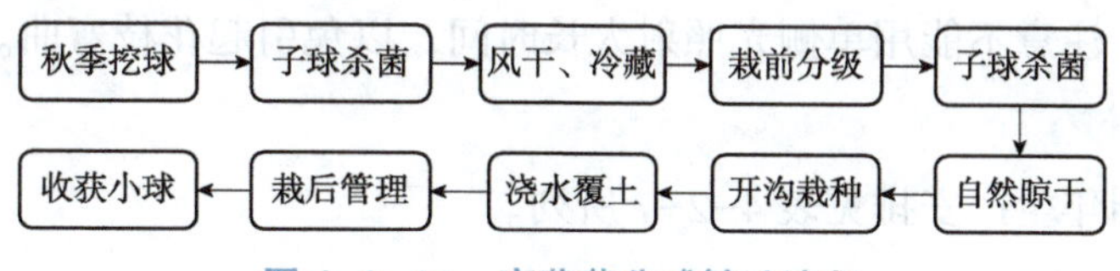

图4-2-11　唐菖蒲分球繁殖流程

秋季挖球　秋季将小子球挖出后，去掉泥土。

子球杀菌、风干、冷藏　1~2d内用杀菌剂浸泡20min，风干后贮藏于冷凉的室内。

栽前分级、子球杀菌、自然晾干　春季栽植前，对小子球进行分级，在杀菌剂中浸泡30min，冲洗干后，自然晾干，置于2~4℃条件下待播。

开沟栽种、浇水覆土　垄栽，施足底肥，在垄中央开沟，深3cm，宽10~15cm，沟底平整。将小球双行栽种，浇透水后覆土深2~3cm。平整土地，轻镇压。

栽后管理　保持土壤湿润，出芽后控制水分供给，以促进根系生长。每30d追施化肥一次，尤其在夏季地下球茎生长季节。

收获小球　秋季叶片枯黄后，收获小球，再进行一次分级，直径 2.5cm 以上的可作商品球，直径 1.3~2.5cm 的再培养一年，直径 1.3cm 以下的需培养两年才能开花。

【栽培管理】

整地作畦　唐菖蒲切花生产适宜选择四周空旷、无氟和氯污染、光线充足、地势高爽的地块种植。栽植前深翻地(深 40cm)，施腐熟有机肥 $10kg/m^2$，进行杀虫、杀菌处理。采用东西向垄作，垄宽 0.5m 左右，高 20~30cm，根据当地降水情况来定，避免连作。土壤 pH 以 6.5~7.0 为宜，若低于 5.0，需加石灰调节，否则易引起氟毒害。

种球处理　根据上市时间和品种特性确定栽植时间(一般在栽后 90d 左右见花)在栽植前对球茎进行消毒及催芽处理。把球茎按规格分开，以直径 2.5~5cm 的球用于切花生产最好。先去除外皮膜及老根盘，在 50%的多菌灵 500 倍液中浸泡 50min，或 0.3%~0.5%的高锰酸钾液中浸泡 1h，再在 20℃左右条件下遮光催新根、催芽，当有根露出和芽生长时可以栽植。

定植　种植株行距为(10~20)cm×(30~40)cm，可据球茎大小及垄宽灵活安排。种植深度为 5~12cm，可根据球茎大小、土壤质地及气温而改变。栽植后及时浇水，待出芽后控两周水，以利于根系生长。

定植后管理　保证充分见光，过密时必须去除弱苗，加强通风。结合生长防止倒伏，可拉网或立支柱。多采用拉网的方法，根据株行距大小定网孔大小。生长期，尤其在栽植 4~6 周后，要追肥。在 3~4 叶前施营养生长肥；3~4 片叶后的花芽分化期，除了地下浇肥水外，还应喷施叶肥。花期不施肥，花后应施磷、钾肥，以促进新球生长。中耕除草应在长出 4 片叶之前进行，并结合除草向根处培土，可防倒伏。唐菖蒲应分批、分期播种，采用地膜覆盖和早春设小拱棚，可以提早开花。

【采收保鲜】

采收期为花序下部第 1~3 朵小花露出花色时，以清晨采收为好。采收时保留植株基部 3~4 片叶，以利于地下球茎生长。剥除花枝基部叶片，按等级、花色分级包扎，20 枝/束。通常花枝长 70cm 以上、小花不少于 12 朵时才定级。花束存放在 4~6℃条件下，切口浸吸保鲜液，注意不能用单侧光照射太长时间，以免引起花枝弯曲。瓶插寿命3~7d。

【周年生产安排】

切花唐菖蒲周年生产安排见表 4-2-7 所列。

5. 切花非洲菊(*Gerbera jamesonij*)

非洲菊又名扶郎花、灯盏菊、太阳花，菊科扶郎花属多年生草本。原产于非洲南部，现世界各地广为栽培。非洲菊花莛挺拔，花似新妇头顶华盖扶郎而归，又如华灯高照，被誉为“多情之花、光照之花”，亦含有亮丽、温馨、神秘、热情可嘉之意。

【形态特征】

株高 30~45cm，全株具细毛。叶基生，多数，有长柄，长椭圆状披针形，羽状浅裂或深裂，边缘具疏齿。花莛从叶丛中抽出，长 35~60cm，高出叶丛。头状花序单生，盘形，直径 8~13cm；舌状花大，1 至多轮，倒披针形，先端 3 齿裂，筒状花较小，花色丰富，有红、粉、黄、橙、白和橘等色；四季常开，盛花期 5~6 月和 9~10 月。

表 4-2-7　切花唐菖蒲周年生产安排

栽培型	9月	10月	11月	12月	1月	2月	3月	4月	5月	6月	7月	8月	9月	10月	11月
	●—	—	△✲	✲△	=	=									
温室抑制栽培		●	△✲	✲△	△=	=	=								
					●△	△✲	△	=	=						
温室半促成栽培					●△	△—	—	—	=	=					
露地普通栽培						●	—	—	—	=	=				
							●	—	—	—	=	=	=		
露地普通栽培										●	—	—	=	=	
												●	—	=	=

注：●定植，△加温，✲补光，= 开花期，—日常管理。

【生态习性】

喜温暖、阳光充足和空气流通的环境，以及夏凉冬暖的气候。生长期适温为 18～28℃，10℃以下或 35℃以上停止生长，3℃以下出现寒冻。要求深厚、肥沃、湿润、排水良好的微酸性或中性砂质壤土，以 pH 6.5 最适宜，在碱性土中易患缺铁病，忌黏重土。不耐涝，忌积水，略耐旱。喜光，为中日照植物，强光利于花朵发育，若略遮阴，可促进花莛伸长，提高切花质量。

【品种及分类】

切花非洲菊有百余个品种，以花型大小、花冠形状、舌状花轮数、舌状花花色、筒状花花色等进行品种鉴别。单瓣系的舌状花 1～4 轮，重瓣系的舌状花 5 轮以上；大花型品种，花径 10～13cm；小花型品种，花径 6～9cm；黑心非洲菊等，是目前生产常用的栽培类型。

常见品种：

红色系　‘国色’‘红极星’‘艾卡斯’‘醉红’‘休斯顿’等。

白色系　‘达尔马’‘白云’‘彩云无暇’‘玉镜’等。

粉色系　‘飘逸’‘粉佳人’‘夏日阳光’‘蜜糖’‘格丽斯’等。

黄色系　‘清雅’‘极典’‘晓月’‘香槟’‘太阳’等。

橙色系　‘金贵’‘巴龙’‘秋日’‘橙黄’‘蜘蛛花’等。

【种苗繁育】

组织培养是目前切花非洲菊繁育常用的方法(图 4-2-12)。选优良母株，以幼蕾花托为外植体，洗净消毒后切块，接种在 MS+10mg/L BA+0.5mg/L IAA 培养基上，在 25℃、光照 16h/d 的条件下培养，1～2 个月后由愈伤组织形成芽；芽长 2cm 左右时，转移到生根培养基(1/2MS+0.03mg/L NAA)；根长 1cm 时即可移栽到育苗盘，栽培基质用锯末和泥炭按 1∶1 比例混合，保持温度 20～25℃、空气湿度 90%～95%，进行驯化栽培，每周供给一次营养液，2～3 周后就可定植。定植到开花需 3～5 个月。

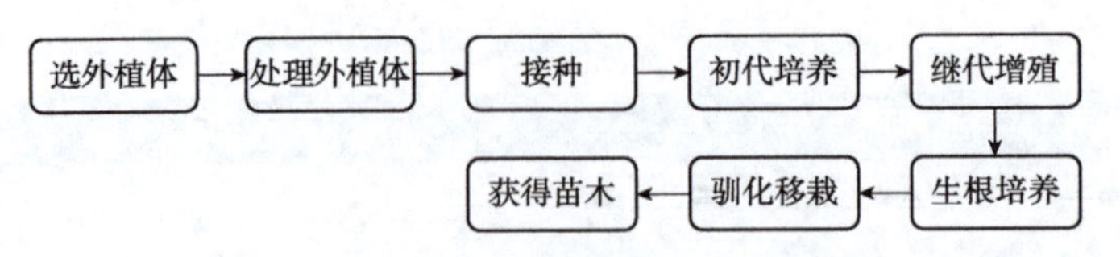

图 4-2-12　非洲菊组织培养繁殖流程

此外，也可采用分株繁殖。当老株着花不良时，于 4~5 月将老株挖起，分切为 4~5 丛，每丛有 4~5 片叶，另行栽植。

【栽培管理】

整地定植　切花非洲菊根系发达，要求栽植床土层深厚。要深翻土壤（深 30cm），施足有机肥（作基肥，施肥量 20kg/m^2左右，与土壤充分混合），将土壤 pH 调整至 6.5。将土壤消毒后，做成高 20cm、宽 60cm（或 40cm）的高畦，畦沟宽 30cm。

全年均可定植，但以春、秋季为宜。畦宽 60cm 的双行交错栽植，行株距 40cm×20cm；畦宽 40cm 的植单行，株距 10cm。定植深度以根颈部略露出为度，以免引起根颈腐烂。定植后浇透水。

光温水肥管理　保证充足的光照，保持温度在 20~25℃，冬季覆塑料薄膜保温，夏季适当遮阴降温，否则会因高温或低温造成植株休眠。幼苗期适当控水，生产期供水要充足。花期浇水时，叶丛中心不能进水，以免引起花芽腐烂。结合浇水追肥，要遵循“薄肥勤施”的原则，冬、夏季 10d 施一次，春、秋季 5~6d 施一次，追肥的氮、磷、钾比例为 15∶8∶25，花期可增加磷、钾肥用量。

剥叶疏蕾　在切花非洲菊生长发育时期，去除过密株及病弱株，并剥去叶丛下部衰老枯黄和过密的叶片，以改善光照和通风条件，减少病虫害发生，促使新叶和花芽的生长和发育，利于不断开花。在同一时期每株只保留 3 个发育程度相当的花蕾，摘除其余花蕾，以保证养分充足。新苗栽后第二年产花量最高，花的品质好，以后逐渐衰退，栽培 3 年后换种新苗。

【采收保鲜】

切花非洲菊最适宜采收时期是最外轮舌状花展开、花粉开始散出时。要求在花朵开展、植株挺拔、花茎顶部长硬时采收。采摘时，不用刀切，只要握住花梗旋转基部轻拉即可将花枝摘取，注意勿伤叶片。采收后立即插入 100~250mg/L 的漂白粉溶液中 3~5h，然后按长度进行分级包装。包装时，用带孔洞的纸板排放花茎；或用特制聚丙烯网罩包头状花序。切花保鲜期为夏季 10d 左右，冬季达 3 周以上。瓶插寿命 3~8d。

【周年生产安排】

切花非洲菊定植后 5~6 个月开花，可根据各地气候条件及用花需要调整定植时间，结合防暑、防冻等措施实现周年产花。因各地气温的差异较大，定植时间有别。如在华南地区，要 1~2 月开始开花，应在上一年的 8~9 月定植；要 4~5 月起产花，可于上一年 10~11 月定植；要 5~6 月产花，则应在 1~2 月定植；要 10~11 月开花，可在 3~5 月分株栽培。在华南可露地越冬，在华东必须种在双层塑料大棚中保温防寒，在华北必须入温室进行促成栽培。

考核评价

查找资料、实地调查后，小组讨论，制订五大鲜切花生产实施方案，完成表工作单4-2-1、工作单4-2-2。

工作单 4-2-1　五大鲜切花生产技术

序号	鲜切花种类	常用品种	栽植前准备	定植	栽后管理
1					
2					
3					
4					
5					

工作单 4-2-2　五大鲜切花采收及采后处理技术

序号	鲜切花种类	采收时间	采后处理
1			
2			
3			
4			
5			

任务 4-3 新兴鲜切花生产

任务目标

1. 能正确识别新兴鲜切花及其主要品种。

2. 能依据新兴鲜切花生长习性提出生产所需的设施及环境因子调控方法。

3. 能根据生产需要、品种特性及气候和土壤等条件制订并实施新兴鲜切花生产技术方案。

4. 能根据实际情况调整生产技术方案，使之更符合生产实际。

任务描述

新兴鲜切花规模化生产主要采用设施条件下的周年生产方式。本任务是以小组或个人为单位，对校内外实训基地、花卉市场、花店等进行花卉种类及应用形式的调查，识别常见新兴鲜切花，并能进行常见新兴鲜切花的生产。

知识准备

一、新兴鲜切花概念

新兴鲜切花是指国际流行的市场份额仅次于五大鲜切花的鲜切花种类，包括百合、红掌、洋桔梗、文心兰、蝴蝶兰、石斛兰、大花蕙兰、八仙花、郁金香、鹤望兰、姜荷花、六出花等。

二、新兴鲜切花生产流程

选择好新兴鲜切花品种

↓

确定栽培设施、准备基质

↓

确定新兴鲜切花适宜的环境条件

↓

确定新兴鲜切花周年生产体系

↓

确定栽培方式，实施可行的栽培技术措施

↓

在不同栽培阶段，进行环境因子(光、温、水、肥)调控

↓

新兴鲜切花的采收、分级、包装、贮藏和运输

任务实施

常见新兴鲜切花生产：

新兴鲜切花

1. 百合(*Lilium* spp.)

百合为百合科百合属球根花卉，是近年来风靡全球、继世界五大鲜切花(月季、香石竹、菊花、唐菖蒲、非洲菊)之后的新兴高档鲜切花之一。百合花形整洁端庄，花色优雅，其花语是文雅、纯洁，寓意百年好合，是纯洁和幸福的象征，一直受到人们的喜爱，是花店中的主角。目前主要生产切花百合的国家有荷兰、韩国、日本、肯尼亚，我国在上海、北京、甘肃、陕西、辽宁、云南和四川等地都建立了大型鲜切花生产基地。

【形态特征】

株高70~150cm。百合根分为肉质根和纤维状根两类。肉质根称为下盘根，多达几十条，吸收水分能力强，隔年不枯死；纤维状根称上盘根、不定根，发生较迟，形状纤细，数目达180多条，分布在土壤表层，每年与茎干同时枯死。茎有鳞茎和地上茎之分。无皮鳞茎球形，淡白色，先端常开放如莲座状，由多数肉质肥厚、卵匙形的鳞片聚合而成。

地上茎直立，圆柱形。叶互生，无柄，披针形至椭圆状披针形，全缘。花大，漏斗形，单生于茎顶。蒴果长卵圆形，具钝棱。种子多数，卵形，扁平。

【生态习性】

百合喜冷凉气候，生长开花最适日温为20~25℃，夜温为10~15℃。耐寒而怕酷暑，在10~15℃内，随温度升高而提早花芽分化，30℃以上花芽分化受抑制，5℃以下花停止开放。百合为长日照植物，生长期要求阳光充足，但大多数百合更适合略有遮阴的环境，以自然光照70%~80%为好，尤其幼苗期。最适相对湿度为80%~85%，且湿度要稳定，否则易引起叶烧病。对土壤要求不严，但以疏松、透气、透水、肥沃、腐殖质含量高的微酸性砂质土壤为好，忌高盐分土壤。

【品种及分类】

目前切花百合主要有东方百合(O)、亚洲百合(A)、麝香百合(L，又名铁炮百合)三大种系(表4-3-1)。东方百合又名香水百合，花朵硕大且具浓香，市场占有率高，是生产的主要对象，代表品种有'西伯利亚'和'索邦'。亚洲百合花形优美，花色丰富，具温和香气，花瓣肉质感好，适宜园艺栽培，代表品种有'棒棒糖'。麝香百合花极香，含有芳香油，可作香料，又有纯白的花朵与优雅的造型，在复活节的花艺设计中不可缺少，代表品种有'布林迪西'。

表4-3-1 百合主要种系

种系	生长周期	定植到开花时间	特点	对环境条件要求
东方百合系	长	112d，个别品种需140d	花形多样，花朵平伸形、碗花形等；花色较丰富，花瓣质感好，有香气	要求温度较高，生长前期和花芽分化期为日温20℃左右，夜温15℃。夏季需遮光60%~70%，冬季在设施中栽培对光照敏感度较低，但对温度要求较高，特别是夜温
亚洲百合系	较短	84~105d	花色鲜艳、丰富，花苞向上	生长前期和花芽分化期适温为日温18℃左右，夜温10℃；花芽分化后需较高温度，日温23~25℃，夜温12℃。一般夏季需遮光50%，冬季需要补光
麝香百合系	较长	98~126d。有些品种生长期短，仅70d	花为喇叭筒形，平伸或下垂，易染病毒，花色主要为白色。属高温性百合	日温25~28℃，夜温18~20℃，生长前期适当低温有利于生根和花芽分化。夏季需遮光50%，冬季在设施中增加光照对开花有利。'白雪皇后'品种对缺光的敏感性不是很强，但需要较高的温度，尤其是夜温

近几年，又出现了各种系百合的杂交品种：

OT百合：东方百合和喇叭百合的杂交种系，大花浓香型，茎秆挺拔高大，耐热、耐寒，易管理。代表品种有'木门'。

LA百合：麝香百合和亚洲百合的杂交种系，花香，花量大，粗壮茎干不倒伏，单株花苞群开，花朝上开放，开花时间较早，需要长时间阳光照射。代表品种有'信使''眼线'。

LO百合：麝香百合和东方百合的杂交种系，花瓣大而卷曲，香味甘甜，且晚上绽放，花香浓郁，单球常开3~5朵，易繁殖，易管理。该种系品种少但花色丰富，高温会使花期缩短，光照需求大，光照不足时花色和香味都会变淡。代表品种为'特里昂菲特'。

全球切花百合栽培品种有270个以上，优良的品种主要从荷兰、日本引进，经过几年的栽培试验，目前已经筛选出一批适合我国生产的切花品种，见表4-3-2所列。

表4-3-2 适合我国生产的切花百合优良品种

品种名	英文名	所属种系	品种特点
'西伯利亚'	'Siberia'	东方百合	花色洁白，花型大，花期较长(三四朵花可开1个月)，花香浓郁。花头朝上，易包装和运输。无叶灼现象
'索邦'	'Sorbonne'	东方百合	花型最大的粉色百合，色彩浓艳，靠近花瓣边缘处变浅，花形饱满，典雅美观。花期可达10d以上
'梯伯'	'Tiber'	东方百合	花色为深粉色，色彩浓艳，靠近边缘处变浅。花头朝上，易包装和运输。有轻微叶灼现象
'马可波罗'	'Marcopolo'	东方百合	花色白色，花朵大，花香优雅
'水晶布兰卡'	'Crystal Blanca'	东方百合	花色洁白，花瓣略微卷曲，气味清香，花期可达15d
'冰舞者'	'Ice Dancer'	东方百合	花色白色，花朵大，花香浓郁
'棒棒糖'	'Lollypop'	亚洲百合	花色浅粉或深粉色，花香像棒棒糖那样甜美，故得名。花朵不大，但数量较多，比其他品种提前30d左右开花
'布鲁拉诺'	'Brunello'	亚洲百合	花金黄色，花多，花头朝上，易包装和运输，无叶灼现象
'白天堂'	'White Heaven'	麝香百合	花色白色，花苞小，香气浓郁。有轻微叶灼现象
'布林迪西'	'Brindisi'	麝香百合	花色砖红色，有香味
'桌舞'	'Table Dance'	OT百合	全花均为淡粉红色，花瓣整洁，无斑点。花朵大，花形饱满，美观典雅
'罗宾娜'	'Robina'	OT百合	全花花色都是浓重的玫红色，十分艳丽。花形平展，花朵巨大，茎秆粗壮，花期较长，花香浓郁，是非常流行的切花品种之一
'黄天霸'	'Manissa'	OT百合	又叫'曼尼萨'。花朵为淡黄色，边缘渐浅，花型巨大，花瓣平展无斑点，是现今的黄色系百合中最有名的品种
'木门'	'Concave Dor'	OT百合	又叫'康卡多'或'黄金百合'。花黄色，边缘渐浅，花头微下垂。花型大，香味浓，是黄色系百合中非常经典的一个品种
'粉冠军'	'Table Dance'	OT百合	花色粉红色，花朵大，数量多，极少畸形花苞
'粉色宫殿'	'Pink Palace'	OT百合	花色粉色，淡香，有点像风油精的味道
'特里昂菲特'	'Triumphator'	LO百合	花白色，花瓣中下部粉红色。花朵大，花香浓郁，易管理
'信使'	'Courier'	LA百合	花白色，易繁殖
'耀眼'	'Aladdin'	LA百合	花色亮黄色，花苞中等大小，花朵向外翻卷约60°

近几年，重瓣百合切花因其外形大气美观、花瓣丰满、瓶插期长(为普通百合的两倍)、在花艺作品中立体感强等特点，受到花艺师的喜爱和生产企业的广泛关注。重瓣百合国际上称为玫瑰百合，是由荷兰De Looff Lily Innovation公司在2010年杂交成功的品种

类型。据了解，目前国内引进品种有‘Roselily Aisha’‘Roselily Thalita’‘Roselily Isabella’等。此外，‘Double Surprise’（‘双重惊喜’），也叫‘粉色奇迹’（东方百合重瓣品种），开花时花瓣繁复，十分华丽，常用于栽培观赏，现在也作为鲜切花栽培。

目前，玫瑰百合已经走进了中国、美国、澳大利亚、英国等多个国家。其中，以英国为例，‘Roselity Isabella’‘Belonica’两个主要品种出口量较大。切花百合本身价值较高，加之是重瓣新品种，因此生产者和经销商都将玫瑰百合在中国市场定位为高端消费品，市场前景广阔。

【种苗繁育】

切花百合常用繁殖方法主要有分球繁殖、鳞片扦插繁殖及组织培养繁殖等。

(1)分球繁殖(图4-3-1)

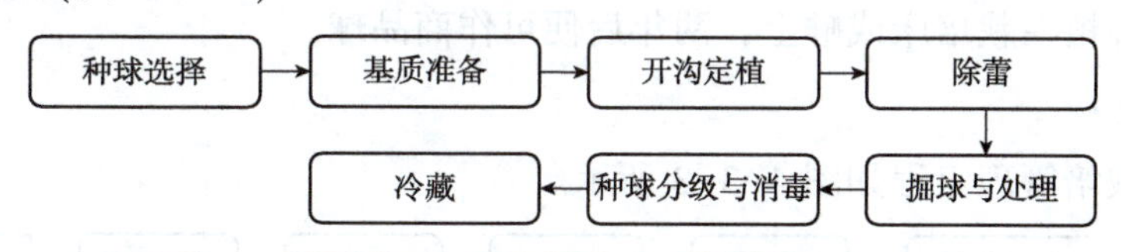

图4-3-1 切花百合分球繁殖流程

种球选择 每年的秋季或春季选择品种纯正、无病虫害、6~9cm规格的优质鳞茎作繁殖材料，消毒后用清水冲洗，阴干备用。

基质准备 用泥炭、蛭石、细沙按2：2：1混合作基质。

开沟定植 定植后灌水，覆土8~10cm。

除蕾 显蕾后及早除蕾。

掘球与处理 到子叶逐渐发黄时挖掘，阴干1~2d后，去除泥土和残根。

种球分级与消毒 按直径大小分级，直径3.5cm以上的为商品种球，直径1.5~2.5cm的为一级种球，直径1.5cm以下的为二级种球。用多菌灵1000倍液将种球浸泡20min，然后用清水冲洗，晾干后即可贮藏。

冷藏 将种球按等级装箱冷藏，库温控制在2℃左右。

(2)鳞片扦插繁殖(图4-3-2)

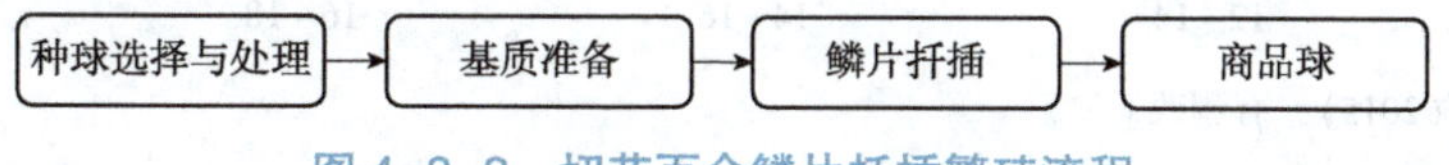

图4-3-2 切花百合鳞片扦插繁殖流程

种球选择与处理 从秋季或春季挖掘出的百合种球中挑选健壮、无病害的成熟种球。剥取第二或第三轮肥大、质厚的鳞片，经消毒后用清水冲洗，阴干备用。

基质准备 基质厚度为8~10cm。以直径0.2~0.5cm的颗粒泥炭较为理想，有利于鳞片的成活。

鳞片扦插 逐一扦插鳞片，使顶端微露出土面，内侧面朝上，14~28d后鳞片的基部会生长出新的小鳞片。

鳞片扦插操作简便，繁殖系数高，性状稳定。一般一片鳞片扦插后多者可获1~5个子球，子球培育2年便可成为商品球。

(3)组织培养繁殖

基本培养基见表4-3-3所列。

表 4-3-3　切花百合组织培养繁殖基本培养基

外植体	基本培养基及植物激素
鳞片	诱导：MS+1.0mg/L BA+0.5mg/L NAA
	增殖：MS+1.0mg/L BA+0.2mg/L NAA
	生根：1/2MS+0.3mg/L IBA+0.5%活性炭

(4)小鳞茎培养

用扦插、分球、组织培养等方法培养出来的小鳞茎不宜作商品球，需经2年培养方可作商品球。培养方法为：第一年种植在塑料箱或纸箱或木箱内，培养基质为泥炭：蛭石：细沙=2：2：1，注意薄肥勤施，要求气温为15~25℃，光照充足，凉爽湿润，空气流通。一年后种植在栽培床或畦上，两年后便可作商品球。

【栽培管理】

切花百合栽培管理流程如图4-3-3所示。

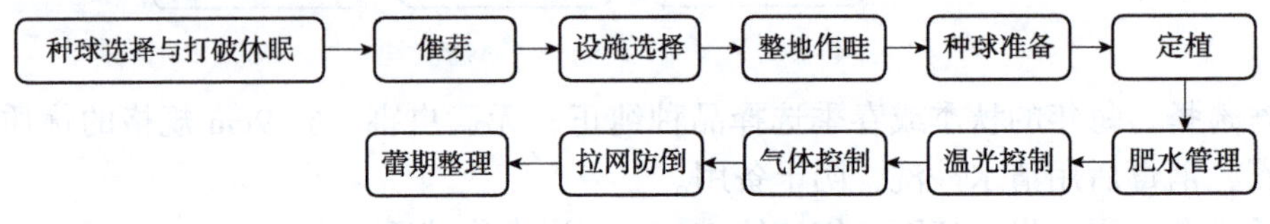

图 4-3-3　切花百合栽培管理流程

种球选择与打破休眠　选择生长健壮、无病虫害、无损伤的大规格鳞茎作种球。种球周径每增加1cm，植株高度会增加5~15cm，花蕾数会增加1~2个。不同切花百合种球周径见表4-3-4所列。

表 4-3-4　切花种球周径

种系	种系			
亚洲百合系	9~10	10~12	12~14	14~16
麝香百合系	10~12	12~14	14~16	16~18
东方百合系	12~14	14~16	16~18	18~20

[引自周厚高等(2015)，有删改]

鳞茎休眠将导致发芽率不高和盲花，故种植前要打破休眠，一般以定植时间推算种球的打破休眠日期。周年供应切花，则种球应分期、分批打破休眠后栽种。打破休眠的方法有冷藏和温水浸泡。

冷藏：采用低温冷藏处理打破休眠。种球用500倍苯菌特和福美双混合液浸30min，用清水冲洗、晾干后用塑料袋包装冷藏，并加锯末屑或泥炭填充空隙，保持温度稳定和潮湿状态。0~4℃的低温下处理30~35d，或3~5℃处理28~42d，或7~13℃下冷藏45~55d，即可打破休眠。经冷藏处理后，下种至开花需要60~80d。

温水浸泡：用48℃左右温水浸泡种球，并每隔2~3min提起再入水中，来回2~3次，而后在45℃温水中浸泡12h后就可打破休眠。

催芽　已正常发芽的种球不需要催芽。尚未发芽的种球则需要催芽。催芽过程如下：剥去外层死亡、老化或染病的鳞片，用800倍甲基硫菌灵和多菌灵混合液浸种30min，捞

出后用清水稍加冲洗，置于预先铺好的厚3cm左右的沙或锯木上，再盖上2~3cm厚砂土或锯木，浇水，维持温度在8~23℃，4~5d可发芽。球茎芽长到3~6cm或出现白根后即可种植。

设施选择　南方地区尤其华南地区冬、春温暖，可用塑料大棚栽种，夏季在荫棚栽种，秋季可露地栽种；而北方大多数地区以温室栽培为主。

整地作畦

整地、土壤消毒：在种植前30d深翻土壤(深30cm)，精细整地。若种过其他球根花卉，应施入三氯杀螨醇800倍液消毒，防止根螨危害。温室内还可采用蒸汽消毒。

基质准备：可选择珍珠岩或蛭石或泥炭：蛭石=1：1或泥炭：珍珠岩=1：1或泥炭：煤渣：园土=1：2：17或珍珠岩：泥炭：松针=1：1：15作切花百合栽培基质。

施足基肥：整地时，每亩施入腐熟有机肥2000~3000kg、稻壳60~100kg、醋糟20kg(或过磷酸钙200kg)。百合所需要氮、磷、钾比例为5：10：10。测定土壤pH，如果偏碱性，可在表土层施入尿素或硫酸铵等铵态氮肥。

作畦：采用低畦(雨水少，干旱、地势高的地区)或高畦(雨水多，地势低的地区)，畦高20~30cm，垄宽1.0~1.2m。垄中间比两边稍高，以利于排水。畦间沟深一些，宽20~40cm。

种球准备　冷藏的种球，应在10~15℃或阴凉通风处缓慢解冻后，再及时种植在潮湿的土壤中，忌置于高温及阳光下。解冻的种球不宜再冷藏。未冷藏及未解冻的种球若不及时种植，可放在0~2℃中贮藏约14d或2~5℃中贮藏7d。浸种可用多菌灵加代森锌500倍液浸泡20min或2%的高锰酸钾溶液浸10min。未出芽的种球可用0.5%的五氯硝基苯拌种，也可用生根粉浸种，促进根系发育。

定植

定植时间：条件适宜的可全年定植，一般依供花时间和品种的生育周期来确定定植时间，从定植到开花需4个月左右。例如，在12月上市的，应于7月中旬处理种球，9月上旬定植。在温室中任何季节都可定植，但夏季高温必须有专门的低温生根室。

定植密度：依种子、种球周径及季节而定。对于同等大小的种球，植株高大或枝软的品种应植稀一些，植株矮小或枝硬的可植密一些；在光照充足、温度高的月份种植密度高，而缺少光照或光照条件差的情况下植稀些。具体参见表4-3-5所列。

表4-3-5　切花百合种植密度(个/m^2)

种系	规格					
	9~10cm	10~12cm	12~14cm	14~16cm	16~18cm	18~20cm
麝香百合系	—	55~65	45~55	40~50	35~45	—
东方百合系	—	55~65	45~55	45~50	40~50	25~35
亚洲百合系	65~85	60~70	55~65	50~60	40~50	—

[引自周厚高等(2015)]

种植方法：采用高畦开沟点种法。在1.0m宽的畦面开5条沟，1.2m宽的畦面开6条沟，沟深10~12cm。定植前3d浇湿土壤。种植时鳞茎芽尖朝上，覆细土6~8cm，以芽尖露出土面为度，浇透定根水，覆盖稻草或泥炭土。

水分控制　百合生长期喜湿润，不能缺水，尤其是花芽分化期和现蕾期。通常 5d 浇一次水，常于垄沟中浇水，通过蒸发增湿，使湿度控制在 80%左右。生长期要浇 6~10 次大水，以促进鳞茎及根系与土壤紧密结合。土壤湿度标准为土壤紧握成团，落地松散。在株高 15cm 前，土壤湿度需控制在 60%以下；株高 15cm 至花芽分化期的土壤湿度宜控制在 60%~80%；现蕾至采花期水分减少，湿度控制在 30%~60%。

追肥　种植 21d 后才能追肥。5~7d 追肥一次，以氮肥为主，配一定钾肥。花芽分化期(叶片平张时)，氮、磷、钾(14∶7∶21)配合施用，追施复合肥 10kg/hm^2，增施 1~2 次过磷酸钙、草木灰等磷、钾肥；当生长至 15 片叶时，应喷施 0.1%的硝酸钾，可增加花头数。盛蕾期，每隔 7~10d 喷施 0.2%的磷酸二氢钾或多元微量元素肥液一次，每次每亩追肥不超过 18kg。生长过程中，为防止叶片黄化，每 7~10d 用硫酸亚铁溶液灌根或叶面喷施。追肥持续到采收前 3 周为止。施肥后立即空中喷水。若植株营养不足，易出现“盲花”现象。土壤含盐量(EC 值)，亚洲百合以 0.75 为宜，东方百合保持在 0.9 左右。

光照控制　日照强烈的夏季，亚洲百合需遮光 50%，东方百合需遮光 60%~70%。冬季需人工补光。一般在花蕾 0.5~1cm 大小至采收前用 40W/m^{2}白炽灯补光，每天 20:00至次日凌晨 4:00 共补 8h，共补光约 5 周，可有效防止消蕾，保证花期，提高切花品质。

温度控制　初期保持 12~15℃温度 15d 左右，有利于根系发育完好。生长后期维持日温 20~25℃、夜温 10~15℃才能获得优质的鲜切花。

气体控制　设施栽培中注意通风换气。适当增加空气中的 CO_2浓度，有助于百合尤其是麝香百合的生长和开花，可使植株强壮，落蕾现象相对减少。温室 CO_2浓度一般维持在 1000~2000μL/L 为宜。

拉网防倒　一些高大品种需及时拉网设支架。当植株长到高 15~30cm 时开始在畦两边竖杆张网，网宽依畦面宽度而定，网格大小常见的有 15cm×15cm、20cm×20cm、9cm×9cm、10cm×10cm 等。畦面每隔 2~4m 立一个柱，可以用细铁管，也可以用细竹竿等，高 1.8~2.3m，两侧用尼龙绳将网隔目相穿，两端拉紧使网张开，人工辅助将百合植株均匀拉入网内。网可上下移位，一般拉两层网，植株特别高大的品种可设 3 层网。

蕾期整理　人工剥开幼叶，露出幼蕾，否则易出现叶灼病，幼叶变褐。有些品种在花柄上会长出分枝形成的小花蕾，称为侧蕾。针对品种和市场的不同需要，适当去除顶蕾和侧蕾。

【采收保鲜】

切花百合在清晨采收。有 5 个左右花苞，则至少有 1 个花苞已着色时采收；有 10 个及以上花苞的，则至少有 3 个花苞已着色时采收。用利刀在离地面 15cm 处切割，保留 5~10 片叶，剪切后立即剥去基部 10cm 花枝上的叶，分别按品种、花色、花朵数和茎干长度分级包扎，每束 10 支。花束浸吸预处理液后，插入冷清水贮藏于 2~3℃冷库中待售。瓶插寿命 5~9d。

【周年生产安排】

切花百合周年生产安排具体见表 4-3-6 所列。

表 4-3-6　切花百合周年生产安排

产花时间	栽前鳞茎处理	栽植时间
10 月中旬之前	13~15℃，6 周	5 月
	15℃，2~3 周；8℃，4~5 周	5 月
10 月中旬至 11 月	13℃，2 周；8℃，4~5 周	6 月
11 月至翌年 1 月	6~7℃，6~7 周	7 月
12 月	8℃，4~5 周	8 月
1~2 月	13℃，2~3 周；8℃，4~5 周	9 月
2~5 月	8℃，6~7 周	10 月

2. 红掌(*Anthurium andraeanum*)

又名花烛、安祖花、火鹤等。原产于中美洲、南美洲的热带雨林，19 世纪开始在欧洲栽培观赏。目前，红掌种苗出口国主要是德国、荷兰。主要产区为荷兰、意大利、巴西、菲律宾、新加坡、泰国、毛里求斯、美国夏威夷和加勒比海地区以及中国台湾地区。荷兰是世界上最大的红掌生产及贸易基地，红掌的栽培均采用现代化的电脑控制玻璃温室，设备自动化程度高，栽培面积不断扩大，一些专业化的育种公司掌握了种源，不断推出新品种，并控制世界红掌市场。红掌以独特的花形、鲜红靓丽的花色，成为插花中的主题花材。

我国红掌商业化生产较晚，目前种植面积为 20hm^2左右，每年总产量为 800 万~1000 万枝，主产区为海南、广东、云南、福建、四川和台湾。

【形态特征】

天南星科多年生常绿草本植物。茎节短。基生叶绿色，革质，全缘，长圆状心形或卵心形，叶柄细长。佛焰苞平出，卵心形，革质并有蜡质光泽，橙红色或猩红色；肉穗花序长 5~7cm，黄色，常年开花。

【生态习性】

喜温暖、湿润、空气湿度大的环境，生长适宜温度为日温 20~28℃、夜温 1~24℃。越冬温度不低于 18℃，15℃时生长缓慢，低于 13℃易出现寒害。最高温度不宜超过 35℃，否则植株生长不良甚至停止生长，花、叶畸形。喜半阴，理想的光照强度为 15 000~20 000lx。宜在适当庇荫的条件下栽培，尤其是夏季需遮光 70%以上，但冬季要加强光照。对日照长短无特殊要求，长短日照都能开花。根系既不耐积水，也不耐干旱，四季需经常进行叶面喷水。空气湿度以 70%~80%最佳。要求疏松、肥沃、保水透气性能好的土壤，不适宜黏重土壤，pH 宜在 5.2~6.2。水苔、木屑等基质栽培效果较好。

【品种及分类】

用于切花栽培的品种均为选择和杂交培育出的优良品种。其花茎长而坚挺，佛焰苞巨大，颜色鲜艳、明快。

切花红掌常见品种有：

红色系　‘热带之夜’‘尼诺’‘热情’‘萨维尔’‘特拉索’等。

绿色系　‘米多蕊’‘玛丽西亚’等。

粉色系　‘费斯托’等。

紫色系　‘普利维亚’等。

复色系　‘娜丽塔’(红绿)、‘趣味’(红绿)、‘紫韵’(紫白)、‘派对’(粉绿)、‘干杯’(粉白)、‘蟠桃’(红绿白)、‘香水’(绿白)、‘卢卡迪’(绿黄红)、‘辛巴’(白绿)等。

【种苗繁育】

可采用组织培养繁殖和分株繁殖，也可采用扦插繁殖。规模化生产常采用组织培养繁殖，此法繁殖系数大，快速、高效、周期短，性状表现稳定，病毒携带较少。外植体采用母株的侧芽、叶片、幼嫩叶柄或愈伤组织，培养基配方见表 4-3-7 所列，从接种到成苗需半年或更长时间。出瓶后苗圃培养 10 个月就可成为健壮的穴盘苗。为了提早开花，可将组织培养成活苗用容器育苗技术培养。

表 4-3-7　切花红掌组培繁殖基本培养基

外植体	基本培养基及植物激素
侧芽	诱导：MS+1.0~2.0mg/L BA+0.1~0.5mg/L NAA 增殖：MS+2.0~3.0mg/L BA+0.1~0.3mg/L NAA 生根：1/2MS+0.1~0.5mg/L NAA

【栽培管理】

流程如图 4-3-4 所示。

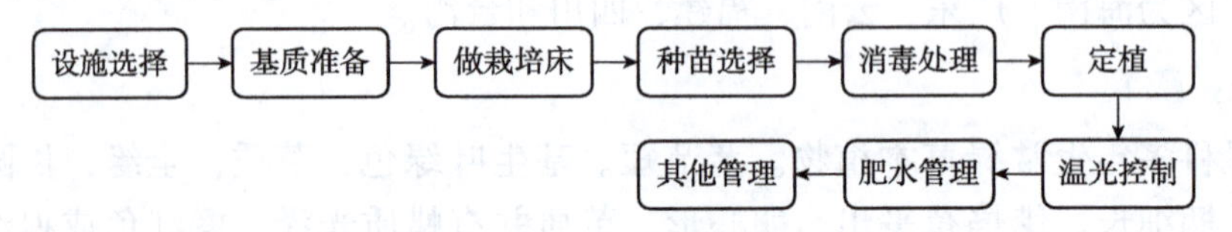

图 4-3-4　切花红掌栽培管理流程

设施选择　栽培设施主要有塑料大棚、温室等，国外多数在玻璃温室内栽培，广州、深圳、珠江三角洲及昆明等地多在塑料大棚内栽培。设施内应尽量满足红掌生长所需要的条件。

基质准备　切花红掌目前以无土栽培为主。南方常用泥炭、树皮、炉渣、珍珠岩、陶粒、花生壳或稻壳等作基质，但稻壳、花生壳使用前要进行蒸煮杀菌；北方地区用松针土作栽培基质效果良好。荷兰的栽培基质多由碎肥泥、碎石、岩棉等配制。插花花泥是最好的栽培基质，但成本较高。

做栽培床　将混合好的基质直接铺于地面。或采用床栽，用塑料薄膜衬底，与地面土壤隔离，四周用 PVC 板或木片、砖块等围起来，高度为 30~50cm，宽 1.2~1.4m，工作通道长不超过 40m。床底安装排水管，要有一定斜度。铺 10~20cm 厚碎石或瓦砾，上面再铺 25cm 厚的人工栽培基质，以利于排水。床边设置铁丝护栏，以免花、叶、茎伸往工作通道而受损。

种苗选择　目前，红掌种苗有两种规格可以供应国内生产者：一种是 72 穴种苗(培育 24 周的种苗)，另一种是 24 穴种苗(培育 30 周的种苗)。这两种规格的种苗可以满足

不同的生产者和不同的生产季节进行周年生产安排。一般选用 20~25cm 高、中等大小的种苗进行生产，若用 30~40cm 高的大苗，定植后很快可以开花。

消毒处理　定植前，基质和设施内都要消毒，然后用混有肥料的水浇灌基质，使栽培基质被营养液所饱和，静置 2d 后栽培。

定植　避开极热或极冷的季节。在华北地区，每年的 3 月、4 月和 9 月、10 月是最佳的种植时期。

定植方法：一般有单株和双株两种方式，多为单株定植。定植株行距 40m×40m，密度为 4 株/m^2。若采用种植槽栽种，每亩可种 4 行，行间距约 30cm。

定植深度：以气生根刚好全部埋入基质为限，一般为 12~17cm。定植后种苗可连续产花 6 年。

温度管理　夏季控制日温在 30℃、夜温在 24℃。温度高时注意通风，当气温达到 28℃以上时，必须使用喷淋系统或雾化系统来增加室内空气相对湿度，以保持高温高湿的生长环境。冬季注意保温，控制日温在 25℃、夜温在 19℃。当室内昼夜气温低于 17℃时，必须加温；当气温在 20℃以下时，保持室内的自然湿度即可。阴天温度需 18~20℃，湿度在 70%~80%；晴天温度需 20~28℃，湿度在 80%左右。

光照管理　定植一个月后光照稍微加强。营养生长期可适当增加光照，促其生长；开花期间对光照要求低，可用活动遮阳网将光照强度调至 10 000~15 000lx。平时用遮阳网覆盖，遮光度为 60%~80%，光照强度控制在 15 000~20 000lx。生产上大红色系品种应维持光照强度在 30 000lx，粉色系品种应维持光照强度在 20 000lx。

肥料控制　生长期间勤施薄施，采用滴灌法、微喷灌法和常规的灌溉方法均可。一周一次。开花期注意补充钙、镁等营养。

一年四季中，夏季 2d 浇肥水一次，气温高时可多浇一次水；秋季一般 5~7d 浇肥水一次。施肥时间因气候而定，夏季为 8:00~17:00 施用，冬季或初春在 9:00~16:00 施用。每次施肥前将液肥 pH 调至 5.7 左右，EC 值为 1.2~2.0mS/m。施肥 2h 后向植株叶面喷淋水，冲洗掉叶面上的肥料。

缺钙时佛焰苞有黑点，或心脏形顶尖处有黑色坏死斑。有条件的地方，可施用红掌专用营养液，母液 A 液和 B 液的配方见表 4-3-8 所列。将各种成分混合后用水定容成 1L。配好的 A 液、B 液保存备用。使用时将 A 液、B 液混合，加水稀释 100 倍即可。

表 4-3-8　红掌营养液配方

项目	成分	用量(kg)	项目	成分	用量(kg)
A 液	$Ca(NO_3)$	23.24	B 液	KH_2PO_4	1.36
	KNO_3	1.43		KNO_3	1.1
	NH_4NO_3	31.09		K_2SO_4	0.87
	$FeSO_4 \cdot 7H_2O$	0.28		$MnSO_4$	5.06
				$ZnSO_4$	8.7
				$CuSO_4$	1.2
				$MgSO_4$	2.46

水分管理　生长期保持空气相对湿度80%左右，可通过喷淋系统、雾化系统来实现。尤其在高温季节，通常2~3d浇水一次，中午叶面喷淋水，以增加室内空气的相对湿度。寒冷季节，应根据气温是否达到红掌的正常生长要求来确定是否浇水，以免冻伤根系。浇水掌握“干湿交替”的原则。目前，规模化生产的公司都使用经过纯净处理的灌溉水。基质pH控制在5.7左右，EC值小于0~0.5mS/m，最适宜红掌生长。

剪叶　红掌植株可以连续生长8年左右，整个生长期间需要不断去掉老的叶片，促进空气流通，有效控制病虫害的发生，并保持一定的叶片数进行光合作用，以促进正常生长，提高花的产量和质量。每月或2~3周剪一次，每株留4片叶，其余的黄叶、老叶、病叶及时修剪。分蘖苗也要摘除，杂草及时拔除。

抹芽　即抹去侧芽。侧芽常生于植株基部，一般一个植株留一个侧芽即可，过多将导致植株茎干弯曲且消耗营养，使花朵小。

补充基质　随着植株的生长和栽培时间的延长，老茎逐年增高，必须增添1~2次栽培基质，使植株稳固在新增添的基质中，否则植株会因茎太高而发生倾斜，不能挺直生长，影响受光情况，降低切花品质。

【采收保鲜】

当佛焰苞展开、肉穗花序2/3变色后即可剪切。用一只手的大拇指、食指夹住茎的中部，另一只手拿刀片向自身方向沿茎末端自下而上斜切(植株上应留有长约3cm的茎)，后插入与室内同温的清水桶中。按同花色、同花梗长度将佛焰苞用塑料薄膜包扎好，上下错开，使佛焰苞不在同一个平面上，再剪齐花梗基部，放在盛水或瓶插液的塑料小瓶内。分级、包装、装箱完成后，15℃冷藏运输。运到目的地后，把茎下部剪去2~3cm再水插。若需贮藏，可用170mg/L硝酸银溶液预处理10min，在13℃条件下插入保鲜液(2%~4%蔗糖+50mg/L硝酸银)中，贮藏期2~4周；再用商品水果涂蜡处理可延长瓶插寿命5~10d。

3. 马蹄莲(*Zantedeschia aethiopica*)

又名水芋、慈姑花、观音莲、海芋、红芋、彩芋、佛焰苞芋，为天南星科马蹄莲属多年生草本植物。原产于埃及和非洲南部。花色洁白如玉，佛焰苞张开后如马蹄，代表纯洁、高雅、永结同心，常作婚礼、节庆、艺术插花，是国外复活节上广泛应用的主题花材(包括花和叶)。

其在欧美各国已有较长的切花栽培历史，近年来黄色和红色品种盛行。在我国，近十几年切花马蹄莲生产发展较快，目前在广东、云南、广西、浙江、上海、四川都有生产区，其中昆明为主产区。

【形态特征】

多年生块茎球根花卉。叶基生，叶柄下部具鞘；叶片较厚，绿色，心状箭形或箭形，全缘。佛焰苞管部短，黄色；檐部略后仰，锐尖或渐尖，具锥状尖头，亮白色，有时带绿色。肉穗花序圆柱形，黄色。

【生态习性】

喜温暖湿润的环境，不耐干旱，不耐寒。生长适宜温度为15~25℃，10℃以上能生长开花。夜间白花系不低于13℃，红、黄花系不低于16℃。冬季温度不能低于5℃，0℃时

球茎会受冻死亡。既喜光，又稍耐阴。对光照的要求因生育阶段而不同，初期要适当遮阴，生长旺盛期和开花期要阳光充足，光线不足时花少，佛焰苞呈绿色。要求疏松、肥沃、排水良好、富含有机质、pH 在 6.0~7.0、EC 值小于 0.75 的土壤。好水、好肥，避免土壤干旱，而水分过多又会引起根腐病，因此水分的供给要掌握“少量多次”的原则。空气过分干燥会引起叶片卷曲、萎蔫、枯边和佛焰苞发育不良等生理病害。

【品种及分类】

国内马蹄莲有3个栽培类型，即青梗种、白梗种、红梗种。另常见的彩色马蹄莲栽培种主要有黄花马蹄莲、银星马蹄莲、黑心马蹄莲和彩色杂交马蹄莲。

切花马蹄莲常见品种有：

白色系　‘罗塞塔’‘范图拉’等。

紫色系　‘诺言’‘苏门答腊’等。

粉色系　‘浪漫’等。

黄色系　‘莫瑞丽’等。

其他色系　‘奥迪安’(橙色)、‘黑桐’(深紫红)等。

【种苗繁育】

切花马蹄莲生产主要采用分球繁殖。一般在春、秋两季于花后或植株枯萎、块茎休眠时分球。流程如图 4-3-5 所示。

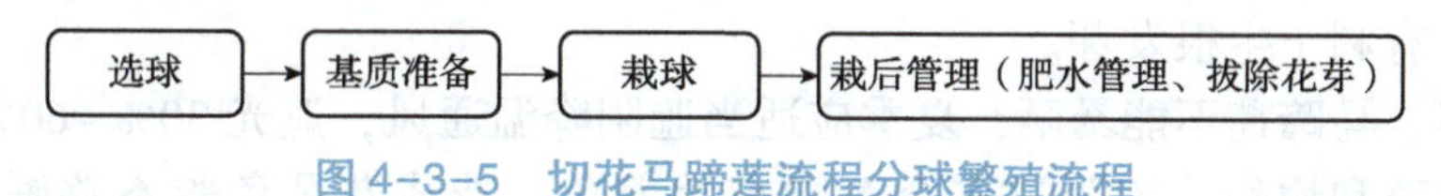

图 4-3-5　切花马蹄莲流程分球繁殖流程

选球　将母球挖出后，将其周围的带芽小球或小蘖芽另行栽植。小球经 1~2 年栽植即长成开花球。

基质准备　要求疏松、肥沃、保水性能好的基质，一般用腐殖土、沙、珍珠岩按 1∶1∶1 混匀配制而成。

栽球　小球栽种株行距 10cm×20cm，深度 2~2.5cm。

栽后管理　生长期每 10d 追一次肥，促进生长。尽早拔除花芽，防止开花，使养分集中供给小球。气温高时多施肥水，气温低时少施肥水。

【栽培管理】

切花马蹄莲的正常生长季节为秋、冬、春三季，夏季处于休眠状态。花期在春节前后，主要通过控温实现。将小球进行冷藏处理，立秋下种，10 月开花；9 月中下旬栽种，12 月开花；10 月栽种，冬季加温条件下，可在元旦至春节期间开花。利用保温设施，花期在 4~5 月。塑料大棚栽培，5~6 月开花。

国外已育成了四季开花的四季马蹄莲，多在夏凉冬暖的山涧和温泉边栽培，四季供应鲜切花。长江流域及北方冬季采用温室栽培；亚热带地区全年不休眠，冬暖夏凉环境能全年开花。

切花马蹄莲栽培管理流程如图 4-3-6 所示。

整地作畦　深翻土壤 40~50cm，施足基肥，每亩施入腐熟的堆肥 2000kg、骨粉及菜饼等 200kg、过磷酸钙 70kg，与土壤混合均匀，做成宽 120cm、高 20~25cm 的

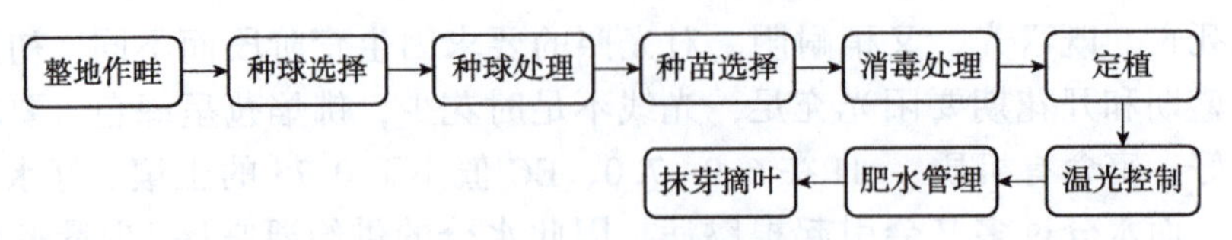

图 4-3-6 切花马蹄莲栽培管理流程

高畦。

种球选择　选择生长健壮、色泽光亮、芽眼饱满、无病虫害的种球，球茎大小以直径 3~5cm 为宜。若种球太小，开花少或不开花。

种球处理　种球经 GA_3 处理，可促进开花，增加切花产量。一般在种植前用 25~50mg/L 的 GA_3 溶液浸泡 10min。处理时间不宜过长，否则易造成畸形花。

消毒处理　栽种前，日光温室墙面和土壤要用甲醛或石灰消毒。根茬在 50℃热水中浸泡 1h 消毒。栽种过程中发现病株应立即淘汰，被污染的土壤要更换或消毒。

定植　定植时间应根据切花的上市时间而定。种植前要催芽，定植时宜削去球底衰老部分，每个小球要有 3~4 个芽。切花马蹄莲丛高而繁茂，种植不宜过密，株行距为 20cm×35cm，双行交错栽植，有利于通风透光。

种植深度视种球大小及土温而定，一般深度为 6~14cm。3~4cm 的种球种植深度为 10cm，超过 5cm 的种球种植深度以 15cm 为宜。此外，土温高则深栽，土温低则浅栽。种植后浇足水，盖上麦秆、稻草或塑料薄膜，以提高湿度，促进种球萌发和生根。保持温度在 15~25℃有利于生根发芽。

光温控制　马蹄莲不能暴晒，夏季应适当遮阴降温通风，遮光 30%~60%，日光直晒会造成叶片枯萎和灼伤，遮阴过多会影响苞片着色，造成花朵色彩不够鲜艳。春、秋、冬三季要阳光充足，才能使马蹄莲生长良好。日照长度对开花的影响不大。夏季注意降温，冬季要求保温。

水分管理　马蹄莲需水量较多，故可作水培。在设施中栽培要保持土壤湿润，生长初期宜湿，在生长期间可每天浇水一次，并经常向叶面、地面洒水，保持一定的空气湿度，但要防止肥水灌入叶鞘中，以免腐烂。开花后期适当控制水量，花后养球期宜干燥。花后休眠期可少浇水。

肥料管理　生长期每 15d 追肥一次。营养生长期以氮肥为主，花期每 15d 用尿素 1kg、氯化钾 1kg 兑水 60kg 浇灌根部，也可叶面喷施 2g/kg 的磷酸二氢钾溶液，每 7d 喷一次，以促进开花，提高切花质量。花后需施复合肥，以促进种球充实、成熟。施肥时切勿施入株心、叶柄和采花的伤口上。施肥后立即用清水冲洗叶片，以免引起腐烂。

抹芽掰叶　为保证开花期的营养供应，定植的第二年要进行抹芽，防止营养消耗过多。每株留 10 个左右的芽，其余抹去，否则会产生大量芽体，造成株间过密而通风不良，也易造成切花产量下降。

马蹄莲生长开花旺盛时，为避免叶多影响采光或相互拥挤，应及时摘去多余的叶片，保持株间通风透光，促进花茎不断抽生，从而提高产花量。

【采收保鲜】

白色马蹄莲以卷曲的佛焰苞展开时采收，就地就近上市；彩色马蹄莲以佛焰苞展开 3/4 至完全展开、穗状花序的花粉尚未脱落前为采收适期。采收时双手紧握茎底，用力从

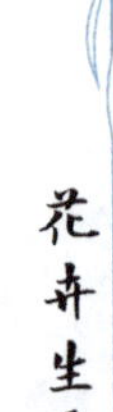

叶丛中拔出，插于水桶中运回。按大小分级，10 枝/束，花茎基部用湿棉花或塑料纸包装，并立即插入清水或保鲜液，装箱上市。4~6℃下，在清水或只含杀菌剂的水中可冷藏1周，但要每2d换一次清水或杀菌剂。瓶插寿命为7~15d。

4. 洋兰

洋兰泛指从国外引进的兰花。由于其祖先大多依附于树干或岩壁间生长，凭着自身的气生根吸收空气中的水分和养分而生存，故又名附生兰、气生兰。洋兰的种类和品种非常丰富，作切花的有卡特兰、蝴蝶兰、石斛兰、文心兰、大花蕙兰等。这些兰花大多花形奇特，花色艳丽，花姿优美。

【形态特征】

洋兰花朵硕大，花形奇特，花色艳丽，花期长达3个月左右，是近年来深受人们喜爱的鲜切花。

【生态习性】

又名热带兰。喜温暖、湿润的环境。生长适温为20~25℃，不耐寒，冬季温度一般要求不低于10℃。喜阳光充足，但忌强光直射。春、夏、秋季，当光照过强时可用遮阳网遮光50%。忌干旱，要求有充足水分和较高的空气湿度。除浇水增加基质湿度以外，叶面和地面喷水更重要。栽培基质要求通风透气排水，常用基质有树皮、蕨根、水苔、木炭等。

【品种及分类】

切花洋兰主要种类有：

文心兰(*Oncidium papailio*) 又名跳舞兰、金蝶兰，兰科文心兰属。根状茎粗壮，叶卵圆形至长圆形，革质。花茎粗壮，圆锥花序；小花黄色，有棕红色斑纹。植株轻巧，潇洒，花茎轻盈下垂，花朵奇异可爱，形似飞舞的金蝶，极富动感。

石斛兰(*Dendrobium nobile*) 又名石斛、吊兰花，兰科石斛属。茎直立，丛生，稍扁。叶长圆形，近革质。总状花序，花大，白色，顶端淡紫色，自然花期3~6月。切花用品种为'秋石斛'。

大花蕙兰(*Cymbidium hybrida*) 又名虎头兰，兰科大花蕙兰属。叶片长达70cm左右，向外弯垂。花梗由叶丛基部抽出，花瓣圆厚，花色壮丽，花型大，花期很长，能连开2~3个月才凋谢。

蝴蝶兰(*Phalaenopsis amabilis*) 又名蝶兰，兰科蝴蝶兰属。茎短而肥厚，顶部为生长点。叶片肥厚多肉，根从节部生长出来，花序从叶腋间抽出，花色鲜艳夺目。花从下到上逐朵开放，当全部盛开时，犹如一群轻盈飞舞的蝴蝶。

【种苗繁育】

切花洋兰主要采用组织培养繁殖，其次是分株繁殖。

(1)组织培养繁殖

有快速、大量、苗整齐等优点，广泛用于切花洋兰商品化生产。组织培养繁殖的外植体有：茎尖、侧芽、幼叶尖、休眠芽或花序，但最常用的是茎尖。其基本培养基见表4-3-9所列。

表 4-3-9　洋兰组织培养繁殖基本培养基

种类	外植体	基本培养基及植物激素
文心兰	侧芽、花芽	诱导：1/2MS+3. 0mg/L BA+0. 2mg/L NAA（芽苗诱导） 1/2MS+2. 0mg/L BA+0. 2mg/L NAA（原球茎诱导） 增殖：1/2MS+2. 0mg/L BA+0. 2mg/L NAA 生根：1/2MS+1. 0mg/L IBA+0. 1mg/L NAA
大花蕙兰	茎尖	诱导：MS+1. 5mg/L BA+0. 1mg/L NAA（芽苗诱导） MS+3～4mg/L BA+2mg/L NAA（原球茎诱导） 增殖：MS+2. 0mg/L BA+0. 2mg/L NAA 生根：1/2MS+2mg/L IBA
蝴蝶兰	花梗腋芽	诱导：1/2MS+3. 0mg/L BA+0. 2mg/L NAA 增殖：1/2MS+3. 5mg/L BA+1. 0mg/L KT 生根：1/2MS+1. 5mg/L BA+0. 3mg/L NAA

(2)分株繁殖

一般用于复茎类洋兰，如大花蕙兰、文心兰、石斛兰等，在春、秋季均可进行，常在春季新芽萌发前结合换盆进行。将带两个芽的假鳞茎剪下，剪去腐烂和折断的根，直接栽于准备好的基质内，保持较高的空气湿度，很快能长出新根和新芽。

【栽培管理】

流程如图 4-3-7 所示。

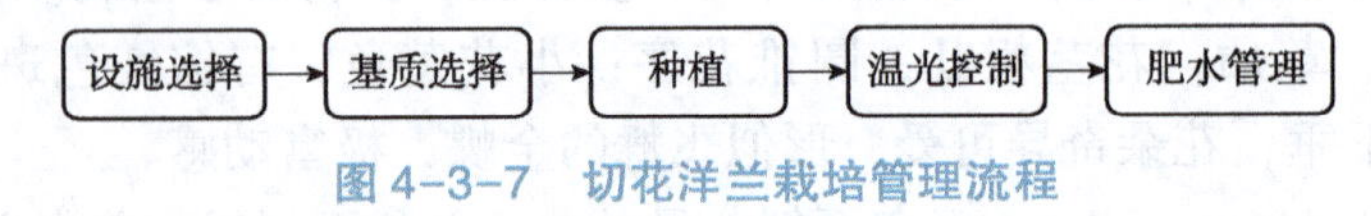

图 4-3-7　切花洋兰栽培管理流程

设施选择　因洋兰喜温暖环境，北方地区栽培时，一般选用连栋温室，以较好地控制室内环境条件。

基质选择　选用水苔、树皮、陶粒、泥炭、木炭等作为栽培基质，这些基质不会积水烂根，且具有一定的保水性。基质要经过严格的消毒。

种植　一般在春、秋季种植，但最好是春季种植。种植时不能太深，不能把株心埋入基质中。

温度管理　洋兰喜欢在热带、亚热带地区生活，最适生长温度为 22～26℃，最低不低于 10℃，最高不超过 30℃，尤以昼夜温差较大的地方生长较好。

光照管理　除夏季避免强光暴晒外，其他季节要给予充足的光照。

肥料管理　洋兰气生根较多，能够吸收基质中的养分，但为了使植株生长良好，应及时补充肥料。一般 7～10d 追肥一次，在幼苗期及营养生长期多施氮肥，到开花前多施磷、钾肥。施肥时最好用营养液，尽量不用人畜粪尿及鸡、鸽粪等，但进口特制的有机质液肥可适当使用。

水分管理　要求保持基质湿润，空气湿度以 70%～80%为宜。由于洋兰叶片一般都较厚并有蜡质，保水能力较强，因此不宜浇水过多，否则会引起烂根。水质要清洁干净，

绝不能用污水。

【采收保鲜】

洋兰花枝有1/3花朵开放时即可采收。包装时将花茎切口重切一次以减少感染，再以胶带捆扎茎部。需要施药的则隔离喷药再加以晾干。晾干后利用透明塑料纸包住花朵部分，切口套上含有保鲜杀菌液的保鲜管，以10枝为一束进行包装。

5. 洋桔梗(*Eustoma grandiflorum*)

又名草原龙胆，为龙胆科草原龙胆属多年生草本植物。原产于美国南部至墨西哥之间的石灰岩地带，在20世纪60年代开始商业化栽培。花色典雅明快，清新娇艳，花姿、花色颇具现代感，是国际上十分流行的鲜切花之一。

【形态特征】

株高30~100cm，因品种不同而异。叶对生，灰绿色，卵形，全缘。花冠呈漏斗状，有单瓣和重瓣之分；花色非常丰富，主要有红、粉红、淡紫、紫、白、黄以及各种不同程度镶边的复色。根据品种不同，每个花茎可产花10~20朵，通常单枝着花5~10朵。

【生态习性】

喜温暖、湿润和阳光充足的环境。生长适温为15~28℃，夜间温度不能低于12℃。冬季温度在5℃以下时，叶丛呈莲座状，不能开花。温度超过30℃时，花期明显缩短。较耐旱，不耐水湿。对水分要求严格，喜湿润，但水分过多对根部生长不利；若供水不足，茎叶生长细弱，并提早开花。对光照反应较敏感，长日照有助于茎叶生长和花芽形成。要求疏松、肥沃和排水良好的土壤，pH以6.5~7.0为宜，忌连作。洋桔梗开花需经过一段低温期，在高温阶段开花，自然花期为5~7月。在一定的设施和栽培技术条件下，可实现周年开花。

【品种及分类】

切花洋桔梗常见品种有：

红色系　‘美人醉’等。

粉色系　‘维纳斯’‘典雅’‘波浪’‘维纳斯’等。

紫色系　‘露西塔’(深紫)、‘波浪’(深紫)、‘柯罗马’(浅紫)、‘优胜’(浅紫)等。

黄色系　‘精致’‘波浪’等。

香槟色系　‘蕾娜’‘雪莱’等。

白色系　‘露西塔’‘波浪’等。

绿色系　‘惊艳’‘露西塔’‘典雅’‘蝶舞’等。

其他色系　‘惊艳’(深茶色)、‘惊艳’(绿/茶色)、‘露西塔’(白瓣粉边)、‘精致’(白瓣紫边)、‘露西塔’(白瓣紫边)、‘维纳斯’(紫/白色)等。

【种苗繁育】

主要采用播种繁殖或组织培养繁殖。

(1)播种繁殖

流程如图4-3-8所示。

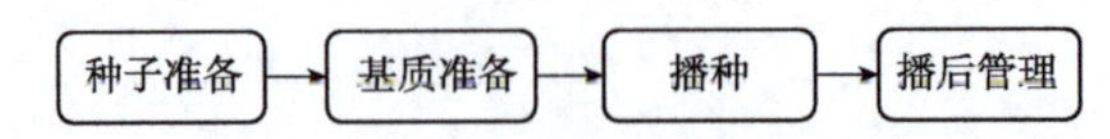

图 4-3-8　切花洋桔梗播种繁殖流程

种子准备　洋桔梗种子非常细小，通常每克种子约 1 万粒，故多进行包衣处理。

基质准备　选用疏松肥沃、排水良好的基质。

播种　播种时间为每年 9~10 月或 1~2 月，采用室内盆播。因种子细小，喜光，播后不必覆土。

播后管理　发芽适温为 22~25℃，播后 12~15d 发芽。发芽后 15d 间苗或分苗，长出 4~5 片真叶时定植。浇水以勿使土壤过分干燥为准。追肥以氮、钾肥为主。幼苗生长非常缓慢，从播种至开花需 150~180d。

(2) 组织培养繁殖

基本培养基见表 4-3-10 所列。

表 4-3-10　切花洋桔梗组织培养繁殖基本培养基

外植体	基本培养基及植物激素
种子、带茎段腋芽	诱导：MS+0.1~0.5mg/L BA+0.1~0.5mg/L NAA 增殖：MS+0.1~0.5mg/L BA+0.1~0.5mg/L NAA 生根：1/2MS+0.1~0.3mg/L NAA 或 0.5mg/L IBA

【栽培管理】

整地作畦　土壤以疏松肥沃、富含有机质的壤土为好。整地时在土壤中要加入厩肥、骨粉等作为基肥，进行土壤消毒。畦宽 90~120cm，步道宽 40~50cm，畦高 15cm。

定植　株行距 (10~25) cm×(15~25) cm。种植宜浅，种后充分灌水，遮阴 50%。

管理　小苗成活后应注意保持温度 10~25℃，并逐渐揭开遮阴设备。株高 10cm 时摘心一次，以利于侧枝萌发，多产花。采用滴灌浇水，浇水以勿使土壤过分干燥为准，追肥以氮、钾肥为主。防止因高温高湿、短日照等引起簇生状而休眠，影响抽薹开花。

张网　当株高 20cm 以上时拉一层网，网孔大小依株行距而定，每株一孔。以后随植株生长，逐渐将网向上拉，拉网高度一般固定于 30~40cm 处即可。

【采收保鲜】

当每枝开花两朵左右时为剪取适期，采后放入盛有水的桶内。采收时间以早晨为好。采收后分级，以 10 枝扎成一束，然后在花朵部套塑料袋后装箱。

6. 其他新兴鲜切花生产

其他新兴鲜切花生产技术简介见表 4-3-11 所列。

表 4-3-11　其他新兴高档鲜切花生产技术简表

中文名	学名	科属	生态习性	繁殖	栽培要点
郁金香	*Tulipa gesneriana*	百合科 郁金香属	喜冬季温暖湿润、夏季凉爽稍干燥的环境。生长适温为 18~22℃，花芽分化适温为 17~23℃	分球	深耕，畦栽，覆土厚为球高的两倍，需氮肥较多。加强温度管理

中文名	学名	科属	生态习性	繁殖	栽培要点
满天星	*Gypsophila paniculata*	石竹科 丝石竹属	喜温暖湿润和阳光充足环境，较耐阴。生长适温为15~25℃；土壤要求疏松、富含有机质、排水良好的砂质壤土，pH在7左右	播种、扦插、组织培养	适当浅植，注意整枝摘心，冬季补光
六出花	*Alstroemeria hybrida*	石蒜科 六出花属	长日照植物，喜温暖、半阴或阳光充足的环境，要求深厚、疏松、肥沃的土壤	播种、分株	选土层深厚肥沃、排水良好的砂质壤土为好；生长期肥水必须充足，每隔14d施一次；保持土壤湿润，避免脱水
八仙花	*Hydrangea macrophylla*	虎耳草科 八仙花属	喜半阴和湿润的环境，要求土壤肥沃和排水良好。不耐高温，耐阴，阳光直射会造成日灼	扦插、分株	生长前期氮肥要多一些，花芽分化和花蕾形成期磷、钾肥多一些；及时抹芽，花后及时短截
香豌豆	*Lathyrus odoratus*	豆科 香豌豆属	喜冬暖、夏无酷暑的气候条件。喜日照充足，也能耐半阴。要求疏松肥沃、湿润而排水良好的砂壤土，不耐积水	播种、扦插	浇水见干见湿，栽培温度不宜过高，施肥及时。随时摘去开谢的花朵，以延长植株开花期
向日葵	*Helianthus annuus*	菊科 向日葵属	较强的耐盐性和抗旱性，分蘖性强，喜光，根系较发达	播种	合理轮作，施足底肥，适时追肥，及时打杈，科学灌溉
乌头	*Aconitum carmichaeli*	毛茛科 乌头属	喜温暖湿润气候。适应性很强，要求阳光充足和土层深厚，喜疏松、肥沃、排水良好的砂壤土	分株	施足基肥，修根打尖，及时除草、追肥和培土，合理灌水、排水
姜荷花	*Curcuma alismatifolia*	姜科 姜荷属	喜温暖湿润气候，春季萌芽，夏季开花，日照长度少于13h和夜温低于15℃即进入休眠	分株、播种	选择土质深厚、排水良好且不缺水的砂质土壤，密度合理，水分充足，整个生育期肥料需求量高
牡丹	*Paeonia suffruticosa*	芍药科 芍药属	喜凉恶热，宜燥惧湿，喜光，稍耐阴。要求疏松、肥沃、排水良好的中性壤土或砂壤土。忌积水	嫁接、分株	及时追肥，合理修剪。保持土壤湿润，阳光充足
芍药	*Paenoia albiflora*	芍药科 芍药属	耐寒力强，耐热力较差，喜阳光，喜湿润，但怕水涝，宜在土层深厚、肥沃而又排水良好的砂质壤土中生长	分株	及时施肥、浇水，中耕保墒，现蕾后及时摘除侧蕾，花谢后及时剪去花梗
金鱼草	*Antirrhinum majus*	玄参科 金鱼草属	较耐寒，稍耐半阴，抗病性强	播种、扦插	及时施肥、浇水，保持土壤湿润，摘心、整枝
鹤望兰	*Strelitzia reginae*	芭蕉科 鹤望兰属	喜温暖、湿润气候，怕霜雪，喜光	播种、分株	每天不少于4h的直接光照，温度18~30℃，及时施肥、浇水

（续）

中文名	学名	科属	生态习性	繁殖	栽培要点
睡莲	*Nymphaea tetragona*	睡莲科 睡莲属	喜温暖湿润、阳光充足的环境。土质要求肥沃，适于浅水栽培。生长适宜温度为15~32℃	播种、分株	控制水深，合理施肥，注意病虫害
小苍兰	*Freesia refracta*	鸢尾科 香雪兰属	喜凉爽、湿润的环境，要求阳光充足和肥沃、疏松的土壤，忌连作，耐寒性较差	分球	选择阳光充足处种植，注意温度，合理施肥、浇水
情人草（阔叶补血草）	*Limonium latifolium*	蓝雪科 补血草属	喜干燥凉爽气候，忌炎热与多湿环境。喜光，耐旱，较耐寒。喜略含石灰质的微碱性土壤	组织培养	选择高燥地块种植，施足基肥，及时施肥、浇水，要拉网或立支柱，清除老枝、枯叶
紫罗兰	*Matthiola incana*	十字花科 紫罗兰属	喜凉爽气候，忌高温湿热。喜光照充足，也稍耐半阴。要求疏松、肥沃、中性或微酸性、通透性良好的培养土	播种	适时种植，适度浇水，不可干旱或过湿，合理施肥
勿忘我	*Myosotis sylvatica*	紫草科 勿忘我属	适应性强。喜光，耐旱，喜肥沃、排水良好的砂壤土。在阳光充足的条件下开花色泽鲜艳	播种、组织培养	栽植深度以基质稍高于根颈部为宜，生长期及时追肥，适当控制浇水量，注意避免高温、高湿
一枝黄花	*Solidago canadensis*	菊科 一枝黄花属	喜阳光充足环境，有较强的耐寒、耐旱能力，对土壤适应性强。具发达的根状茎	播种	适应性强，管理粗放
飞燕草	*Consolida ajacis*	毛茛科 飞燕草属	较耐寒，喜阳光，怕暑热，忌积涝，宜在深厚肥沃的砂质土壤上生长	播种、扦插	春暖定植，注意排水，保持湿润，及时施肥

考核评价

查找资料、实地调查后，小组讨论，制订当地新兴鲜切花生产实施方案，完成工作单4-3-1、工作单4-3-2的填写。

工作单4-3-1　当地新兴鲜切花生产技术调查

任务环节	操作规程	质量要求
分组	以小组为单位分组进行调查，每组调查一种。有条件的可直接参与生产	各小组由组长选派专人负责调查记录及资料整理，其他同学集思广益，共同完善调查结果
选择生产企业	由老师指定各组对应的生产企业，若当地生产企业不足，也可几组一起调查	尽量选择大型或管理先进的生产企业
记载生产技术	记载主栽品种的种苗繁育、栽培管理、采收和保鲜等关键技术	调查过程中要仔细观察、了解、倾听、记录，力求调查的全面性和完整性
拍照	用相机或手机对生产场景进行拍照	选取有代表性的场景进行拍照，照片清晰

（续）

任务环节	操作规程	质量要求
填表	可小组自行设计记录方法和表格	填表内容详尽，后附调查报告
分析讨论	根据调查结果，分析所调查的新兴鲜切花生产的技术特点及存在的问题	小组课后进行，选派专人记录讨论过程
归纳总结	对讨论结果进行归纳总结	小组课后进行，成果共享

工作单 4-3-2　地区切花生产技术调查

切花名称	科名	种苗繁育	栽培管理要点	采收方法	采后处理

参考文献

柏玉平，陶正平，2012. 花卉栽培技术[M]. 北京：化学工业出版社.

包满珠，2011. 花卉学[M]. 3版. 北京：中国农业出版社.

曹春英，安娟，2009. 花卉生产与应用[M]. 北京：中国农业大学出版社.

川原田邦彦，2013. 我家的幸福花园——250种自种花卉图解[M]. 北京：科学出版社.

董丽，2010. 园林花卉应用设计[M]. 2版. 北京：中国林业出版社.

江荣先，董文珂，江荣先，2010. 园林景观植物花卉图典[M]. 北京：机械工业出版社.

李清清，曹广才，2010. 中国北方常见水生花卉[M]. 北京：中国农业科学技术出版社.

李尚志，2002. 荷花　睡莲　王莲栽培与应用[M]. 北京：中国林业出版社.

李真，魏耕，2013. 盆栽花卉[M]. 修订版. 合肥：安徽科学技术出版社.

刘海涛，2009. 盆栽观果花卉[M]. 北京：中国农业出版社.

刘燕，2008. 园林花卉学[M]. 2版. 北京：中国林业出版社.

英国皇家园艺协会，2013. 英国皇家园艺协会名优花卉手册[M]. 北京：中国农业出版社.

张淑梅，张秀丽，2016. 花卉生产技术[M]. 北京：中国农业大学出版社.

张树宝，王淑珍，2019. 花卉生产技术[M]. 重庆：重庆大学出版社.

周厚高，王文通，王鸿昌，等，2015. 我的花卉手册：百合[M]. 广州：广东科技出版社.

EDCOMMITTEE F N A，2013. Flora of North America[M]. New York：Oxford University Press Inc.

花卉生产检索表

一、露地花卉生产

(一)一、二年生花卉生产

(二) 宿根花卉生产

(三)球根花卉生产

(四)水生花卉生产

(五)木本花卉生产

二、盆花生产

(一)年宵盆花生产

(二)其他常见盆花生产

三、鲜切花生产

(一)五大鲜切花生产

(二)新兴鲜切花生产